中国南亚热带特色农业研究

陈海生　王文林　刘连军　编著

沈阳出版发行集团

沈阳出版社

图书在版编目（CIP）数据

中国南亚热带特色农业研究 / 陈海生 , 王文林 , 刘连军编著 . -- 沈阳 : 沈阳出版社 , 2020.9

ISBN 978-7-5716-0978-8

Ⅰ . ①中… Ⅱ . ①陈… ②王… ③刘… Ⅲ . ①亚热带 – 特色农业 – 农业技术 – 中国 Ⅳ . ① S–53

中国版本图书馆 CIP 数据核字 (2020) 第 091126 号

出版发行：沈阳出版发行集团 ｜ 沈阳出版社
（地址：沈阳市沈河区南翰林路 10 号　邮编：110011）
网　　　址：http://www.sycbs.com
印　　　刷：定州启航印刷有限公司
幅面尺寸：170mm×240mm
印　　张：14
字　　数：310 千字
出版时间：2020 年 9 月第 1 版
印刷时间：2020 年 9 月第 1 次印刷
责任编辑：周　阳
封面设计：优盛文化
版式设计：优盛文化
责任校对：李　赫
责任监印：杨　旭

书　　号：ISBN 978-7-5716-0978-8
定　　价：49.00 元

联系电话：024-24112447
E – mail：sy24112447@163.com

本书若有印装质量问题，影响阅读，请与出版社联系调换。

《中国南亚热带特色农业研究》编委会

前　言

随着科技的进步与发展，工业化和农业现代化进程也突飞猛进，耕地、粮食和环境是当前世界的重大问题。目前耕地面积急剧减少，人口数量却大幅度增加，能够提高单位面积产量，同时在最大程度上处理好作物与环境之间的关系，以获得最大的经济、社会和生态效益是当前作物生态学面临的非常重要的话题。

借助生态学原理和系统科学的方法来研究作物与环境之间的相互关系是一项非常有意义的工作，这在很大程度上促进了高产、稳产和农业生物与环境之间的协调发展。作物生态学的主要目的就是通过生态学原理和系统科学的方法来寻找生态系统中生物、环境还有技术和经济之间的关系和规律。中国南亚热带特色农业是中华人民共和国成立后发展起来的新型产业，加强其发展对于国防和国民经济都有非常重要的意义，同时对于人们生活水平的提高也有非常重要的意义。中国南亚热带特色农业发展的根本出路在于现代化，其实质是传统农业接受改造，现代农业不断建立的长期过程。面对存在的自然条件差异、经济实力的不同、生产力层次的不同、民族习俗有别的中国南亚热带地区，推进南亚热带特色农业现代化需要分层次进行。

本书主要汇集了中国南亚热带特色农业的优秀论文，主要分为培育与管理篇、加工与选育篇、品种与种质篇、基因与资源篇，这些论文都是从事中国南亚热带特色农业工作的研究者和工作者根据自己的实际工作经验和所学知识对特色农业进行了创新与研讨，其中凝聚了工作者以及科研人员的心血与智慧，在一定程度上促进了中国南亚热带特色农业工作的前进与发展，并且促进了我国科技的进步、农业的现代化，增强了我国的经济实力。

在编辑过程中，根据学术论文文责自负的原则，内容不作更动，有些文字略加修饰。限于编辑专业水平，不当之处，敬请读者指正。值此付印之际，谨向论文作者及为此做出辛勤劳动的全体同志，致以崇高的敬意和诚挚谢意，同时祈望其共同为中国南亚热带特色农业制度创新，对于农业现代化、国家的繁荣富强做出新的贡献。

广西南亚热带农业科学研究所

2019 年 12 月

目　录

第一篇　培育与管理　/ 1

　　法兰地草莓在桂西南地区的表现及栽培技术　/ 2

　　甘蔗组培裸根苗小拱棚大田移栽技术试验报告/ 5

　　蛋黄果节本高效优质栽培技术　/ 15

　　木薯朱砂叶螨抗阿维菌素品系选育及其解毒酶活性变化　　　/ 21

　　广西澳洲坚果主要病害调查与防治　/ 29

　　甘蔗实生苗早期阶段黑穗病抗性鉴定与评价　/ 34

　　广西苹婆病虫害种类及危害情况调查　/ 39

　　山黄皮高接换种试验　/ 45

　　假苹婆砧木嫁接苹婆试验初报　/ 50

第二篇　加工与选育　/ 55

　　辣木红茶加工工艺研究　/ 56

　　花香型黄观音红茶加工技术及内含物分析　/ 60

　　辣木绿茶加工工艺初探　/ 66

　　生物有机肥对甘蔗生长影响及种植效益分析　/ 70

　　基于 Logistic 模型的澳洲坚果果实生长发育研究　/ 75

　　星油藤扦插繁育技术研究　/ 81

　　木薯人工杂交授粉技术研究　/ 90

1

第三篇　品种与种质　/ 95

木薯与红籽瓜间套种模式研究及效益分析　/ 96

不同日期采摘的不同品种澳洲坚果的氨基酸分析　/ 102

基于表型性状的广西茶树种质资源遗传多样性分析　/ 114

葛根种质资源及其开发利用研究　/ 119

不同温度及基质对木薯种子发芽的影响　/ 124

DTOPSIS 法在苹婆不同品系综合评价中的应用　/ 129

第四篇　基因与资源　/ 143

渣还田和减量施肥对甘蔗农艺性状和品质的影响　/ 144

不同原辅料澳洲坚果露酒的挥发性香气成分分析及比较研究　/ 151

外源铝对茶叶铝含量及其化学品质的影响　/ 162

"桂热 2 号"红茶香气组成研究　/ 167

铝硒交互对茶叶化学品质的影响　/ 174

Changes in Soil Microbial Community Structure and Functional Diversity in the Rhizosphere Surrounding Tea and Soybean 茶、大豆根际土壤微生物群落结构和功能多样性的变化　/ 182

Coupling Relationships Between Plant Community and Soil Characteristics in Canyon Karst Region in South-West China 中国西南部峡谷岩溶地区植物群落与土壤特征的耦合关系　/ 200

第一篇　培育与管理

法兰地草莓在桂西南地区的表现及栽培技术

郑树芳，赵大宣，陆飞伍，徐冬英，覃振师，冯兰

(广西亚热带作物研究所试验站，崇左市　532415)

摘要：法兰地草莓在桂西南地区栽培表现出产量高、适应性强、品质优良，平均单果重20g 左右，最大果重达 50g。果肉质地致密，风味甜酸，可溶性固形物 10% 左右。本文从园地选择及定植、肥水和花果管理、主要病虫害防治等方面介绍其栽培技术。

关键词：法兰地草莓；引种；栽培技术

中图分类号 :S668.4　文献标识码 :A　文章编号 :1003-4374(2011)01-0035-02

The cultivat ion representation and technology of "Falandi" strawberry in Southwestern Guangxi

(Experiment station of Guangxi subtropical crops research institute，

Chongzuo City，Guangxi 532415，China)

Abstract : This strawberry has agriculture features of high-yield，strong adaptability, good quality (average fruit weight of 20g and max .weight of 50g in Southwestern Guangxi. The flesh character is dense，sweet and acid (10 %soluble solid matter).This paper has introduced the straw berry's cultivation technology in aspects of field selection，planting, fertilization，irrigation，flower & fruit management and pests cont rol etc .

Key words:"Falandi" strawberry；variety introduction；cultivation technology

　　草莓果实柔软多汁，馥郁芳香，酸甜适口，营养丰富，维生素 C 含量高，含有人体必需的氨基酸，矿物质，深受国内外消费者喜爱。21 世纪初以来，桂西南地区陆续引进丰香、章姬、幸香、硕丰、法兰地、鬼怒甘等品种，经多年试种观测，法兰地的丰产性、适应性、品质等综合性状表现优良，适合在桂西南地区推广种植。

1 引种表现

1.1 生物学特征

植株长势强，株姿较开张。叶数多，叶椭圆形，叶色浓绿，叶柄长度 12cm~5 cm，叶片长约 7.5cm，叶片宽约 6.8cm；花芽易形成，结实率高，易丰产；果实圆锥形，果面鲜红有光泽，纵径 3.5cm~4.0cm，横径 3.2cm~3.5cm，平均单果重 20g 左右，最大果重达 50g；果肉质地致密，风味甜酸，可溶性固形物 10 % 左右；种子黄绿色，平嵌于果面；果实硬度大，较耐贮藏。

1.2 丰产性

法兰地草莓种植成活后生长快速，种后 60d 左右即可开始采收，果实采收期长达 6 个月，株产 150g ~ 200g，一般产量可达 1250g ~ 1500kg/667m²。

1.3 适应性及抗性

法兰地草莓适应性较强，对土壤的要求不是很严格，但在土质疏松、肥沃、通气良好、水分充足而排水良好的微酸性砂壤土上生长最宜。在涝洼地、黏重土、盐碱地、石灰质土等不适宜栽培。该品种抗白粉病，不抗灰霉病。

2 栽培技术

2.1 园地选择及定植

选择土壤疏松、有机质含量高、地面平整、排灌方便、微酸性砂壤土地种植。在桂西南地区一般在 9 月中下旬定植，选阴雨天或晴天傍晚种植。畦宽90cm ~ 100cm（含沟），畦高 15cm ~ 20cm，每畦栽 2 行，株距 18cm ~ 20cm，行距 25cm ~ 30cm，一般种植 7000 株 ~ 8000 株 /667m²。定植前应施足底肥，基肥以有机肥为主，并结合施加少量速效化肥，一般施腐熟有机肥 1 500 kg ~ 2 000kg/667m²，并配以复合肥 50kg，进行全园撒施，施后翻耕，使土肥充分混合，然后耙平开沟作畦。定植的方法要求掌握"深不埋心，浅不露根"的原则，定植深度为与叶鞘基部持平并略低畦面，然后埋土压实，且注意苗的方向，带有老匍匐茎的一面向着畦的内测，弯弓向沟，便于垫果和采收。栽前需将老叶、病残枯叶及过多的叶片剪除，每株留 2 ~ 3 片心叶，以减少叶面蒸发，促进新根萌发，提高定植成活率。

2.2 肥水管理

定植后 7d ~ 10d 内充分浇水，并保持土壤湿润。为促进幼苗成活，防止高温和干旱，有条件的可采用微喷灌装置灌水，或每天人工淋水 2 ~ 3 次，如遇阴雨天可隔天灌（淋）水一次，同时注意查苗补缺。定植后 10d，追施尿素 10kg/667m^2，以后每隔 10d ～ 15d，追施一次复合肥 25 ～ 30kg/667m^2。此外，在开花结果期叶面喷施 0.2% 磷酸二氢钾，每 7d ～ 10d 喷一次，喷 2 ～ 3 次。10 月下旬施复合肥 30kg/667m^2，施后覆盖厚 0.01mm 黑色地膜。

2.3 花果管理

生长旺期及时摘除老叶、病叶及匍匐茎，当植株现蕾 20% ～ 30% 时，结合喷洒叶面肥和农药喷赤霉素一次，浓度 5mg/L ～ 10mg/L。每株留花序 2 ～ 3 个，每花序留 5 ～ 7 个果，及时疏除畸形果、病虫果和小果。

2.4 主要病虫害防治

红蜘蛛、蚜虫可喷布 0.6% 灭螨素乳油 3 000 ～ 5 000 倍液；芽线虫可选敌百虫晶体 500 ～ 600 倍液喷雾，注意一定要喷到芽的部位。灰霉病可选用 50% 速克灵可湿性粉剂 1 000 倍液，或 50% 克菌丹可湿性粉剂 800 倍液、百菌清 600 倍液、敌菌丹 800 倍液、甲基托布津 1 000 倍液等均可进行防治。以上药剂每隔 7d ～ 10d 用药 1 次，连用 3 ～ 4 次，注意农药轮换使用。

参考文献

[1] 邓群珍，祝瑛. 保护地草莓无公害高产栽培技术 [J]. 农村科技，2009，(1):37 ～ 38.

[2] 潘雅文. 保护地草莓栽培管理技术 [J]. 果树实用技术与信息，2009,(7):22.

[3] 江剑波. 南方草莓芽线虫病的防治 [J]. 广西农业科学，2002,(5):274.

甘蔗组培裸根苗小拱棚大田移栽技术试验报告

唐君海，唐利球，陆祖正，何洪良，秦昌鲜，廖韦卫，赵静，谢君锋，

莫周美，韦海球，俸青，李根

（广西橡胶研究所，广西龙州 532415）

摘要： 为了提高甘蔗组培裸根苗在不同季节的大田移栽成活率，通过搭建小拱棚对"新台糖 22 号"甘蔗脱毒组培裸根苗进行栽培。比较不同增殖苗处理方式和小拱棚顶部不同透气孔的设置、不同假植天数及不同季节对甘蔗组培裸根苗大田移栽成活生长的影响。研究缩短甘蔗组培苗育苗周期的同时又能提高甘蔗组培苗的大田移栽成活率及生长速度的方法。结果表明：不同增殖苗处理方式之间的成活生长差异不显著；移栽当天在小拱棚顶部设置直径 1 cm~2 cm 的透气孔，裸根苗移栽成活率可高达 93.5%，与对照差异达到极显著水平；假植天数为 20 天 ~40 天，每年的 2 月至 10 月均适合运用小拱棚进行甘蔗组培裸根苗的大田移栽。从根本上达到了缩短育苗周期，减少中间生产环节，降低育苗成本的目的。

关键词： 甘蔗；组培裸根苗；大田移栽；小拱棚

中图分类号：S566.1 文献标志码：A 论文编号：2011–3921

The Test Report in Small Plastic Shed Transplanting Techniques in Field of Tissue Culture Seedling of Sugarcane

Tang Junhai，Tang Liqiu，Lu Zuzheng，He Hongliang，Qin Changxian，Liao Weiwei，

Zhao Jing，Xie Junfeng，Mo Zhoumei，Wei Haiqiu，Feng Qing，Li Gen

(Guangxi Rubber Research Institute，Longzhou Guangxi 532415)

Abstract: In order to increasing the seedling of survival rate which transplanting in different season in field.Through set up small plastic shed to grow bare-root seedling of ROC22 which were virus-free by tip culture.We compared the effects of different treatments of propagation and different set mode of vent at the top of the small plastic shed，transplanting days and season to survival rate and growth when bare-root seedling transplanting in field. Study on the methods to curtail periods of propagation，in the meantime increase rate of survival and growth when bare-root seedling transplanting in field. The results showed that，the survival rate difference between different treatments of propagation was not significant. On the day of transplanting at the top of the small plastic shed to set up vent with 1 cm-2 cm，the transplantation survive rate were 93.5% which reached very significance level than contrast. It was suited to use small plastic shed to grow bare-root seedling transplanting in field which transplanting days between 20 days to 40 days and February to October each year.Fundamentally to reach curtail periods of propagation，to decrease the middle of annual ring and reduction in production costs.

Key words: sugarcane； bare-root seedling from tissue culture； transplant； small plastic shed

0 引言

目前中国甘蔗产业最大的威胁来自甘蔗病害[1]，其中甘蔗宿根矮化病 (RSD) 和花叶病等病害，导致种性退化，产量、质量急剧下降，且无法应用化学药物进行防治[2]。通过培育并大规模应用脱毒组培健康种苗来防治甘蔗宿根矮化病 (RSD) 和花叶病等病害已经成为当前甘蔗种植业的共识[3-5]。中国甘蔗组织培养技术起步于 20 世纪 70 年代，至今已有 30 多年的历史。主要集中在室内的脱毒及其检测技术[6-8]，增殖及生根培养[9-10]，脱毒组培苗假植技术等研究[11-15]。但是甘蔗组培瓶苗是在营养物质丰富、光照、温度、湿度等严格人工控制条件下培养出来的，幼苗较弱小，根系吸收能力较差，抗逆性能不强，组培瓶苗不能直接定植于大田。

因此，在组培苗定植大田之前，必须经过一段时间的苗圃（苗床）假植，通常甘蔗脱毒组培苗从培养室的瓶苗生根培养至大田移栽这个时间段，还需经过苗圃沙床丛栽、分单株营养杯假植 2 个中间环节，每个环节历时 30 天 ~40 天，期间苗圃的日常管理等均需投入大量的人力物力，提高了种苗的生产成本，不仅如此，由于育苗周期长，大田的生长期就相应缩短，从而延缓了优良种苗的繁育与推广速度[16]。

李松等[16] 通过在培养室及苗圃沙床丛栽阶段采用培育壮苗的方式并在移栽时用含有 ABT3 生根粉的黄泥浆浆根后成功的将甘蔗丛栽苗分单株后直接移栽至大田，建立了一种甘蔗组培苗裸苗大田移栽的方法。在瓶苗进行生根培养之前，先在壮苗培养基中培养 1~2 代，每代培养时间为 15 天 ~20 天，瓶苗生根后分成 3~5 株 / 丛栽植于苗圃沙床上，经过 30~40 天的培育，当甘蔗组培苗假茎高达 15 cm 左右时，将丛栽苗分成单株并用含有 ABT3 生根粉的黄泥浆浆根后按一定的种植密度移栽至大田，移栽到大田后根据天气情况进行淋水和遮阳等管理[17]。在瓶苗进行生根培养之前，先在壮苗培养基中培养 1~2 代，每代培养时间为 15 天 ~20 天，瓶苗生根后分成 3~5 株/丛栽植于苗圃沙床上，经过 30 天 ~40 天的培育，当甘蔗组培苗假茎高达 15 cm 左右时，将丛栽苗分成单株并用含有 ABT3 生根粉的黄泥浆浆根后按一定的种植密度移栽至大田，移栽到大田后根据天气情况进行淋水和遮阳等管理[17]。

　　"一种甘蔗组培苗裸苗大田移栽的方法"省去分单株营养杯假植这个环节，在假植苗圃方面节约了土地资源，减少了大量的人力、物力的投入，并且使甘蔗组培苗运输成本大为降低，然而由于要培育壮苗其在培养室及苗圃丛栽阶段的培养时间非但未能减少反而有所延长，而且移栽大田后要进行日常淋水和遮阳等管理也提高了蔗农的种植管理成本。为了更好地解决这个问题，笔者把研究重点放在甘蔗组培裸根苗大田移栽阶段，方法是提供一种透光、保湿、保温的大田移栽环境，使得较小的甘蔗组培裸根苗在不经培养室壮苗培养和营养杯假植壮苗阶段直接进行大田移栽也能保证较高的成活率，从而从根本上达到缩短育苗周期，减少中间生产环节，减少运输成本，在降低育苗成本的同时尽可能降低蔗农的种植管理成本，最终实现育苗企业和蔗农双赢的目的。正是在这一指导思想下，2009—2011 年围绕甘蔗组培裸根苗大田移栽，笔者开展了甘蔗组培裸根苗小拱棚大田移栽技术试验，以期为甘蔗组培脱毒健康种苗的大田移栽提供技术参考。

1 材料与方法

1.1 试验时间、地点

　　甘蔗脱毒组培苗的培育在 2009 年 7 月—2010 年 9 月广西南亚热带农业科学研究所植物组织培养研究室进行；裸根苗小拱棚大田移栽技术试验 2010 年 2—10 月在广西南亚热带农业科学研究所甘蔗良种繁育中心的试验基地进行。

1.2 试验材料

　　"新台糖 22 号"甘蔗脱毒组培苗增殖到一定代数的瓶苗。假植在沙床上的具备一定假植天数的"新台糖 22 号"甘蔗脱毒组培裸根苗。竹片、透光薄膜。

1.3 试验方法

1.3.1 不同增殖苗处理方式对裸根苗小拱棚大田移栽成活生长的影响

　　进行 A_1 及 A_2 处理的生根瓶苗均于 2010 年 1 月 15 日假植，2 月 5 日统一进行大田移栽。试验设 8 个处理组合，详见表 1。

　　试验按随机区组设计，重复 3 次，小区面积 66 m²，株距 40 cm，行距 120 cm。试验处理的田间布置如图 1 所示。

表 1　处理方案

试验因素	试验水平的设置	具体措施
增殖苗处理方式	A₁	甘蔗组培苗瓶苗在培养室中经过3~4代的增殖培养后直接进行生根培养，瓶苗生根后从瓶中取出洗干净，分成4~7株/丛在育苗圃中假植20天左右即可进行分单株移栽至备耕好的种苗繁育大田
	A₂	瓶苗增殖至第5、6代进行生根培养之前，先在壮苗培养基中培育1~2代，每代培养时间为15~20天，瓶苗生根后分成3~5株/丛栽植于苗圃沙床上，经过20天的培育，将从栽植分成单株后按一定的种植密度移栽至大田
小拱棚	B₁	甘蔗组培大田移栽后未搭建小拱棚
	B₂	甘蔗组培大田移栽当天搭建小拱棚时，在小拱棚的顶部不设透气孔，小拱棚保持密闭状态
	B₃	甘蔗组培大田移栽当天搭建小拱棚时，在小拱棚顶部每隔50~70 cm开一个直径1~2 cm左右的透气孔
	B₄	甘蔗组培大田移栽当天搭建小拱棚时，在小拱棚顶部每隔50~70 cm开一个直径8~10 cm左右的透气孔

本试验中，由于 A_1 水平和 A_2 水平的增殖苗代数不同，且每一代的培养时间为15天~20天。因此，为了确保试验时间的统一性，试验前期可将要进行 A_1 水平处理的增值苗的离体培养实践延后30天~40天，或将 A_2 水平的增值苗的离体培养时间提前30天~40天，确保在后续的增值培养中，同时出现第3~4代和第5~6代增值苗的情况，从而使得试验得以同步进行。同时获得第3~4代和第5~6代增值苗后，分别按照以下实施步骤进行。

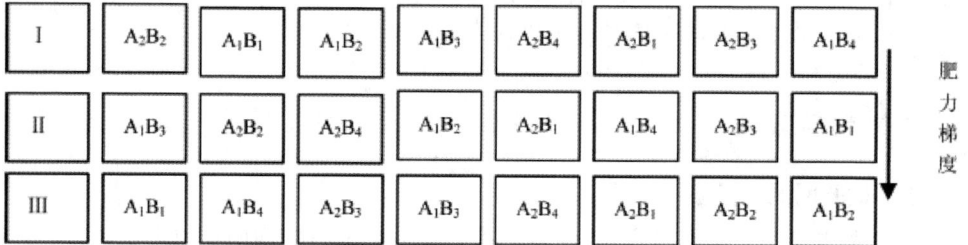

图 1　甘蔗组培裸根苗大田移栽试验田间布置图

增殖苗 A_1 水平试验实施步骤：甘蔗组培苗瓶苗在培养室中经过3~4代的增殖培养后直接进行生根培养，瓶苗生根后从瓶中取出洗干净，分成4~7株/丛在育苗圃中假植20天左右即可进行分单株移栽至布置好的试验大田，移栽前先把植蔗沟用水淋湿淋透，移栽时先对丛苗剪掉2/3叶片，然后进行分单株，选择无病虫害、大小一致的单株进行种植，深度以泥土盖过根系基部3 cm~4 cm，移栽完毕淋足定根水，根据试验设计 B_1~B_4 水平在植蔗沟上方搭建小拱棚。小拱棚的搭建：用具有一定柔韧性的条状或片状竹条或竹片弯成弧形后，使弧形竹条/竹片与植蔗沟垂直，弧顶朝上，两头插在植蔗沟两边所形成的一种支撑结构，每隔一定距离设置一条弧形支撑结构，小拱棚由这一系列的支撑结构构成。根据行距及小拱棚高度选择尺寸适合的薄膜覆盖在搭建好的小拱棚上，四周用土压实防风，移栽当天在小拱棚顶部按照 B_1~B_4 水平开设透气孔，移栽 3 天 ~4 天后，将其扩大至 5 cm~6 cm。如果是秋冬及早春季节进行移栽，则移栽 20 天后可将薄膜完全掀开；如果是夏季，移栽 7 天后即可将薄膜完全掀开。薄膜完全掀开后开始进行施肥等田间管理工作。增殖苗 A_2 水平试验实施步骤：甘蔗组培苗瓶苗在培养室中经过 5~6 代的增殖培养后在瓶苗进行生根培养之前，先在壮苗培养基中培育 1 天 ~2 代，每代培养时间为 15 天 ~20 天，瓶苗生根后分成 3~5 株 / 丛栽植于苗圃沙床上，经过 20 天的培育，将丛苗剪掉 2/3 叶片，分成单株后按试验设计的要求移栽至试验大田，后续步骤与增殖苗 A_1 水平试验实施步骤相同。

1.3.2 不同假植天数对裸根苗小拱棚大田移栽成活生长的影响

试验设 3 个处理，重复 3 次，小区面积 66 m^2，株距 40 cm，行距 120 cm。生根瓶苗分别于 2010 年 1 月 15 日 (C_1)、1 月 25 日 (C_2)、2 月 4 日 (C_3) 假植，裸根苗大田移栽于 2 月 24 日定植，裸根苗对应的假植天数分别为 C_1 40 天、C_2 30 天、C_3 20 天。移栽前对生根瓶苗的处理按试验设计中的 A_1 水平进行，移栽后小拱棚透气孔的设置按试验设计中的 B_3 水平进行，小拱棚的搭建及蔗苗的种植管理与增殖苗 A_1 水平试验实施步骤相同，定植后 20 天调查移栽苗成活率情况，定植满 90 天后调查移栽苗生长情况。

1.3.3 不同季节对裸根苗小拱棚大田移栽成活生长的

影响试验设 5 个处理，重复 3 次，小区面积 66 m^2，株距 40 cm，行距 120 cm。生根瓶苗分别于 2010 年 1 月 15 日、3 月 15 日、5 月 15 日、7 月 15 日、9 月 15 日假植，裸根苗大田移栽分别于 2 月 5 日 (D_1)、4 月 5 日 (D_2)、6 月 5 日 (D_3)、8 月 5 日 (D_4)、10 月 5 日 (D_5) 种植。移栽前对生根瓶苗的处理按试验设计中的 A_1 水平进行，移栽后小拱棚透气孔的设置按试验设计中的 B_3 水平进行，小拱棚的搭建及蔗苗的种植管理与增殖苗 A_1 水平试验实施步骤相同，定植后 20 天调查移栽苗成活率情况，定植满 90 天后调查移栽苗生长情况。

1.4 调查频率及指标

沙床苗分单株裸根移栽满 20 天后，调查植株的成活率，调查测量样本为每处理 / 重复连续 100 株的存活株数。移栽满 90 天调查主茎蔗苗的茎粗与高度、分蘖苗数等，以此作为不同处理效果的判断标准，调查测量样本为每处理 / 重复连续 100 株的平均值。主茎高度 = 定植后 90 天观察的值，主茎高度测土表到最高可见肥厚带处。茎粗用游标卡尺测量蔗苗离地面 40 cm 处蔗茎。

1.5 统计分析方法

用农博士育种家软件中的试验设计及统计分析的新复极差法进行成活生长数据的方差分析。

2 结果与分析

2.1 不同增殖苗处理方式及小拱棚栽培对甘蔗组培苗大田移栽成活生长的影响

从表 2 可以看出，各项指标的 A 因素间的差异均不显著，这表明甘蔗组培苗室内培养阶段的增殖代数及壮苗培养与否与后续大田移栽阶段的成活生长情况不存在必然的联系，这就使得缩短育苗周期成为可能。除 B_1 与 B_2 间差异不显著外，各项指标的 B 因素间的差异性均达到了显著或极显著水平，其中，B_3 处理的成活率、主茎高度及茎粗均极显著的高于 B_4、B_1 及 B_2 处理。这说明甘蔗组培苗进行大田移栽后是否搭建小拱棚及小拱棚顶部透气孔的不同设置均对甘蔗组培苗大田移栽成活生长的影响极为显著。值得注意的是 B_1 水平的成活生长数据与 B_2 水平的差异不显著，表明了甘蔗组培苗移栽当天搭建小拱棚时必须在小拱棚顶部开设大小适合的透气孔，以保持适宜的湿度，否则湿度过大反而影响幼苗的成活生长，体现不出搭建小拱棚栽培的效果。

表 2　不同增值苗处理方式及小拱棚栽培对甘蔗组培苗大田移栽成活生长的影响

处理	成活率/%	主茎高度/cm	主茎的茎粗/mm
A_2B_3	94.0aA	88.3aA	19.1aA
A_1B_3	93.0aA	88.0aA	19.0aA
A_2B_4	84.0bB	84.1aAB	18.5bB
A_1B_4	82.7bB	81.0bBC	18.4bB
A_2B_1	74.0cC	76.0cCD	18.1cC
A_1B_1	73.3cC	75.7cD	18.0cC
A_2B_2	71.3cdC	75.0cD	18.0cC
A_1B_2	69.667dC	73.7cD	17.9cC

注：差异显著性用农博试验设计及统计分析软件进行数据分析，数值后附不同大、小写字母者分别表示差异达 1% 极显著水平和 5% 显著水平，附相同字母者表示差异不显著。下同。

2.2 不同假植天数对裸根苗小拱棚大田移栽成活生长的影响

由于小拱棚具有保温、保湿及透光的功能，尽量满足了甘蔗组培苗的生长发育需要，不同假植天数对裸根苗小拱棚大田移栽成活率及主茎分蘖数的差异影响不显著，3 个处理的成活率均达到 90% 以上，主茎分蘖苗数为 4~5 株。但是随着假植天数的不同，裸根苗的素质有所差异，因此对其移栽后的生长发育有所影响，经差异性分析，C_1 与 C_2 的主茎高度及主茎茎粗均极显著的高于 C_3，而 C_1 与 C_2 间的差异不显著。因此从生长发育的角度来说，假植天数为 30 天左右的甘蔗组培裸根苗最适合大田小拱棚移栽。

2.3 不同季节对裸根苗小拱棚大田移栽成活生长的影响

甘蔗属于喜温喜光的热带作物，不同季节的光热及水资源等的分布不均，因此栽培上不同的种植季节，其生长情况存在差异。体现在甘蔗组培裸根苗不同季节移栽方面也是如此，但是运用小拱棚技术进行移栽可以缩小这种差异。从表 3 可以看出，D_3 处理的成活率、主茎高度及茎粗极显著的高于 D_5 和 D_1 处理，D_3、D_2、D_4 处理的成活率及主茎高度均显著高于 D_5 及 D_1 处理，D_3、D_2、D_4 处理间的成活率差异不显著，各处理间的主茎分蘖数差异均不显著。

表 3　不同季节对裸根苗小拱棚大田移栽成活生长的影响

处理	成活率/%	主茎高度/cm	主茎的茎粗/mm	主茎分蘖苗数/株
D_1	91.0bB	112.3dD	18.7cC	5.0aA
D_2	95.0aAB	136.3bB	21.6aA	5.0aA
D_3	97.7aA	147.7aA	21.3aA	5.7aA
D_4	95.0aAB	135.3bB	20.8bB	4.7aA
D_5	91.7bB	103.7cC	18.6cC	4.3aA

3 结论与讨论

3.1 不同增殖苗处理方式及小拱棚栽培对甘蔗组培苗大田移栽成活生长的影响

本试验 A 因素间的甘蔗组培裸根苗小拱棚大田移栽成活生长差异不显著，这表明应用小拱棚移栽技术，不仅减少了甘蔗组培苗营养杯假植这一环节，还大大缩短了培养室及育苗圃的育苗时间，相比现有技术，培养室阶段可缩短 40 天 ~110 天，育苗圃阶段可缩短 10 天 ~20 天，整体上可缩短 50 天 ~130 天，因而相对减少了甘蔗组培苗的用工及各种物资的投入，从而在培养室阶段开始就降低了育苗成本；由于丛苗数量及移栽密度均较现有技术高，培育相同数量的甘蔗组培苗时，所使用的育苗圃面积更小。

B 因素间的差异达到极显著水平，表明影响甘蔗组培裸根苗大田移栽成活生长的关键因素是移栽后是否及时搭建小拱棚及小拱棚顶部透气孔大小的设置。植株幼小的甘蔗组培裸根苗在未成活前，由于根系吸水能力低，加上叶表角质层、蜡质层不发达，易于失水[16]，顶部覆盖透光薄膜且设置了 1cm ~2cm 大小透气孔的小拱棚能够提供一种透光、保温且湿度较适宜的移栽环境，使得较小的甘蔗组培苗顺利渡过缓苗期，能够较快的进入生长发育阶段，从而提高了甘蔗组培裸根苗的大田移栽成活率及生长发育进度。

3.2 不同假植天数对裸根苗小拱棚大田移栽成活生长的影响

假植天数较长的裸根苗根系较发达，茎粗及叶面积均较大，其适应能力也相应较强。小拱棚移栽技术提供了一种保温、保湿及透光的移栽环境，尽量满足了甘蔗组培苗的生长发育需要，因此缩小了不同假植天数的裸根苗的素质差异，使裸根苗大田移栽的成活率及主茎分蘖数的差异不显著。这有利于缩短假植苗圃的育苗周期。

3.3 不同季节对裸根苗小拱棚大田移栽成活生长的影响

本试验中的 D_1 及 D_5 处理属于早春及晚秋季节，甘蔗组培裸根苗在这 2 个季节进行大田移栽且取得 90% 以上的成活率目前尚未有公开的文献报道，目前有公开文献报道的甘蔗组培裸根苗大田移栽是在温度及光照较适宜的春夏季节进行，而且其在高温的夏季进行移栽时成活率较低，仅有 70% 左右[16]。本试验在温度较高的夏季进行仍然能够取得最高的成活率，主要是覆盖了一层薄膜的小拱棚既能够把夏日的强光反射出去一部分，避免了幼苗直接曝晒，且其保湿功能克服了小苗蒸发失水过多导致蔗苗死亡的情况，这个时候小拱棚中的温度、光照、湿度均达到最适宜小苗的生长发育，因此其移栽生活率也最高。试验结果表明采用小拱棚移栽技术可以使得甘蔗组培裸根苗的大田移栽提前至 2 月或延迟至 10 月。这有利于甘蔗脱毒组培裸根苗的田间周年规模化扩繁。

运用小拱棚移栽技术进行甘蔗组培裸根苗的大田移栽在国内尚属首次，在推广应用的过程中仍需要不断的改进，边推广边改进，做到逐步完善、定型。下一步的工作重点是在推广应用的过程中加强培训宣传工作，使广大蔗农充分认识和感受到实施该项技术带来的经济社会效益，促进该技术的不断完善和提高。

参考文献

[1] 唐红琴，方锋学，韦金菊，等．甘蔗茎尖脱毒组织培养技术研究进展 [J]. 南方农业报，2011(08):42-47.

[2] 淡明，李松，刘丽敏．甘蔗健康种苗组培快繁技术的研究进展 [J]. 安徽农业学，2011，39(6):3165-3166.

[3] 杨柳，李杨瑞，李小辉．甘蔗组织培养研究进展 [J]. 安徽农业科学，2007(12):44-46.

[4] 沈万宽，周国辉，邓海华．甘蔗宿根矮化病研究综述 [J]. 中国糖料，2007(1):50-53.

[5] 沈万宽，郑学文，陈仲华，等．湛江农垦蔗区甘蔗宿根矮化病调查研究 [J]. 中国农学通报，2007(4):387-391.

[6] 许莉萍，陈如凯，李跃平．利用愈伤组织培养和茎尖培养去除甘蔗花叶病毒 [J]. 福建农业大学学报，1994(03):253-256.

[7] 沈万宽，陈仲华，杨湛端，等．热水处理防治甘蔗宿根矮化病的效果及对再生植株影响研究 [J]. 云南农业大学学报，2008，23(4):474-478.

[8] 陈仲华，沈万宽．利用热水处理结合心叶愈伤组织培养脱除甘蔗宿根矮化病菌研究 [J]. 甘蔗糖业，2007(5):16-20.

[9] 贤武，王伦旺，王天算，等．甘蔗茎尖脱毒培养研究初报 [J]. 广西蔗糖，2000(04):3-5，13.

[10] 刘红坚，李松，游建华，等．甘蔗茎尖脱毒组培苗生根试验的研究初报 [J]. 甘蔗糖业，2008(02):21-23.

[11] 李松，刘丽敏，淡明，等．基质和假植期对甘蔗单株组培苗移栽成活率及生长的影响 [J]. 湖南农业科学，2010(23):13-16.

[12] 何慧怡，陈勇生，樊丽娜，等．甘蔗组培苗素质对假植成活率的影响 [J]. 中国种业，2010(04):6-9.

[13] 何为中，曾慧，刘红坚，等．影响甘蔗组培苗假植成活率的几个因素的研究 [J]. 甘蔗糖业，2002(3):10-12.

[14] 陈仲华，杨湛端．苗圃基质和假值时期对甘蔗组培苗假植成活率的影响 [J]. 甘蔗糖业，2007(04):13-16.

[15] 侯朝祥，赵培方，刘家勇，等．影响甘蔗茎尖组培苗假植成活质量的几个因素

分析 [J]. 中国糖料，2008(01):40–41.

[16] 李松，余坤兴，戴友铭. 一种甘蔗组培苗裸苗大田移栽的方法 [P]. 申请号：CN200910114601.4，公开号：CN101707979A.

[17] 李松，刘丽敏，余坤兴，等. 甘蔗脱毒组培健康裸根苗大田移栽成活生长影响因素 [J]. 中国农学通报，2010，26(22):155–159.

蛋黄果节本高效优质栽培技术

周婧[1]，杨桂明[2]，蓝庆江[1]，梁文海[2]，卢艳春[1]，

([1] 广西亚热带作物研究所试验站，龙州 532415；[2] 广西农垦国有荣光农场)

蛋黄果 (*Lucuma nervosa* A.DC.) 为山榄科蛋黄果属热带稀有果树，原产古巴和南美洲热带地，20 世纪 30 年代开始引入我国，现海南、广东、广西、云南等部分热区仅有零星种植。蛋黄果适应性强，病虫害少，具有反季节性，果形美观多样，成熟果肉橙黄色酷似蛋黄，粉质香甜，口感独特，富含多糖、维生素 C、蛋白质、淀粉以及人体必需的氨基酸和钙、铁、磷等微量元素，果肉除鲜食还可加工成果酱、奶油、饮料和果酒等，具有广阔的开发前景[1]。近几年国内各热区正在把蛋黄果作为新兴的热带水果加快发展，广西区内已在龙州、防城等地布置了多点良种生产试种示范区，在蛋黄果良种示范栽培过程中，笔者初步总结出了一套节本高效优质栽培技术，为蛋黄果的规模化标准化栽培提供技术支撑。

1 园地选择及备耕

1.1 园地选择

蛋黄果为热带果树，喜欢温暖多湿的气候环境，应选择在年平均温度在 20 ℃以上，极端低温在 0 ℃以上，极端高温在 40 ℃以下，冬季无严重长时间霜冻的热带亚热带地区种植。园地应选择土层深厚、光照水分充足，排灌方便，富含有机质的沙质土或壤土的平地及缓坡地带为佳，避免选择空气流通不畅易积霜的低洼地带。

1.2 备耕

选中的园地应先进行平整除杂，有条件的园地应进行机耕深翻犁耙后再定标，平地以株行距为 4 m×5 m，植 33 株 /667 m²，缓坡地以株行距为 4 m×4m，植 42 株 /667 m² 为宜。以直径和深宽均为 80 cm 的规格挖好定植坑后，每坑施入 20 kg 易腐殖的杂草等绿肥，50 kg 农家肥，0.5 kg 石灰，0.5 kg 钙镁磷肥等作为基肥，与土拌匀后回坑作墩，土墩应高出地面 10 cm ~ 20 cm 待定植[2]。

2 实生袋苗大田定植培育及嫁接

2.1 实生袋苗大田定植培育

每年 12 月份至翌年 1 月份果实集中成熟时进行采种，选取充分成熟，颗粒饱满的种子进行催芽处理后点播于已备好的规格为 18 cm ×20 cm 的营养袋中。到 4 ~ 5 月份待实生苗抽生的第 1 蓬梢老熟后直接定植于已备耕好的大田中，定植时去掉塑料袋，注意保护好营养袋中的泥团不散落，种下后在泥团外围踩实，淋足定根水，树盘用杂草等进行覆盖，以保持土壤湿润。此后按照常规的幼树扶育期肥水管理进行大田培育实生苗。

2.2 大田嫁接

2.2.1 良种及接穗选择

一直以来蛋黄果采用实生繁殖，实生繁殖的蛋黄果其后代变异很大，形态各异，产量品质参差不齐。选择经过评价鉴定的优良品种或株系的枝条作为嫁接接穗，是蛋黄果果品达到优质的基本条件。接穗应选取优良品种或株系的植株外围中上部向阳部位，顶梢已充分老熟，芽眼突出饱满，无病虫为害，粗度与砧木相近或略小的当年生枝条[3]。用刀削去带叶柄的叶片，略保留叶柄基部小节以保护芽眼，擦去乳汁，10 ~ 20 条 1 捆绑扎保湿待用，种植园区离采穗圃近的亦可随采随接。

2.2.2 嫁接时间及方法

到 8 月底 9 月初，经过几个月大田培育的实生苗的高度及粗度基本上达到了嫁接标准，即可进行大田嫁接。嫁接时采用多芽切接法，方法是先用刀在离地面 30 cm ~ 40 cm 处把砧木顶端部分削去，使砧木削面成 45°，再削去砧木削面下 2 ~ 3 张带叶柄的叶片，待砧木削面及其周围叶柄的乳汁流出，然后再剪切接穗，每条接穗剪成带 3 ~ 4 个芽眼，长 3cm ~ 4cm 的小节，用超薄塑料薄膜如保鲜膜等粘吸净砧木削面和接穗上的乳汁，砧木和接穗套接后用宽约 3cm 的专用嫁接膜全封闭绑扎。

2.2.3 嫁接后管理

嫁接完后用 40 % 的氧化乐果 500 ~ 800 倍药液或 48 % 乐斯本 800 ~ 1000 倍药液全面喷湿薄膜绑扎的部位，防止蚂蚁或其他昆虫咬破薄膜，影响成活率。嫁接后 10 天左右可透过薄膜检查成活情况，接穗已变黑的说明已不成活，应及时补接，以保证嫁接后苗木生长整齐一致。成活萌发的芽一般都能穿透薄膜，若萌发的芽无法穿透薄膜，可用刀片轻轻挑开一个小洞以利幼芽正常生长。及时抹除砧木萌芽，以节约营养，促进接穗萌芽抽生。当接穗萌发抽出的第 1 蓬梢老熟后，可解开绑扎的薄膜，以免透薄内陷，影响生长。大田嫁接基本成活后即可进入正常的大田管理。

3 土水肥管理

3.1 土壤管理

幼龄果园宜常进行中耕除草，疏松土壤，在中耕除草的同时，经常修整树盘，进行树盘覆盖，保持根际疏松湿润，利于保水保肥。果树行间可套种花生、豆类、瓜蔬等短期低矮作物，减少杂草滋生，熟化土壤，同时增加果园前期经济收入。植后第 2 年开始，每年进行 1 次扩穴压青，逐年扩大压青坑，直至全园深挖改土完为止。

3.2 水分管理

蛋黄果具有较强的抗旱抗涝性，对水分要求不严格。桂东南、桂西南地区春夏雨水较充足，定植成活后基本不用人工灌溉，如遇园内长时间积水，应及时开沟排水，以免树体黄化。秋冬干旱季节，如遇久旱无雨则要进行人工灌溉，保证幼树新梢正常抽生，结果树在 9 ~ 10 月份果实膨大期要给予充足的水分，以保证果实正常发育，果实成熟期适当控制水分，以防裂果 [4]。

3.3 肥料管理

蛋黄果幼龄树一年可抽发 4 ~ 5 次梢，应采用勤施薄施的施肥原则，一般 1 次梢施用促梢肥和壮梢肥 2 次，以速效氮肥及水肥为主，配合使用磷钾肥，株施用肥料种类及数量主要为"长得快" 微生物有机肥冲剂 0.1 kg ~ 0.15 kg 溶入沤制腐熟的花生麸稀释液肥 10 kg、尿素 0.1 kg ~ 0.15 kg 溶入沤制腐熟的花生麸稀释液肥 10 kg，或雨后开浅沟施用尿素 0.1 kg、硫酸钾复合肥 0.1 kg，几种施肥方法轮流施用，并随树冠的增大而增加施肥量。成年结果树营养消耗量大，适当增加有机肥及磷钾肥施用量，重点施好以下几次肥 [5]。①促梢促花肥，于 3 月上中旬春梢萌发前施用，以速效氮肥配与微量元素，株施"长得快" 微生物有机肥冲剂 (内含硼、镁、锌等微量元素) 0.5 kg ~ 1 kg、尿素 0.5kg、硫酸钾复合肥 0.5 kg。②保果肥，于 7 月上中旬谢花后施用，株施"长得快" 微生物有机肥冲剂 0.5 kg、硫酸钾复合肥 1 kg。③壮果肥，在 8 月中下旬第 2 次生理落果过后果实基本稳定时施用，主要以满足果实正常发育及增强果实甜度、色泽为目的，以钾肥和有机质肥为主，株施微生物有机复合肥 1kg、硫酸钾复合肥 1 kg 或沤制腐熟的花生麸稀释液肥 20 kg、硫酸钾复合肥 1.5 kg。④采果肥，于 12 月下旬至翌年元月上旬果实采收前施用，主要用于恢复树势，增强来年的生长结果为目的，以重施农家肥和磷钾肥为主，株施腐熟牛羊粪等农家肥 20 kg ~ 40 kg、豆麸或花生麸 5 kg、钙镁磷肥 1 kg、硫酸钾复合肥 1 kg。前 3 次肥轮流方向在靠近树冠滴水线下开环状沟施入，后 1 次结合扩穴压青施入压青坑内，每次施肥后树冠淋透水，促进肥料溶解分化。株施用肥量可视当年挂果量适当增减。

4 整形修剪

幼树主要以整形为主,采用抹芽定梢、摘心、拉枝吊枝等方法,促进枝梢合理分布,快速生长。大田嫁接成活后,嫁接部位以下的砧木将成为主干,接穗上的几个芽会同时萌发形成主枝,应全部抹除嫁接部位以下砧木萌发的芽,选留 3 条生长健壮,粗细相当,分布均匀的接穗萌发芽培养成主枝,其余弱芽、重叠芽抹去。待选留的 3 条主枝长至 30 cm 左右进行打顶,促发一级侧枝,此后根据枝条的分布情况依次进行抹芽定梢、摘心等培养二级以上侧枝,直至形成投产树冠。若枝条过于直立或分布不均匀,可进行拉枝整形,把过于直立的主枝拉成与主干延长线成 45° ~ 60° [5],以培养开心形树冠,迫使主枝及侧枝内膛的潜伏芽萌发新梢形成小果枝,以快速形成矮化立体挂果的高产树冠。

结果树在封行前以轻剪、短截为主,利于扩大树冠,增加前期产量;封行后,以重剪为主,降低树体高度,防止交叉生长。春夏梢生长季节疏去内膛过密枝,俗称"开天窗",利于树冠通风透光,对于突出树冠外围的枝梢进行短截。冬季采果后进行重剪,剪去病虫枝、徒长枝、下垂枝、过密枝、交叉重叠枝等,适当保留内膛枝,以"去强留弱"的原则回缩树冠,剪去过强过长的枝条,选留较短弱的枝条替代树冠外围枝条,轮流更换结果母枝。

5 花果管理

5.1 保花保果

花蕾期及谢花后生理落果前期结合病虫害防治,分别喷施 1 ~ 2 次 0.2 % 硼砂、0.3 % 磷酸二氢钾、赤霉素或 2,4—D 5 ~ 10 mg/L,以提高受粉率,壮花保果。

5.2 疏花疏果

蛋黄果以春梢为主要结果母枝,花蕾 3 ~ 4 朵集生于新梢的腋下,经冬季重剪、回缩树冠后,春季剪口下会萌发许多新梢,待现蕾后,选留健壮、分布均匀合理的花枝,疏去密、弱、重叠花枝。待第 2 次生理落果后 1 ~ 2 周,及时疏去病斑果、畸形果、过密过多小果、吊地果及顶部易曝晒果[4],每花序最多选留 1 ~ 2 个果,视树势及枝条的承受能力每条枝可留间隔较疏的 3 ~ 4 个果。

5.3 果实套袋

蛋黄果套袋可以减少日灼、煤烟病及锈斑病等为害,果实着色均匀、提早成熟,提高果实商品价值。经过疏果后果实如乒乓球大小时,选择晴天进行果实喷布 1 次杀虫杀菌剂、含钾 0.2 % 或含钾量高的叶面肥,待药液干后进行果实套袋,喷药后 1 周内必须套完袋。套果袋主要选用双层透气纸袋或泡沫网外套透明塑料袋。

5.4 搭架撑枝

由于采用矮化早结栽培技术措施，以达到节本高效的目的，部分幼龄结果树果枝承载能力尚弱，随着果实增大，果枝下垂着地，此时应及时吊枝、搭架撑枝等进行果枝保护。

6 果实采收及后熟

以春梢为主要结果母枝的蛋黄果，一般于11月下旬至翌年2月底前为果实采收期，由于果实成熟不一致，应分批分次进行采收，以果皮由青色变为泛黄色时为八成熟，即可采收；采收时剪短果柄，果实轻放于筐内，避免机械损伤，影响果实品质。八成熟果实采收后一般经过10天～14天的自然后熟，果皮变橙黄色，果肉变松软时即可食用。亦可进行果实催熟处理。

7 病虫害防治

蛋黄果具有较强的抗病抗虫性，在桂东南、桂西南地区的示范栽培过程中，仅发现有轻微的煤烟病及褐斑病为害果实，有少量的叶甲及白蛾蜡蝉为害枝梢[1]。在冬季修剪清园过后，树冠、树干全面喷施1次石硫合剂或波尔多液进行封树，花蕾期及果实套袋前结合保花保果分别喷施1～2次50％的多菌灵可湿性粉剂400倍液、75％百菌清600倍液、25％腈菌唑乳油6000倍液等杀菌剂进行防治煤烟病及褐斑病；嫩梢期及秋冬季节喷施48％乐斯本800～1000倍液、36％阿维吡虫啉3000倍液等杀虫剂进行防治叶甲及白蛾蜡蝉。

8 小结

常规的种植，从苗圃育苗到挂果投产最快的需6～7年。而直接采用实生袋苗大田定植后嫁接，定植成活率高，减少了苗木移栽伤根而影响生长速度，大田高标准的肥水管理，且通风透光，砧木生长迅速，能提早嫁接且提高成活率，1年可完成常规3年苗圃育苗的全过程。大田嫁接成活后，直接进入枝梢生长期，利于提早培养矮化早结丰产树冠，只需1～2年的大田抚育期即可进入投产期，比常规的种植方法提早2～3年投产，配合科学合理的配套栽培技术措施，从而实现了节本高效优质的目标。通过示范栽培试验证明，所总结的节本高效优质栽培技术是可行的，可以推广应用。

直接采用实生袋苗大田定植培育后嫁接的种植方法，必须具备成熟的蛋黄果嫁接技术，保证苗木嫁接成活率，嫁接后的苗木长势整齐一致，才能达到预期效果。

参考文献

[1] 周 婧，蓝庆江 ，卢艳春 ，等 . 桂西南地区蛋黄果种 质资源的收集与评价 [J]. 广西热带农业，2009(6):21–25.

[2] 刘江平，黄小华， 万年青 ，等 . 热带珍稀果树蛋黄 果的生物学特性及栽培技术要点 [J]. 广东农业 科学 ， 2008(3):24–25.

[3] 张林辉，尼章光，解德宏 . 蛋黄果嫁接繁育试验 [J]. 中国热带农业，2006(6):32.

[4] 王美存，尼章光，罗心平 ，等 . 蛋黄果优质栽培技 术 [J]. 热带农业科技，2005(1):32–35.

[5] 卢艳春，周 婧，符 策，等 . 优稀果树蛋黄果在桂西南 的表现及栽培 [J]. 广西热带农业，2007(5):10–11.

木薯朱砂叶螨抗阿维菌素品系选育及其解毒酶活性变化

刘连军，黎萍，李恒锐，杨海霞，农秋连，梁振华，马仙花

（广西南亚热带农业科学研究所，广西崇左 532415）

摘要： 采用室内喷药继代汰选法和生化分析法，以广西南亚热带农业科学研究所木薯种质资源圃采集的朱砂叶螨为敏感品系（SS），用阿维菌素对朱砂叶螨进行 15 代抗性选育，获得抗性倍数为 3.25 的抗阿维菌素品系（Ab–R）。经室内选育后，对 Ab–R 和 SS 解毒酶活性的测定表明，随着选育代数的增加，Ab–R15 体内羧酸酯酶（carboxylesterases，简称 CarE）、谷胱甘肽 –S– 转移酶（glutathione–s–transferase，简称 GSTs）、多功能氧化酶（multi–functional oxidase，简称 MFO）的比活力分别为 SS 的 1.27、1.69、1.92 倍。此外，Ab–R5、Ab–R10、Ab–R15 体内的 MFO 比活力与 SS 相比差异均达显著性水平；筛选至 10 代时，CarE 比活力与 SS 相比无显著性差异；筛选至 5 代时，GSTs 比活力与 SS 相比无显著性差异。结果说明，MFO 比活力显著上升是朱砂叶螨对阿维菌素产生抗药性的重要原因，同时 CarE 和 GSTs 也参与了阿维菌素抗性品系的形成。

关键词： 木薯；朱砂叶螨；阿维菌素；抗性选育；解毒酶

中图分类号：S435.33　文献标志码：A　文章编号：1002 — 1302(2018)23 — 0094 — 03

朱砂叶螨 [*Tetranychus cinnabarinus*(Boisduval)] 属叶螨科（Tetranychidae），别称红蜘蛛，是危害木薯最为严重的一种害螨，可导致当地木薯减产 10% ~ 30%，严重危害时可减产 50% ~ 70%[1]。朱砂叶螨个体小、繁殖能力强、世代周期短，年繁殖代数可达 15 代。由于生产上长期大面积使用化学农药防治朱砂叶螨，不可避免地会产生抗药性 [2-3]。

阿维菌素是一种广谱、高效、低残留，对人畜安全的抗生素类杀虫剂 [4-5]，以干扰害虫神经来杀死害虫，与常用杀虫剂的作用机制不同，不会和常用杀虫剂产生交互抗性，适合防治对其他杀螨剂已产生抗药性的害虫。用阿维菌素进行螨类抗性选育已有报道，如陈文博等研究表明，土耳其斯坦叶螨对阿维菌素的抗性发展较慢 [6]；刘贻聪等研究得出，二斑叶螨田间种群普遍对阿维菌素产生了稳定抗性 [7]；宋丽雯等用阿维菌素对截形叶螨进行抗性筛选，结果表明截形叶螨对阿维菌素抗性较稳定 [8]。

螨类抗药性形成与体内各种解毒酶系活性变化存在密切联系[9]。研究认为，多功能氧化酶（MFO）、谷胱甘肽 -S- 转移酶（GSTs）、羧酸酯酶（CarE）等是动物体内的重要解毒酶系[10]。MFO 的底物谱极广，几乎能氧化代谢所有杀虫剂，与许多害虫的抗药性形成有关；GSTs 能使内源谷胱甘肽与化学农药（包括杀虫剂、杀螨剂）中具有毒理作用的亲电基团结合并排出体外；CarE 是昆虫体内重要的解毒酶系，在对外源化合物的解毒代谢和对杀虫剂的抗性形成中起重要作用。何林等报道用阿维菌素处理不同螨类其结果都表明该抗性品系的形成与体内解毒酶活性升高有一定关系[9, 11 − 12]，但尚未见对木薯朱砂叶螨抗药性机制方面的报道。本研究采用室内喷药继代汰选法对阿维菌素进行木薯朱砂叶螨抗性筛选，分析敏感品系和抗性品系 3 种解毒酶活性的变化，旨在探讨朱砂叶螨对阿维菌素抗性形成及其体内解毒酶活性变化与产生抗性之间的关系，为朱砂叶螨的抗性综合治理提供理论依据。

1 材料与方法

1.1 试验地点和时间

试验地点设在广西南亚热带农业科学研究所农产品检测中心，2016 年 4—12 月进行室内抗性品系筛选，2017 年 1 月进行解毒酶活性测定。

1.2 供试虫源

朱砂叶螨敏感品系（SS）：供试木薯朱砂叶螨采自广西南亚热带农业科学研究所木薯种植田间，试验前在室内饲养繁殖至少 2 代。饲养温度为（27 ± 2）℃，相对湿度为（75 ± 2）%，光照 16 h/d，期间不接触任何药剂。

朱砂叶螨抗性品系（Ab-R）：从朱砂叶螨敏感品系中分离部分群体，扩繁后用阿维菌素乳油进行抗性筛选，采用水隔式饲养法（木薯叶叶背朝上置于托盘内的浸湿海绵上）连续饲养至 15 代，可视为抗性品系。

1.3 供试药剂和主要仪器

阿维菌素乳油（购自广东中迅农科股份有限公司）；α －萘酚（购自国药集团化学试剂有限公司），分析纯；固蓝 B 盐（购自成都艾科达化学试剂有限公司），分析纯；4- 对硝基苯甲醚（购自成都艾科达化学试剂有限公司），分析纯；十二烷基磺酸钠（SDS，购自北京欣华绿源科技有限公司），化学纯；α - 乙酸萘酯（购自上海瑞永生物科技有限公司），化学纯；毒扁豆碱（a-NA，购自 Fluka 公司），纯度≥98%；2,4- 二氯硝基苯（DCNB，购自 Sigma 公司），纯度＞98%，化学纯；还原型谷胱甘肽（购自 Japan 公司），纯度≥98%；牛血清白蛋白（购自北京欣华绿源科技有限公司）；考马斯亮蓝 G-250(购自 Fluka 公司)；乙二胺四乙酸（EDTA，购自上海源叶生物科技有限公司)；还原型辅酶Ⅱ（NADPH，购自 Sigma 公司），纯度 ≥ 98%。人工气候培养箱（型号 LRH-250-GsbI，购自韶关市泰宏医疗器械有限公司)；T6 新世纪紫外分光光度计（购自北京普析通用仪器有限公司)。

1.4 试验方法

1.4.1 抗性品系选育

参照黎萍等的方法 [13]，用 1.8% 阿维菌素乳油，以种群死亡率 25% 左右的选择压力给予喷药处理，喷药 24 h 后将存活的叶螨个体转移到托盘里离体新鲜的木薯叶背面，采用水隔式培养，待存活个体在新鲜木薯叶上产卵 3 d 后移走，每次喷药后进行生物测定，计算致死中浓度，适当提高每代喷药浓度。当 F_1 代成螨高峰期时再次喷药处理，重复上述操作，直至 F_{15} 代。

1.4.2 室内毒力测定

参照黎萍等的方法 [13]，每代分别设置 5 种不同梯度的药剂浓度，每个梯度浓度保证螨死亡率在 40% ~ 75%，每个浓度重复 3 次，用清水作为对照。取饲养室个体大小均匀一致的雌成螨接于新鲜离体的木薯叶背面，作为 F_0 代成螨。用手持式喷雾器均匀喷施于木薯叶背面，24 h 后检查死亡率，挑选存活成螨置于人工气候培养箱中培养，温度为（27 ± 2）℃，相对湿度为（75 ± 2）% 左右，光照 16 h /d。每次施药后记录施药前成螨总数和施药后死亡数，计算抗性指数性指数 = 抗性品系 LC_{50} / 敏感品系 LC_{50}。

1.4.3 解毒酶活性测定

1.4.3.1 酶液制备

挑取木薯朱砂叶螨敏感品系和经致死量处理过 100 头左右的雌性朱砂叶螨，加入 2 mL 相对应的磷酸缓冲液 (0.1 mol/L、pH 值为 7.0)，冰浴中研磨充分，在高速离心机中离心（10 000 r /min、4 ℃）15 min，取上清液，置于冰浴中待用，上清液即为酶液。

1.4.3.2 蛋白质标准曲线绘制

取 7 支试管按表 1 顺序加入试剂，在 37 ℃恒温水浴内放置 10 min，在 595 nm 下比色测定（表 1）。以牛血清蛋白含量（μg/mL）为横坐标，并以测得的吸光度取平均值后为纵坐标，绘制标准曲线。

表1　蛋白质标准曲线测定

处理	100 μg/mL 牛血清大白	0.1mol/L、pH 值为 7.0 磷酸缓冲液（mL）	考马斯亮蓝 G-250（mL）
CK	0	1.0	5.0
1	0.1	0.9	5.0
2	0.2	0.8	5.0
3	0.3	0.7	5.0
4	0.4	0.6	5.0
5	0.5	0.5	5.0
6	0.6	0.4	5.0

1.4.3.3 CarE 活性测定

参照 van Asperen 的方法[14]，以 a–NA（3×10^{-4} mol /L，含 10^{-4} mol /L a — NA）为底物，加 3 mL 酶液，混匀，在 30 ℃恒温水浴 10 min，立刻加 0.5 mL 显色剂，在 30 ℃水浴反应 10 min，待颜色稳定后，在紫外分光光度仪上 600 nm 处测定吸光度，3 次重复。根据酶源蛋白质含量的测定结果计算 CarE 的比活力 [mmol /(mg · 30 min)]。

1.4.3.4 GSTs 活性测定

参照 Clark 等的方法[15]，取 66 mmol/LpH 值为 7.0 的磷酸缓冲液、50 mmol/L 谷胱甘肽、0.03 mol /L 2,4 – 二硝基苯和酶液分别为 2.4 mL、0.3 mL、0.1 mL、0.2 mL，对照不加酶液，混合均匀，27 ℃水浴 10 min，在紫外分光光度仪上 340 nm 处测定吸光度，重复 3 次。根据酶源蛋白质含量测定结果，将吸光度换算成比活力 [Δ D/(mg · 30 min)]。

1.4.3.5 MFO 活性测定

取对硝基苯甲醚（ 0.1 mol /L、pH 值为 7.0) 、磷酸缓冲液、NADPH 和酶液分别为 0.1 mL、1.9 mL、0.5 mL、0.5 mL，对照不加酶液，混合摇匀，置于 37 ℃ 水浴振荡 30 min，然后加 1.0mL HCl 溶液（ 1mol /L) 终止反应，后用四氯甲烷、NaOH 溶液 (0.5mol/L) 萃取，在温室下静置 10 min 后，取 2.0mL 水相置于比色皿中，在 400 nm 处测吸光度。根据各处理的吸光度与标准曲线相比较，计算 MFO 的比活力 [nmol /(mg · 30 min)]。

1.4.3.6 数据统计与分析

阿维菌素对朱砂叶螨的抗性选育结果数据及解毒酶活性数据处理均采用 SPSS Statistics 22.0 软件进行统计分析，采用 Duncan's 新复极差法进行差异显著性分析。

2 结果与分析

2.1 木薯朱砂叶螨对阿维菌素抗性的选育

朱砂叶螨对阿维菌素抗性结果（ 表2) 表明，通过从 F1 至 F15 代试虫的逐次汰选和饲养，获得 F15 代抗性倍数为 3.25。LC50 由 2.830 μg /mL 上升到 9.208 μg /

mL，$F_0 \sim F_6$、$F_7 \sim F_{12}$、$F_{13} \sim F_{15}$ 抗性倍数范围分别在 1.00 ~ 1.877、2.01 ~ 2.84、3.03 ~ 3.25 内。由此可见，阿素菌素对朱砂叶螨的抗药倍数呈缓慢上升趋势，抗性发展较慢，没有出现抗性突增阶段。

表2　木薯朱砂叶螨抗阿维菌素品系选育结果

筛选代数	毒力回归方程 ($P = a + bx$)	卡方值 x^2	LC_{50} (95% 置信区间) (μg/mL)	抗性倍数	相关系数
F_0	$-7.006 + 2.476x$	0.831	2.830 (2.618 ~ 5.410)	1.00	0.842
F_1	$-7.748 + 2.579x$	3.135	3.004 (2.899 ~ 3.385)	1.06	0.371
F_2	$-13.553 + 4.095x$	3.917	3.310 (3.203 ~ 3.377)	1.17	0.271
F_3	$-9.197 + 2.682x$	3.699	3.429 (3.318 ~ 3.627)	1.21	0.296
F_4	$-19.858 + 4.572x$	0.901	4.343 (4.269 ~ 4.404)	1.53	0.825
F_5	$-22.166 + 4.622x$	1.284	4.759 (4.709 ~ 4.852)	1.68	0.733
F_6	$-22.681 + 4.284x$	1.397	5.294 (5.205 ~ 5.352)	1.87	0.706
F_7	$-33.230 + 5.841x$	3.965	5.689 (5.577 ~ 5.749)	2.01	0.265
F_8	$-21.642 + 3.555x$	4.479	6.088 (5.731 ~ 6.204)	2.15	0.214
F_9	$-23.365 + 3.551x$	0.989	6.580 (6.217 ~ 6.697)	2.33	0.804
F_{10}	$-35.972 + 5.026x$	2.288	7.156 (6.967 ~ 7.232)	2.53	0.515
F_{11}	$-26.778 + 3.599x$	2.769	7.441 (6.719 ~ 7.615)	2.63	0.429
F_{12}	$-30.198 + 3.763x$	3.054	8.025 (7.599 ~ 8.159)	2.84	0.383
F_{13}	$-23.029 + 0.774x$	2.045	8.572 (8.485 ~ 8.806)	3.03	0.563
F_{14}	$-18.106 + 2.003x$	0.555	9.041 (8.755 ~ 11.668)	3.19	0.907
F_{15}	$-12.898 + 1.401x$	0.172	9.208 (8.814 ~ 21.242)	3.25	0.982

2.2 朱砂叶螨不同品系对 CarE 比活力的变化

由表3可知，与 SS 品系相比只有 Ab - R15 品系 CarE 比活力达到显著性差异水平，为 SS 品系的 1.27 倍。除了 Ab-R$_{15}$ 品系外，其余2个抗性品系与 SS 品系 CarE 比活力差异均未达到显著水平，说明阿维菌素抗性品系的形成与 CarE 比活力可能关系不大。

表3　朱砂叶螨不同品系对 CarE 比活力的变化

品系	CarE 比活力 [mmol/(mg·30 min)]	相对比值 (R/S)
SS	0.132 ±0.003b	1.00
Ab - R$_5$	0.133 ±0.001b	1.01
Ab - R$_{10}$	0.136 ±0.004b	1.03
Ab - R$_{15}$	0.167 ±0.001a	1.27

注：表中所示数据为平均值±标准差；同列数据后不同小写字母表示差异显著（P<0.05），下表同

2.3 朱砂叶螨不同品系对 GSTs 比活力的变化

由表4可知，连续15代筛选，GSTs 的比活力一直在上升中，Ab-R$_5$ 品系比活力上升幅度最小，与 SS 品系之间没有显著性差异，筛选至10代，Ab-R$_{10}$ 品系比活力上升较快，与 Ab-R$_5$、SS 品系之间差异达到显著水平，为 SS 品系的 1.43 倍，说明

朱砂叶螨对阿维菌素抗性水平的提高可能部分与 GSTs 比活力的提高有关。

表 4　朱砂叶螨不同品系对 GST$_s$ 比活力的变化

品系	GSTs 比活力 [ΔD / (mg · min)]	相对比值 （R/S）
SS	$0.247 \pm 0.006c$	1.00
Ab – R$_5$	$0.251 \pm 0.003c$	1.02
Ab – R$_{10}$	$0.353 \pm 0.049b$	1.43
Ab – R$_{15}$	$0.418 \pm 0.003a$	1.69

2.4 朱砂叶螨不同品系对 MFO 比活力的变化

由表 5 可知，随着选育代数的增加，MFO 的比活力不断增强，且上升幅度相对较大，Ab-R 品系与 SS 品系之间 MFO 比活力差异均达到显著性水平，Ab-R15 品系是 SS 品系的 1.92 倍，从 F$_5$ 代到 F$_{15}$ 代 MFO 的活性上升较快，且与 SS 品系相比具有显著差异，表明朱砂叶螨对阿维菌素产生的抗性与 MFO 比活力增强有直接关系，而且是朱砂叶螨对阿维菌素产生抗药性的重要原因。

表 5　朱砂叶螨不同品系对 MFO 比活力的变化

品系	MFO 比活力 [nmol / (mg · 30 min)]	相对比值 （R/S）
SS	$0.149 \pm 0.003d$	1.00
Ab – R$_5$	$0.183 \pm 0.008c$	1.24
Ab – R$_{10}$	$0.233 \pm 0.012b$	1.58
Ab – R$_{15}$	$0.285 \pm 0.005a$	1.92

3 结论与讨论

通过阿维菌素对木薯朱砂叶螨的室内筛选，获得 F$_{15}$ 代抗性为 3.25 倍的朱砂叶螨阿维菌素种群，在抗性筛选过程中发现该朱砂叶螨对阿维菌素的抗性发展速度慢，呈平缓的上升趋势，没有出现抗性突增阶段，不易产生抗药性，这与陈文博等的研究结果[6,8]一致。

室内抗性选育是害虫抗药性研究的重要手段，抗药性发展的速度和程度与害虫种类、原始种群的抗性水平、药剂种类及选择压力有关[16]。通过朱砂叶螨对阿维菌素的抗药性研究结果表明，在实际生产中为预防朱砂叶螨对阿维菌素过快产生抗药性，要适当与常用药剂进行轮换或者选用混配药剂，控制使用量和施用次数，从而延长阿维菌素的使用寿命，这样才有可能阻止或延缓害螨抗药性的发生。

本研究用阿维菌素经 F_{15} 代抗性选育后，对 Ab － R 品系和 SS 品系的 3 种解毒酶 (CarE、GSTs 和 MFO) 比活力测定表明，CarE 比活力在 F_{10} 代前基本没有变化，Ab–R 品系与 SS 品系之间的比活力差异不显著；GSTs 选育 F_{10} 代时比活力变化显著，Ab–R$_{10}$ 品系比 SS 品系比活力提高 1.43 倍；MFO 的比活力变化显著且上升较快，说明朱砂叶螨体内 MFO 在对阿维菌素的抗药性中起主要作用，这与沈一凡等认为 MFO 比活力增强是二斑叶螨对阿维菌素产生抗药性的主要原因的结论 [11－12] 相印证。高新菊等报道二斑叶螨对四螨嗪产生抗性是 3 种解毒酶协同作用的结果 [17]；刘金香等研究表明，水胺硫磷和甲氰菊酯的抗性形成与 3 种解毒酶有一定的关系 [18]。同样，笔者认为木薯朱砂叶螨对阿维菌素抗性的形成与 CarE、GSTs、MFO 比活力的变化存在联系，但 MFO 比活力的提高是导致朱砂叶螨抗性形成的重要原因。

本研究的木薯朱砂叶螨室内抗性选育至 F_{15} 代，如果抗性筛选不断进行，朱砂叶螨抗性会迅速上升。随着抗性的增强，朱砂叶螨体内 3 种解毒酶活性可能会有更大的变化，因此本课题有待今后继续深入探讨，为进一步研究抗性治理提供科学的理论依据。

参考文献

[1]　陈青，卢芙萍，黄贵修，等．木薯害虫普查及其安全性评估 [J]．热带作物学报，2010，31(5)：819 － 827.

[2]　何林，赵志模，邓新平，等．朱砂叶螨对 3 种杀螨剂的抗性选育及抗性治理研究 [J]．中国农业科学，2003，36(4)：403 － 408.

[3]　曹小芳，何林，赵志模，等．朱砂叶螨不同抗性品系酯酶同工酶研究 [J]．蛛形学报，2004，13(4)：95 － 102.

[4]　马志卿．不同类杀虫药剂的致毒症状与作用机理关系研究 [D]．西北农林科技大学，2002.

[5]　Shoop W L, Mrozik H, Fisher M H. Structure and activity of avermectins and milbemycins in animal health [J]. Veterinry Parasitology, 1995, 59(2)：139 － 156.

[6]　陈文博，孙磊，杨涛，等．土耳其斯坦叶螨对阿维菌素和哒螨灵抗药性机理及抗性适合度研究 [J]．新疆农业科学，2011，48 (2)：229 － 235.

[7] 刘贻聪，王玲，张友军，等．二斑叶螨田间种群对阿维菌素的抗性及抗性相关基因表达与分析 [J]．昆虫学报，2016，59（11）:1199 - 1205.

[8] 宋丽雯，李妙雯，沈慧敏．截形叶螨对哒螨灵、阿维菌素和阿维·哒螨灵的抗性选育和抗性稳定性研究 [J]．应用昆虫学报，2016，53（1）:89 - 94.

[9] 何林，谭仕禄，曹小芳，等．朱砂叶螨的抗药性选育及其解毒酶活性研究 [J]．农药学学报，2003，5（4）:23 - 29.

[10] Claudianos C，R anson H，Johnson R M，et al．A deficit of detoxification enzymes: pesticide sensitivity and environmental response in the honeybee[J]. Insect Molecular Biology，2010，155):615 - 636.

[11] 沈一凡，沈慧敏，岳秀利，等．二斑叶螨抗阿维菌素品系选育及其解毒酶系活力变化［J］．植物保护，2014，40(5):44 - 48.

[12] 汝阳，陈耀年，尚素琴，等．阿维菌素亚致死剂量对二斑叶螨解毒酶系的影响［J］．甘肃农业大学学报，2017，52(1):87 - 91.

[13] 黎萍，刘连军，李恒锐，等．1.8% 阿维菌素杀螨剂对木薯朱砂叶螨的室内抗性选育［J］．中国热带农业，2016(5):46 - 48.

[14] van Asperen K．A study of housefly esterases by means of a sensitive colorimetric method［J］．Journal Insect Physiology，1962，8（2）:401 - 416.

[15] Clark A G，Dick G L，Smith J N．Kinetic studies on a glutathione S - transferase from the larvae of Costelytra zealandica ［J］．Biochemical Journal，1984，217(1):51 - 58.

[16] 张雪燕，何婕．小菜蛾对阿维菌素 B1 抗药性选育及交互抗性［J］．植物保护学报，2011，28(2):163 - 168.

[17] 高新菊，张志刚，段辛乐，等．二斑叶螨抗四螨嗪品系筛选及其解毒酶 活 力 变 化［J］．中国农业科学，2012，45（7）:1433 - 1438.

[18] 刘金香，韩巨才，刘慧平，等．山楂叶螨抗药性机制的初步研究［J］．四川大学学报（自然科学版），2006，43(6):1364 - 1368.

广西澳洲坚果主要病害调查与防治

王文林，邓慧苹，肖海艳，何铣扬，莫庆道，陈海生

（广西南亚热带农业科学研究所 广西龙州 532415）

摘要：对广西澳洲坚果主产区的主要病害进行了调查，对其发生规律进行研究分析，并制定了相应的防治措施，以期为广西澳洲坚果病害防治提供依据。

关键词：澳洲坚果；病害；防治

澳洲坚果（*Macadamia integrifolia*）属于山龙眼科（*Proteaceae*）澳洲坚果属（*Macadamia*）常绿乔木果树，素有"干果皇后"之称。澳洲坚果果仁特有的营养价值使其成为品质上等的食用果，被我国华南及西南各省引种栽培[1]。近年来，广西澳洲坚果产业发展迅速，种植面积不断扩大，截至 2017 年底，广西种植面积已经超过 21 万亩。随着种植面积的不断扩大，各种危害澳洲坚果的病害也相继发生。病害极大降低了澳洲坚果的品质与产量，降低了澳洲坚果产业的经济效益。为此，我们开展了广西区内澳洲坚果主产区主要病害调查，并对其发生规律进行研究分析，制定了相应的防治措施。

1 主要病害以及为害特点

1.1 茎干溃疡病

由樟疫霉（*Phytophthora cinnamomi Rands*）为害。该病侵染澳洲坚果的茎基部、茎干及主枝。近地面的茎干或枝条先染病，发病部位树皮变褐、变硬，形成层坏死。病健分界明显，继而病斑中央凹陷，渗出暗褐色黏胶状物，表面严重皱缩，形成溃疡斑。树皮下的木质部变褐色，后期病部树皮开裂；病斑扩大环绕茎干或侧枝一周后，病树叶片褪绿，无光泽，长势差，变矮小，同时出现部分落叶及落果现象，重病树枝条枯死或整株死亡。

1.2 衰退病

分为速衰型和慢衰型，均由非侵染性病原和侵染性病原引起，侵染性病原包括木炭角菌（*Xylariaabuscula*）、樟疫霉（*Phytophthora cinnamomi Rands*）等多种。速衰型的植株发病初期病树树冠叶片颜色从墨绿色变为浅绿色，继而部分叶子变成黄

色或淡褐色，2 ~ 3 个月内病株叶片全部黄铜色至褐色，最后植株死亡，树皮组织大面积开裂腐烂，木质部变为浅褐色和深褐色，并出现黑色线条。慢衰型的植株发病初期叶片褪绿变浅黄色，树冠稀疏，新抽叶片窄小，发病后期叶缘变成黄色并逐步呈焦枯状，叶片大量脱落。

1.3 花疫病

由辣椒疫霉（*Phytophthora capsici Leonian*）、棕榈疫霉（*P. palmivora Butler*）和烟草疫霉（*P. nicotianae vanBreda de Haan*）等多种疫霉引起。主要为害花序，发病初期花序呈现水渍状的褪绿小斑点，随着病斑的迅速扩展，最终导致整个花序变黑褐色坏死，造成花序大量脱落。受害幼果不能正常发育，幼果也不脱落。

1.4 炭疽病

由胶孢炭疽菌（*Colletotrichum gloeosporioides*）为害。发病初期在叶片上产生暗褐色水渍状不规则形病斑，病斑扩展产生近圆形或不规则形的灰褐色或黑色病斑，病斑上产生黑色小点。在潮湿的环境条件下，病部产生粉红色黏液状的孢子堆，受害叶枯黄甚至整片叶枯死。受害花序枯萎，嫩梢枯死。受害幼果果皮上呈现直径 4 mm ~ 19 mm 的褐色圆形病斑，病斑可扩展至全果，导致果皮变黑腐烂，潮湿时病果上产生白色的霉状物。病果种壳及种仁不变黑，变黑的幼果易于脱落，个别不脱落的果实挂在树上呈僵果。后期病部长出黑色呈轮纹状排列的小黑点。

1.5 灰霉病

由葡萄孢属（*Botrytis cinerea Pers.*）为害。染病花序顶端的小花及花序轴上呈现棕色的小坏死斑，造成花序顶端干缩，不能正常生长。条件适宜时病情迅速扩展，常导致整个花序短期内变为黑褐色，后期整个花序枯萎、脱落。幼树新抽嫩叶受害时呈现细小的水渍状斑点，随病情发展，整片病叶变黑，在病斑表面长出一层灰绿色的霉状物，后期造成新抽叶及枝条枯死。

1.6 拟盘多毛孢叶斑病

由拟盘多毛孢属（*Pestalotiopsis sp.*）为害。多从叶尖或叶缘开始发病，初期病斑呈水渍状近圆形或不规则形红褐色小病斑，逐步扩展，形成不规则形灰褐色至灰白色的病斑，后期病斑上往往产生黑色小点。

2 病害防治

2.1 防治原则

按照"预防为主，综合防治"的原则，以农业防治和物理防治为基础，提倡生物防治。根据澳洲坚果病害发生规律，科学安全地使用化学防治技术，最大限度地减轻农药对生态环境的破坏和对自然天敌的伤害，将病害造成的损失控制在经济受害允许水平之内。

2.2 防治方法

2.2.1 茎干溃疡病

2.2.1.1 农业防治

培育无病种苗和培育抗病品种。加强栽培管理，选择排水良好、雨季不积水的地块种植。大田定植前彻底清除发病严重或已死亡的病树，土壤用石灰撒施表面消毒，进行暴晒数周后重新补种。定植时不宜种得太深，避免对茎干和枝条造成伤口。

2.2.1.2 化学防治

对发病较轻的树先进行重度修剪，然后彻底刮除溃疡斑处已坏死的树皮和木质部组织，同时用氧氯化铜泥浆（25 g/L）或等量式的波尔多液（1∶1∶25）涂封伤口并包扎。病区在雨季来临前用1%等量式波尔多液、或80%敌菌丹可湿性粉剂（250μg/mL）等喷雾树干。

2.2.2 衰退病

2.2.2.1 农业防治

加强栽培管理，合理施肥，提高植株的抗病性。每株施15 kg～25 kg有机肥，以增加土壤有机质的含量和改善土壤微生物的种群与数量；补施钾、氮、磷和钙等多种元素化肥，根据植株的树龄和大小每株施0.5 kg～2 kg。做好水土保持工作，避免因雨水冲刷造成植株根系的裸露。选用坚果果皮、生草、作物秸秆等对树冠滴水线外的地面进行5 cm厚的覆盖。对由非侵染性病原引起的慢性衰退病，可进行重度修剪，同时加强水肥管理，增施有机肥和喷施叶面肥。

2.2.2.2 选种抗病品种

新植坚果园要选用抗病品种的接穗嫁接，不种植扦插苗。

2.2.3 花疫病

2.2.3.1 农业防治

严格执行植物检疫。新植区引进种苗时要严格检疫，避免将该病带进无病区。大田种植时要选择合理的株距，并对植株进行适当修剪，以利果园通风透光，降低湿度。避免在冷凉、潮湿及多雨地区种植澳洲坚果。搞好果园卫生，发病初期及时剪除感病的花序，尽量降低病菌数量。

2.2.3.2 化学防治

发病初期，选用代森锰锌可湿性粉剂加高脂膜喷雾防治，也可选用苯莱特或敌菌丹或施瑞毒霉或烯酰吗啉或甲霜锰锌等药剂 [2-3]。

2.2.4 炭疽病

2.2.4.1 农业防治

培育抗病品种，加强栽培管理，雨季前修除下垂枝，保持果园通风透光。

2.2.4.2 化学防治

发病初期，选用多菌灵、克菌丹 [4] 可湿性粉剂喷雾防治效果较好，也可用 70% 甲基托布津可湿性粉剂 800 ～ 1000 倍液，或 80% 炭疽福美可湿性粉剂 700 ～ 800 倍液等喷雾防治。

2.2.5 灰霉病

2.2.5.1 农业防治

加强栽培管理，避免高密度种植，合理修剪，使果园通风透光，有利于空气流通，降低湿度。

2.2.5.2 化学防治

发病初期，选用 50% 甲基托布津可湿性粉剂 500 ～ 600 倍，或 50% 代森锌可湿性粉剂 600 倍液等喷雾防治 [5]，也可选用苯莱特或敌菌丹等喷雾防治。

2.2.6 拟盘多毛孢叶斑病

2.2.6.1 农业防治

加强栽培管理，增施有机肥和磷钾肥。合理修枝整形，使果园通风透光，降低果园的湿度。

2.2.6.2 化学防治

局部发病严重时，可喷施 70% 代森锰锌可湿性粉剂 500 ～ 800 倍液，或 50% 多菌灵可湿性粉剂 400 ～ 600 倍液，或 70% 百菌清可湿性粉剂 500 ～ 800 倍液，或 50% 扑海因可湿性粉剂 600 ～ 800 倍液，或 10% 世高水分散粒剂 800 ～ 1000 倍液。

为了更好的防治澳洲坚果病害，必须要做到熟悉病害的为害特征、发生时期以及流行规律，在最佳时期进行防治。同时需结合各种农业、物理防护措施，争取少用化学农药，或者尽量选用高效低毒农药，以达到防治病害、保护环境的目的。

参考文献

[1]　杜丽清,邹明宏,曾辉,等.澳洲坚果果仁营养成分分析[J].营养学报,2010,32(1):95–96.

[2]　徐伟伟,方敦煌,吴德喜,等.5种杀菌剂对3种烟草疫霉拮抗菌的抑菌试验[J].云南农业大学学报,2014,29(6):937–940.

[3]　郭涵,祝天成,李超萍,等.由棕榈疫霉引起的木薯根腐病防控药剂的筛选[J].湖北农业科学,2013,52(11):2552–2554.

[4]　唐爽爽,刘志恒,余朝阁,等.9种杀菌剂对西瓜炭疽病菌的室内毒力测定及配比试验究[J].植物保护,2014,40(6):171–175.

[5]　赵杨,苗则彦,李颖,等.番茄灰霉病防治研究进展[J].中国植保导刊,2014(6):21–27.

甘蔗实生苗早期阶段黑穗病抗性鉴定与评价

莫周美，秦昌鲜，郭强，唐利球，马文清

（广西南亚热带农业科学研究所，广西龙州 532415）

摘要： 为了解甘蔗亲本杂交组合实生苗的抗黑穗病特点，对 2014 年定制的 11 个杂交组合的实生苗及其 F1 代材料进行人工接种黑穗病菌和自然感病处理，对其杂交组合进行黑穗病抗性鉴定。结果表明：11 个组合的实生苗接种黑穗病菌后有 6 个发病，发病率最高的达 10%，而未接种的只有 3 个组合发病，发病率均为 2%；经人工接种处理的 F1 代全部感病，且最高发病率达 39.77%；而自然感病处理的 F1 代只有 4 个组合感病，发病率最高只有 4.39%。说明人工接种处理和自然感病处理相比，人工接种处理比自然感病处理对组合的黑穗病抗性选择效果更明显。

关键词： 甘蔗；杂交组合；黑穗病；人工接种；自然感病；抗性鉴定

中图分类号：S435.661　文献标识码：A　文章编号：1007 — 2624（2018）04 — 0014 — 02

甘蔗黑穗病是甘蔗的重要病害之一，威胁着世界主要植蔗国家和地区蔗糖产业安全，选育抗病品种是防治该病最有效的手段[1]。国家"九五"甘蔗科技攻关和国家甘蔗品种审定分别把甘蔗品种对黑穗病的抗性作为主要研究内容之一和评价指标之一[2]。抗病育种效率低制约着我国甘蔗育种发展，对亲本抗病表现信息的不了解，常用杂交组合实生苗信息的鲜少报道，导致在选择亲本组合时选上，最后却因抗病性达不到要求而直接被淘汰。国内各主要育种单位对选育抗黑穗病品种非常重视，但对抗黑穗病品种的选育主要在五圃制品种选育程序的后期阶段进行抗黑穗病鉴定筛选[3-4]，很多工农艺性状好的品种材料到后期阶段才发现易感黑穗病，达不到预期品种要求，这时再进行淘汰则会对选育种资源造成浪费，如果能结合亲本性状定制杂交组合及在品种选育程序的早期阶段尽早发现和淘汰感病材料，就能避免品系材料在选育过程中带有不良感病性状而入选的风险。本试验对 2014 年定制的杂交组合实生苗和其 F$_1$ 代种茎进行人工接种黑穗病菌与自然感病筛选试验，了解甘蔗杂交组合的抗病表现，研究早期阶段选择抗黑穗病品系材料的方法，为甘蔗抗病育种的亲本选择、组合配制及杂交后代选择提供参考。

1 材料与方法

1.1 试验材料

参试材料为广西南亚热带农业科学研究所 2014 年在海南育种场定制的 11 个杂交组合的实生苗及其 F_1 代种茎。

1.2 甘蔗黑穗病菌冬孢子的采集与保存

2015 年 8 月下旬,在龙州蔗区采集主栽品种新抽出的黑穗病鞭子,将甘蔗黑穗病鞭状物装入纸袋中,合上袋口干燥 48 h,然后将纸袋装入密封塑料袋内,在 0 ℃条件下贮存备用[5]。

1.3 试验方法

试验于 2015 年 4 月至 2017 年 1 月在广西南亚热带农业科学研究所甘蔗选育种试验基地进行。

1.3.1 实生苗

2015 年 4 月开始培育实生苗,6 月将培育好的实生苗定植大田,每个组合种植 50 株,试验设置人工接种和自然感病两个处理,不设重复;人工接种处理种植前在甘蔗苗的生长点部位用无菌注射器针头扎 4 个孔,然后浸泡在黑穗病病菌浓度为 5×10^6 孢子 /mL 的悬浮液中浸渍接种 15 min,接种后保湿 24 h 后定植于大田;对照处理直接定植于大田;砍收前调查每个组合感病丛数。

1.3.2 F1 代种茎

2016 年 4 月在每个组合的接种实生苗处理上选出 25 个较优单株,砍双芽段,每个单株种植 2 段,即每个组合种植 50 段(100 芽),试验设置人工接种和自然感病两个处理。人工接种处理试验方法为配制黑穗病病菌浓度为 5×10^6 孢子 /mL 的悬浮液,将参试材料放入悬浮液中浸渍接种 15 min,接种后保湿 24h 后播种于大田;自然感病处理不做处理直接播种于大田。砍收前调查每个组合总茎数和感病总茎数。

2 结果与分析

2.1 11 个杂交组合实生苗感病情况

实生苗发病情况见表 1。由表 1 可知,11 个杂交组合的实生苗经人工接种黑穗病菌的有 6 个组合发病,发病率最高的是组合桂糖 96–143×CP93–1382,发病率为 10%;其次组合 CP67–412× 柳城 03–1137 的发病率为 8%;组合 CP67–412×ROC22 和组合粤糖 93–124× 粤糖 83–251 发病率均为 4%,而组合 CP89–2143× 粤糖 84–3

和组合桂糖 02-208×桂糖 03-66 的发病率均为 2%；其余 5 个组合均没有发病。11 个杂交组合的实生苗自然感病处理中有 3 个组合分别有 1 丛感染黑穗病，即该组合黑穗病感病率为 2%，分别是组合 CP67-412×ROC22、CP67-412×柳城 03-1137、桂糖 96-143×CP93-1382，其余 8 个组合实生苗自然感病处理感病率均为 0。由表 1 可知，实生苗经人工接种处理组发病率较高于自然感病处理组，自然感病处理组发病的三个组合在人工接种处理组中发病率较高。

2.2 11 个组合 F1 代材料感病情况

F1 代材料感病情况见表 1。从表 1 可以看出，11 个组合 F1 代新植蔗经人工接种黑穗病菌后全部感病，其中 0<发病率<10% 的组合有 5 个，10%<发病率<30% 的有 4 个，发病率≥30% 的有 2 个。其中发病率最低的是组合 CP67-412×桂糖 96-211，发病率为 0.44%，发病率最高的是组合桂糖 96-143×CP93-1382，发病率达 39.77%。自然感病处理组中，11 个杂交组合中感病的组合有 4 个，分别为组合 CP67-412×ROC22、CP67-412×柳城 03-1137、桂糖 96-143×CP93-1382、粤糖 93-124×粤糖 83-251，其发病率均小于 10%，发病率最高的是组合桂糖 96-143×CP93-1382，为 4.39%。

表 1　11 个杂交组合实生苗及 F_1 代感病情况

母本	父本	实生苗人工接种/%	实生苗自然感病/%	F_1 代人工接种/%	F_1 代自然感病/%
CP67-412	ROC22	4	2	21.65	1.74
CP67-412	桂糖 96-211	0	0	0.44	0
CP67-412	柳城 03-1137	8	2	31.83	2.15
CP70-1133	桂糖 92-66	0	0	16.36	0
CP89-2143	粤糖 84-3	2	0	9.42	0
桂糖 02-208	桂糖 03-66	2	0	14.65	0
桂糖 96-143	CP93-1382	10	2	39.77	4.39
内江 00-118	粤农 73-204	0	0	9.79	0
粤糖 93-124	粤糖 83-251	4	0	25.33	0.66
湛蔗 41 号	闽糖 86-2121	0	0	7.28	0
湛蔗 41 号	粤糖 84-3	0	0	4.61	0

3 结论与讨论

实生苗试验选配的组合中，11 个组合的实生苗接种黑穗病菌后有 6 个发病，发病率最高达 10%，而自然感病组中只有 3 个组合发病，发病率均为 2%。相对于 F1 代种茎试验结果来说，实生苗的感病情况较低，这与杨荣仲等[6]学者研究结果认为新植实生苗黑穗病病害发生较低一致；而本试验实生苗在人工接种时未感病，到 F1

代材料接种时又表现出感病，这可能与种植田间环境有关。李毅杰等[7] 研究表明甘蔗病害发生受病害种类、环境及植株生长状态等多种因素影响。本试验实生苗经人工接种黑穗病菌处理后发病率高于自然感病处理，自然感病处理组中发病的 3 个组合在人工接种处理组均有发病，且发病率比其他组合略高，这可能与组合的抗病性有关，说明这些组合较易感病，在选育种时结合其他工农艺性状观察，同时记录杂交亲本为下次选配组合时提供参考。试验中 F1 代材料人工接种黑穗病菌处理组与自然感病处理组相比较，人工接种处理组表现为 11 个杂交组合的 F1 代新植蔗全部感病，且组合桂糖 96–143×CP93–1382 发病率高达 39.77%；而自然感病处理组仅有 4 个组合感病，其发病率均小于 10%，其余杂交组合未感病，这与夏红明等[3] 研究结果一致，说明人工接种处理比自然感病处理对黑穗病株系的淘汰率效果明显。夏红明等[3] 学者认为人工接种处理发病率大于 10% 的材料，如果不是其他性状或综合性状特别优良，都可以考虑淘汰。在 F1 代试验中人工接种处理感病率大于 20% 的组合其在自然感病处理中也有感病，说明这些组合较易感黑穗病，认为这些组合可以直接淘汰；人工接种处理发病率高于 10% 低于 20% 的在自然感病处理中未感病的组合，如果其他性状或综合性状特别优良可以继续观察；而低于 10% 的可以继续观察并结合其他性状表现进行选择。

　　结合实生苗和其 F1 代试验结果发现，实生苗自然感病处理中感病的组合，在实生苗接种处理中感病率较高，到其 F1 代材料时都自感黑穗病，且 F1 代接种处理时感病率都超过 20%，被直接淘汰。根据试验结果认为，在甘蔗选育种时实生苗自然感病的组合，其后代材料可能较易感黑穗病，如果其他工农艺性状不是特别优良可以考虑直接淘汰。

　　人工接种试验受田间环境影响，如何准确高效地从早期阶段筛选出抗黑穗病品系，还需努力探究筛选技术。亲本杂交组合的选择及高效、准确的早期阶段抗黑穗病材料筛选对提高抗黑穗病甘蔗品种选育效率有重要的意义。

参考文献

[1] 陈如凯，林彦铨，张木清，等．现代甘蔗育种的理论与实践 [M]. 北京：中国农业出版社，2003.

[2] 许莉萍，陈如凯．甘蔗黑穗病及其抗病育种的现状与展望 [J]. 福建农业学报，2000，2（15）：26–31.

[3] 夏红明，赵培方，刘家勇，等．甘蔗抗黑穗病品系早期筛选研究 [J]. 甘蔗糖业，2015（6）：6–8.

[4] 黄家雍, 何红, 闭少玲, 等. 抗黑穗病甘蔗优良品系的筛选 [J]. 广西蔗糖, 2001（1）: 6–8.

[5] 陈如凯, 许莉萍, 林彦铨, 等. 现代甘蔗遗传育种 [M]. 北京: 中国农业出版社, 2011.

[6] 杨荣仲, 周会, 谭芳, 等. 甘蔗家系抗病性评价分析 [J]. 南方农业学报, 2017, 48（10）: 1810–1816.

[7] 李毅杰, 段维兴, 黄志, 等. 广西甘蔗生长中期主要病虫害发生与抗病性评价 [J]. 广东农业科学, 2016, 43（6）: 127–131.

广西苹婆病虫害种类及危害情况调查

杨志强，黄丽君，孔方南，赵静，卢艳春，罗培四，周婧

(广西南亚热带农业科学研究所，广西龙州 532415)

摘要　为探究广西苹婆病虫害状况，以便有针对性地提出有效的防治方法，于 2016—2018 年对广西南宁、凭祥、天等、大新、龙州不同地区苹婆病虫害进行系统调查。结果显示，在广西地区危害苹婆的病害有 2 种，包括煤烟病、炭疽病。虫害有 22 种，其中以饰边裂木虱、褐色象鼻虫、黄带小叶蝉为主要虫害，危害程度为严重，桃蛀螟为中度，其他虫害危害较轻。

关键词　苹婆；病虫害；种类调查

中图分类号　S436.6　文献标识码　文章编号 0517 — 6611(2019) 13 — 0141 — 02

doi: 10. 3969/j. issn. 0517 — 6611. 2019.13.043

Investigation on the Species and Hazard of Diseases and Insect Pests of Sterculia nobilis Smith in Guangxi

YANG Zhi-qiang，HUANG Li-jun，KONG Fang-nan et al

(Guangxi South Subtropical Agricultural Science Research Institute，Longzhou，Guangxi 532415)

Abstract　In order to explore the disease and insect pest situation of Sterculia nobilis Smith in Guangxi and put forward effective control methods，a systematic investigation was conducted on the disease and insect pest of Sterculia nobilis Smith in different regions of Nanning，Pingxiang，Tiandeng，Daxin and Longzhou in Guangxi from 2016 to 2018. There were 22 kinds of insect pests，among which the main insect pests were wood louse，brown weevil and yellow leafhopper. The degree of damage was serious，the peach borer was moderate，other insect damage was light.

Key words　Sterculia nobilis Smith； Diseases and insect pests； Species investigation

苹婆 (*Sterculia nobilis Smith*) 为梧桐科苹婆属常绿果树，种仁富含淀粉、蛋白质、脂肪、维生素、多酚、氨基酸、微量元素[1] 等。成熟的种仁直接煮熟即可吃，也可用于烹饪[2]，因其煲汤口感上佳，近几年来颇受消费者的追捧。早期市场供应的苹婆果主要以野生采摘为主，产量远不能满足市场需求，随着苹婆果在市场上走俏，果农们开始意识到苹婆果的潜力，并开始尝试向科研院所、种苗公司寻找优质种苗进行大田规范种植。

随着苹婆种植面积的扩大，苹婆病虫害的发生也越来越多，当病虫害发生极为严重时，导致苹婆产量下降、品质变差，对苹婆产业造成巨大影响。当前有学者对苹婆繁育技术[3-4]、种子营养分析[1] 等方面进行研究，极少学者对苹婆病虫害进行系统研究[5-6]。为此，笔者于 2016—2018 年对广西苹婆几个主要分布区进行系统调查，了解广西苹婆病虫害的种类和危害程度，旨在为该地区苹婆病虫害的防治提供理论依据。

1 材料与方法

1.1 调查地点及对象

调查区为 103° 39'E ～ 111° 44'E、21° 41'N ～ 23° 55'N 的桂西南地区，属亚热带季风气候区，温热多雨，有利于各种动植物的生长。由于桂西南为喀斯特群山地貌区，小气候丰富，地区环境差异也较大，选取南宁市、凭祥市、天等县、大新县、龙州县 5 个市县调查苹婆病虫害种类及发生情况。龙州县是广西苹婆的主产区，也是苹婆野生资源最丰富的地区，选取龙州县的龙州镇、上降乡、八角乡、水口镇、彬桥乡、下冻镇 6 个乡镇作为重点调查区。

调查对象为苹婆和假苹婆，其中苹婆以苗圃、果园、街道绿化、自然分布的野生群落为调查对象，假苹婆以苗圃砧木苗、野生群落植株为调查对象。

1.2 调查方法

调查于 2016—2018 年进行，病虫害易发季节 (开花、结果期) 每 30 d 调查 3 次，其他季节每 30 d 调查 1 次。分别在南宁、凭祥、天等、大新、龙州 5 个市县选取生态环境不同且具有代表性的苹婆进行调查，将果园、苗圃、街道、村屯作为调查区域。对果园、苗圃采用 5 点法或 "Z" 字型法，调查 30 株；城市街道绿化随机抽取 30 株作为样本调查；一般村屯自然分布的苹婆多以野生植株为主，群体数量较少且分散，对村屯苹婆采取全面调查，并将所有调查的苹婆做好相应的标记。计算每种病虫害的危害程度，危害程度的计算及分级参考王永芬等[7]的计算方法。病害 (虫害) 危害程度分级:"＋＋＋"表示严重,危害面积占全叶(果、茎等)面积的50%以上;"＋＋"表示中度,危害面积占全叶(果、茎等)面积的20%～50%;"＋"表示较轻,危害面积占全叶(果、茎等)面积的20%以下。

1.3 标本鉴定

病害:在实地拍照,采集标本装袋带回实验室后,并将病原制成切片,在显微镜下观察,根据危害症状、标本与病原孢子类型查阅相关病害鉴定书籍[8]、文献,鉴定病害。虫害:在实地拍照危害症状,捕捉成、幼虫及卵带回实验室,在显微镜下观察,依据《中国昆虫生态大图鉴》《中国木虱志》《昆虫分类检索表》[9－11]等参考书籍,将虫害鉴定到种。

2 结果与分析

2.1 苹婆病害种类与发生程度

由表1可知,危害苹婆的病害有2种,其中煤烟病中度危害,炭疽病轻度危害。煤烟病伴随木虱危害同时发生,主要发病期为4—6月,在高温高湿以及大量含糖分泌物的情况下,发病率相对较高,严重影响植株的光合作用。防治过程中,应与虫害防治同步进行,减轻煤烟病危害。

表1　苹婆病害种类及其危害情况

Table 1 Types of diseases and their harm of Sterculia nobilis Smith

病害 Disease	病原 Pathogen	危害部位 Damage parts	严重度 Severity
炭疽病 Anthracnose	*Colletotrichum gloeosporioides* Penz	叶片、果实	＋
煤烟病 Dark mildew	*Trispospermum acerinum* (syd) speg	叶片	＋＋

2.2 苹婆虫害种类与发生程度

将调查过程中采集到的昆虫标本进行整理,共鉴定出苹婆虫害22种。广西苹婆发生的虫害中,饰边裂木虱、褐色象鼻虫、黄带小叶蝉危害严重,桃蛀螟中度危害,其他害虫危害相对较轻。

2.2.1 饰边裂木虱。饰边裂木虱(*Carsidara mar ginalisWalker*)属半翅目裂木虱科,主要以若虫和成虫危害叶片、叶柄、嫩梢、花序。1年仅发生1代,以卵越冬,越冬卵多产于枝条基部、节痕或疤痕附近。翌年 2 月下旬至 3 月上旬若虫孵化,若虫聚集叶柄基部危害,同时分泌大量白色蜡絮,多时蜡絮成团似棉花。3 月下旬至 4 月中旬为若虫危害高峰期,白色蜡絮覆盖枝条、叶柄基部、花序,布满树体,随风飘扬形如飘雪。4 月下旬至 5 月初若虫蜕变为成虫,聚集在枝条、叶柄叶片取食汁液危害,致使花序干枯、叶片黄化脱落、枝条干枯。同时排放一些分泌物,其分泌物含有糖分且具有很强的附着性,极易招致霉菌寄生。

2.2.2 褐色象鼻虫。象鼻虫(*Merus sp.*)属鞘翅目象鼻虫科,种名未知,尚未查阅到关于该虫的报道,对该虫所属种还在进一步饲养鉴定中。该害虫偏好幼苗危害,对种苗和大田新植小苗危害较大。2—8 月均可看到该虫危害,其中 4 月中下旬有个产卵高峰期,成虫在嫩梢上先用喙挖一个洞,沿着嫩梢从下往上钻蛀,形成一纵列的孔洞,然后产卵于嫩梢的内部,并流出大量透明黏稠液体,黏稠液体干后,固着在孔洞周围,同粪便一起堵住产卵孔。一个孔洞一粒卵,卵后 15 ~ 25 d 孵化为幼虫,其幼虫自上而下啃食枝梢髓心,致使嫩梢枯死,严重时致使植株顶端枯死。顶端枯死、侧芽丛生是该虫危害的显著特征。

2.2.3 黄带小叶蝉。黄带小叶蝉(*Tenerrima*)属同翅目叶蝉科。成虫呈乳黄色、体小,多生活在乔木或灌木上。黄带小叶蝉以成、若虫群集于苹婆嫩梢及叶背,吸食汁液,消耗寄主营养,使叶片变黄、卷曲,虫口密度大时整株叶片变黄、卷曲、焦枯甚至脱落。苹婆抽新梢期间,受黄带小叶蝉危害,新出嫩梢呈丛枝状甚至枯死,严重影响苹婆的正常生长,对苹婆生产构成了威胁。

2.2.4 桃蛀螟。桃蛀螟 [*Conogethes punctiferalis (Guenée)*] 属鳞翅目螟蛾科害虫,俗称蛀心虫、食心虫。主要以幼虫蛀食苹婆果实,引起早期落果,或将种仁吃空,同时在果内排泄粪便,对果实、产量和品质造成严重影响。一年发生多代,幼虫在树干基部皮缝、落果中过冬。翌年 4 月中下旬化蛾并产卵,5 月上旬有幼虫开始危害果实。近年来发现该虫危害有加重趋势。

3 结论与讨论

通过近 3 年对苹婆的调查发现,广西苹婆有病害 2 种、虫害 22 种,其中煤烟病、饰边裂木虱、褐色象鼻虫、黄带小叶蝉、桃蛀螟为主要病虫害。广西苹婆煤烟病的发生近 3 年来越来越严重,煤烟病的发生与主要虫害饰边裂木虱的发生密切相关,在调查的 5 个市县地区均有此发现。为此,在防治煤烟病的同时必须对木虱进行防治。在所调查的苗圃、种植基地、公路绿化带以及村屯自然分布的野生苹婆群落处均发现有饰边裂木虱危害，且该虫危害有专属嗜好性，喜好危害苹婆、假苹婆，但不危害周边其他植物。饰边裂木虱喜群聚吸食植物汁液危害，同时伴随着分泌大量白色棉絮状物质，覆盖在叶柄、叶片、嫩梢顶端和花序上使之不能进行光合作用，导致叶片枯黄脱落、嫩梢枯死、花序干枯脱落。因其发生覆盖广、繁殖快、危害大的原因，当前饰边裂木虱已成为危害苹婆的主要害虫，防治不当会给苹婆造成巨大损失。对该虫的防治，建议在 3 月中下旬，园中出现少量白色棉絮状虫体时，采用 45% 高氯毒死蜱 EC 加洗衣粉进行喷雾防治。桃蛀螟幼虫食量大，常在苹婆果荚内流窜啃食种子，造成空荚、烂荚、霉荚，对苹婆产量造成巨大损失。近 3 年来，该虫发生越来越严重，有成为主要害虫的趋势，在田间管理过程中应重视该害虫。在苹婆种子灌浆初期，5 月上旬喷施一次 5% 氯虫苯甲酰胺微乳剂预防，20 d 后再喷施一次，可有效控制该虫危害。褐色象鼻虫以幼虫蛀食苹婆髓心危害，造成主枝枯死，侧芽丛生，该虫多发生在苗圃和大田新植小苗上，是一种新蛀梢害虫，其具体的种名尚不知，还需进一步鉴定。

参考文献

[1] 任惠，周婧，李一伟，等. 苹婆种子营养及抗氧化活性 [J]. 植物科学学报，2013，31(2) : 203 - 208.

[2] 黄丽君，卢艳春，徐冬英，等. 苹婆的栽培现状及发展对策 [J]. 中国热带农业，2014(3) : 36 - 37.

[3] 黄丽君，徐健，杨志强，等. 假苹婆砧木嫁接苹婆试验初报 [J]. 中国南方果树，2017，46(2) : 124 - 126.

[4] 杨志强，周婧，徐健，等. 不同接穗材料对苹婆嫁接的影响 [J]. 中国南方果树，2016，45(1) : 77 - 78，81.

[5] 赵秀芳，赵彦杰. 优良园林绿化树种苹婆的繁育及栽培管理 [J]. 林业实用技术，2008(8) : 51 - 52.

[6] 韦持章，杨志强，周婧，等. 5 种杀虫剂防治苹婆叶蝉的田间药效试验 [J]. 中国园艺文摘，2016(1) : 44 - 45，53.

[7] 王永芬，陈娟，张翠仙，等. 云南干热河谷区潞江坝香蕉主要病虫害发生调查 [J]. 热带农业科学，2018，38(3) : 87 - 92.

[8] 吕佩柯. 中国现代果树病虫原色图鉴 [M]. 北京 : 化学工业出版社，2013.

[9] 张巍巍，李元胜. 中国昆虫生态大图鉴 [M]. 重庆：重庆大学出版社，2011.

[10] 李法圣. 中国木虱志：昆虫纲半翅目（上卷）[M]. 北京：科学出版社，2011.

[11] 湖南省林业科学研究所. 昆虫分类检索表 [M]. 长沙：湖南省林业科学研究所，1981.

山黄皮高接换种试验

覃振师，何铣扬，郑树芳，谭德锦，谭秋锦，王文林，陈海生

（广西南亚热带农业科学研究所，广西龙州，532415）

摘要　在广西龙州县山黄皮果园进行高接换种试验，设置不同嫁接时间、方法、接穗和留冠处理对嫁接成活率的影响。结果表明，以3月嫁接成活率最高，达94.44%；以半木质化接穗最好，嫁接成活率为96.67%；以劈接最佳，嫁接成活率为94.44%；留1/4树冠做辅养枝效果最好，嫁接成活率为84.44%。

关键词　山黄皮；高接换种；成活率

山黄皮 [*Clausena indica(Data.)Oliv.*]，又称鸡皮果，为芸香科黄皮属多年生常绿乔木果树，原产于中国、越南、菲律宾等地。山黄皮果实为浆果，果皮、果肉可食，酸甜且香气怡人，集营养保健、药用价值于一身，具有广阔的发展前景[1]。我国山黄皮主要分布在桂西南地区，由于长期实生繁殖，童期长，管理粗放，每667m^{2}产量仅100kg，经济效益低，令多数种植者失去信心，以致种植面积逐年减少。因此，只有加快品种结构调整，实现种植良种化，才能达到优质高产的效果，满足人们对山黄皮高品质的要求。高接换种技术在梨、澳洲坚果、余甘子、油茶、橄榄[2-6]等树种上已获得广泛运用，成效显著。本研究从嫁接最佳时间、嫁接方法、留冠处理、接穗成熟度等方面进行山黄皮高接换种试验，为山黄皮优质高产提供参考。

1 材料与方法

1.1 试验地

试验设在广西龙州县彬桥乡广西南亚热带农业科学研究所（以下简称南亚所），位于广西西南部，毗邻中越边境，海拔126m，为南亚热带季风气候，年温差较小，无霜期长，年平均气温22.2℃，最冷月（1月）平均气温14℃，平均最低气温11℃；最热月（7月）平均气温28℃左右，平均最高气温33℃；年降水量1300mm左右，土壤稍黏重，耕作层35cm～40cm，有机质2%～3%，pH值5.0～6.0。

1.2 方法

1.2.1 砧木处理

砧木为 15 ~ 20 年生实生山黄皮，树茎 20 cm ~ 25 cm，冠幅 4 m ~ 5 m，树势中庸。高接换种前，每株备选树选留不同方向且分枝角度好、无病虫害、健壮的枝条 5 ~ 8 条，除试验要求留辅养枝外，其余枝全部清除。截面应光滑，避免开裂，砧木伤口用甲基托布津 300 倍液涂抹杀菌消毒，药干后涂蜡或用薄膜包扎保护截面。此外，离地 80 cm 以下主干或主枝涂白，预防白蚁、天牛等为害。

1.2.2 接穗准备

清晨采穗，枝条和叶片含有较多水分利于嫁接成活，接穗为南亚所自行选育的桂研 15 号山黄皮。剪取母树树冠外围中上部的当年生，发育充实、健壮、腋芽饱满、无病虫害的向阳健壮枝条，穗条剪下尽快放入清水中浸湿，甩干水后立即放入薄膜袋保湿，置于阴凉处备用，用多少采多少，当天接穗当天用完。

1.2.3 嫁接

不同嫁接时间试验。设 2013 年 1 月 10 日、3 月 22 日、7 月 15 日、10 月 15 日等不同季节的 4 个处理，随机区组设计，每处理 3 株，重复 3 次，共处理 36 株，每株嫁接 10 条枝，共嫁接 360 条枝，处理前在植株的一、二级分枝处锯除树冠，嫁接方法为劈接。

不同嫁接方法试验。设劈接、切接、腹接等 3 个处理，随机区组设计，每处理 3 株，重复 3 次，共处理 27 株，每株嫁接 10 条枝，共嫁接 270 条枝，处理前在植株的一、二级分枝处去冠，嫁接时间为 2013 年 3 月 10 日。

不同留冠处理试验。设一、二级分枝处一次性切冠、留 1/8 树冠、留 1/4 树冠、留 1/3 树冠作辅养枝等 4 个处理，随机区组设计，每处理 3 株，重复 3 次，共处理 36 株，每树嫁接 10 条枝，共嫁接 360 条枝，嫁接方法为劈接，嫁接时间为 2013 年 7 月 10 日。

不同成熟度接穗试验。设未木质化绿枝、半木质化枝、木质化老枝接穗等 3 个处理，随机区组设计，每处理 3 株，重复 3 次，共处理 27 株，每树嫁接 10 条枝，共嫁接 270 条枝，嫁接方法为劈接，嫁接时间为 2013 年 3 月 16 日。

1.2.4 嫁接后管理

绑扎薄膜的防护：嫁接后至新芽萌发时会发生蝗虫、蚂蚁等咬穿绑扎薄膜，造成透气失水而影响成活率。当天嫁接完后及时用农地乐 1500 倍液喷雾嫁接薄膜，预防绑扎薄膜被咬破。如发现绑扎薄膜已被咬破，应及时重新绑扎。

除萌蘖：嫁接后，嫁接口下部不定芽受刺激易于萌发，要随时检查，及时抹除，减少树体营养消耗，保证穗砧愈合及新梢生长养分供给。除萌抹芽要进行多次，直至砧木萌芽不能抽发，否则将严重影响嫁接成活率和植株生长。

挑膜及解绑：嫁接15d后检查接穗，发现接穗芽萌发后，用刀尖挑破芽眼上薄膜，挑开薄膜口子不宜太大，否则新芽容易干枯。

当接穗抽生的第一次新梢完全老熟，嫁接口充分愈合后，即解绑薄膜。

肥水管理：嫁接后淋透水可较好地提高枝条抽生质量。如果干旱少雨，需每隔10d淋水一次。嫁接成活后可施适量尿素，以后每株根际穴施复合肥1kg，农家肥4kg。

嫁接后60d调查成活枝数，并计算成活率。用spss v19.0进行试验数据方差分析和多重比较。

2 结果与分析

试验结果看出，2013年3月22日嫁接的成活率最高，其次是1月10日，然后是10月15日，最低是7月15日。3月22日、1月10日、10月15日嫁接的成活率显著高于7月15日处理，分别高57.40%、42.58%和37.03%；3月22日、1月10日、10月15日的嫁接成活率差异不显著。劈接和切接的嫁接成活率高于腹接（对照），分别高24.99%和16.17%，其中劈接的嫁接成活率与腹接差异显著；切接的嫁接成活率与腹接差异不显著。半木质化接穗的嫁接成活率最高，极显著高于木质化接穗处理，高58.19%；其次是未木质化接穗的嫁接成活率，比木质化接穗处理高21.83%，两者差异不显著。留1/4树冠做辅养枝的嫁接成活率最高，比一次性切冠（对照）高46.14%，两者差异达到极显著水平；其次是留1/3树冠做辅养枝的嫁接成活率，比一次性切冠处理高26.91%，差异达到极显著水平；留1/8树冠做辅养枝的嫁接成活率比一次性切冠处理高15.39%，但差异不显著（见表1）。

3 结论与讨论

研究结果表明，山黄皮高接换种时应选用当年生半木质化接穗，劈接，留1/4树冠做辅养枝，3月嫁接可大幅提高品种更新的成功率，降低山黄皮低产园改造成本，促进山黄皮产业向高产优质的方向健康发展。

试验中以3月嫁接成活率最高，这与周爱蓉[7]等的结论一致。其次是1月，再次是10月，最低是7月。分析其原因：1—3月，气温回升快，树液流动加快，接穗养分积累充足，成活率高。7月光照强，气温高，雨水多，嫁接部易感病，接穗易被日灼，嫁接成活率低。10月，天气转凉，光照相对充足，山黄皮植株生长旺盛，嫁接成活率高。因此，山黄皮高接换种应选1–3月嫁接。

表1　不同时间等处理对山黄皮高接换种成活的影响

嫁接时间	成活率/%	嫁接方法	成活率/%	接穗成熟度	成活率/%	砧木处理	成活率/%
1月10日	85.55a	劈接	94.44a	半木质化	96.67aA	一次性切冠（对照）	57.78bB
3月22日	94.44a	切接	87.78ab	未木质化	74.45bAB	留1/8树冠	66.67bAB
7月15日	60.00b	腹接（对照）	75.56b	木质化（对照）	61.11bB	留1/4树冠	84.44aA
10月15日	82.22a					留1/3树冠	73.33aA

注：2013年高接换种。不同大小写字母分别表示在0.01和0.05水平下差异显著。

史燕山等[8]认为嫁接时接穗削面与砧木削面能否贴紧是嫁接能否成活的关健，因此适宜的嫁接方法是提高嫁接成活率最重要的一步。本试验表明，劈接的切削方法简单，嫁接速度决，接穗削面与砧木削面相接最好，接口愈合牢固，接穗成活后不易被风吹断，更容易成活。

半木质化接穗嫁接成活率最高，这是因为嫁接成活率与接穗组织细胞活跃程度及蒸腾作用等相关。未木质化接穗蒸腾作用较强，蒸腾失水消耗的水分较多，接穗易失水枯死；完全木质化接穗组织细胞不活跃，影响成活率。这与田大清等[6]观点一致。

砧木一次性切冠（即不留辅养枝）的嫁接成活率最低，与陈丽兰等[3]的研究结果一致，这是因为保留辅养枝能继续进行光合作用，合成营养物质供嫁接口形成愈伤组织，有利于加快伤口愈合；另外，保留的枝叶能遮阳，有利嫁接成活。从试验结果看，随着保留的辅养枝增多，嫁接成活率表现为先升后降的趋势。留1/4树冠时，成活率最高；留1/3树冠时，成活率不仅不增高，反而降低了。这表明过多的辅养枝会大量消耗树体营养，与嫁接部位形成竞争关系，从而影响接穗营养补充而降低成活率。

参考文献

[1] 覃振师,韦持章,何铣扬,等. 广西崇左市野生山黄皮种质资源调查与开发利用[J]. 广东农业科学，2012，39(5)：138 – 139.

[2] 杨健，王龙，王苏坷，等. 梨树"高接换种"新技术研究总结 [J]. 中国南方果树，2010，39(2)：69–71.

[3] 陈丽兰，陶丽，贺熙勇，等. 澳洲坚果高接换种试验 [J]. 浙江林业科技，2007，27(1)：41 – 43.

[4]　朱建华，黎光旺，徐宁，等. 余甘高接换种配套技术 [J]. 农业研究与应用，
　　　2011(4)：57 – 58.

[5]　田大清，张正学，刘凡值，等. 油茶高接换种嫁接成活率试验 [J]. 南方农业学报，
　　　2012，43(7)：947 – 950.

[6]　余述. 山地低产橄榄园良种嫁接研究 [J]. 中国南方果树，2014，43(1)：60–61.

[7]　周爱蓉，秦致新. 南丰蜜桔低产果园高接换种示范效果初报 [J]. 南方园艺，
　　　2013，24(1)：26–27.

[8]　史燕山，骆建霞. 李高接试验 [J]. 天津农业科学，1997，3(2)：21 – 24.

假苹婆砧木嫁接苹婆试验初报

黄丽君，徐　健，杨志强，卢艳春，徐冬英，韦　优，周　婧

（广西南亚热带农业科学研究所，广西龙州，532415）

摘要　以假苹婆和苹婆为砧木，分别采用切接和皮接两种嫁接方法进行了苹婆嫁接试验。结果表明，假苹婆为砧木，采用半木质化嫩枝为接穗的切接成活率达到了 75.56%，与苹婆砧木的成活率无显著性差异；平均抽芽时间 16.61d，与苹婆砧木处理无显著性差异；嫁接成活后第一轮新梢长度 3.09cm，粗 0.42cm，与苹婆砧木嫁接苗无显著性差异。假苹婆为砧木，采用皮接的成活率比苹婆砧木高，抽芽时间比苹婆砧木短，第一轮新梢生长量比苹婆砧木大；假苹婆砧木及苹婆砧木的嫁接口均愈合良好，嫁接苗生长正常。

关键词　假苹婆；苹婆；嫁接；成活率；生长量

苹婆 (Sterculia nobilis Smith) 为梧桐科苹婆属常绿乔木，原产于我国南部，有近千年的栽培历史，是我国较古老的观赏和干果兼用树种，西方国家少有栽培。苹婆是一种用途广泛，经济价值较高的果树，是具开发潜力的热带干果果树资源。假苹婆 (Sterculia lanceolata Cav.) 常绿乔木，与苹婆同属梧桐科苹婆属，野生植株十分普遍，适应性强，是城市郊区生态风景林混交的良好树种，亦可作为城市园林风景树和绿荫树。

苹婆的繁殖方法主要有播种育苗、扦插繁殖和高空压条等。目前多是采用扦插法，枝条生根极其容易，简单易操作，且生长迅速，半木质化枝条、木质化枝条甚至老枝均可扦插成活。高空压条形成植株较快，根部萌蘖较多。实生繁殖存在后代植株变异大、结果晚等问题，一般苹婆实生苗栽培经 6~7 年才能开花结果。扦插繁殖和高空压条育苗时需要大量的繁殖材料，这对优良母树来说是掠夺性的采集，短期内难以繁育出大量优质种苗，不利于良种苗木的繁育推广。

嫁接繁殖大大节约繁育材料，可短期内快速繁殖获得大量新品种优质苗木，目前利用嫁接技术大规模繁育苹婆的研究未见报道。苹婆果实一般每荚有籽 1~3 粒，每公斤种子大约有40 ~ 50粒，由于苹婆种子较大，淀粉含量较高，播种时易造成烂种，且苹婆种子市场价格较高，大大增加了育苗成本；长期以来，由于对苹婆野生资源的掠夺性采挖，使其落种数量显著减少。相比之下，假苹婆繁育材料来源丰富，抗

性强,适应性广,其果实一般每荚有籽 5～7 粒,每公斤种子大约有 150～200 粒,且无食用价值,可降低育苗成本。本试验旨从砧木种子来源丰富、抗性强、育苗成本低的角度出发,利用假苹婆砧木嫁接苹婆,探索其亲和程度,从而找到与苹婆嫁接亲和力强且种源丰富的砧木,实现苹婆良种苗木快速、规模化繁育推广的目的。

1 材料与方法

1.1 试验地概况

试验设在广西南亚热带农业科学研究所西北一区优稀果树良种苗木繁育基地,年平均温度 22.2℃以上,年降雨量 1273.66mm 以上,全年日照 1251h 左右,属典型的南亚热带季风气候。土壤为酸性红壤土,土层深厚,肥力中等,地势平坦,排灌良好,气候及生态条件基本能满足苹婆正常生长及其性状正常表现。

1.2 材料

嫁接砧木为 1 年生假苹婆实生苗和 1 年生苹婆实生苗,苗高 50cm～80cm,地径 0.9cm～1.5cm。接穗采自广西南亚热带农业科学研究所热带亚热带优稀果树种质资源圃内保存的优良单株"苹婆 1 号",采穗母树树龄 11 年,具有植株长势良好、连年高产稳产、果荚饱满成串,种粒大且多、病虫害少等优良性状;接穗选取树冠外围健壮、芽眼饱满的 1 年生枝条,均为当日随采随接。

1.3 方法

2014 年 9 月 10 日,无风晴朗,设假苹婆砧木和苹婆砧木,分别采用半木质化嫩枝为接穗的切接和 1 年生老熟枝条芽片为接穗的皮接两种嫁接方法,共 4 个处理,采用随机区组设计,每小区 30 株,重复 3 次,共 360 株。

半木质化嫩枝为接穗的切接:在砧木离地面 30cm 处剪去以上枝干,削平砧木切口,接穗上部留芽 2～3 个,将接穗基部削成一长一短两个削面,插入砧木切口中,使接穗长削面两边的形成层和砧木切口两边的形成层对准靠紧。如果接穗比砧木细,必须保证一边的形成层对准,最后用嫁接专用薄膜条由下而上把接口处及接穗扎紧密封。1 年生老熟枝条芽片为接穗的皮接:在砧木距地面 8cm～10cm 处,选择砧木皮层光滑,方向朝外围的部位作为芽接部位,在芽接部位开切长 3cm～3.5cm,宽 0.8cm～1.2cm,深及木质部的盾状芽位,将芽片削成与芽位相对应的盾状,芽眼要完好,将削好的盾状芽片嵌入开切好的盾状芽位,以芽位下部皮层托住芽片,使芽片居于芽位中央,芽位的顶部及两边留出空隙,利于愈伤组织产生,用嫁接专用薄膜条由芽接位以下 5cm 处往上密封缠绑紧至芽接位以上 5cm～8cm 处,暂不截干,待嫁接口愈伤组织完全形成后可解绑，解绑1周后截干。

嫁接后5d开始调查，每隔2d调查一次，新芽抽出0.5cm视为嫁接成活及抽芽期，记录嫁接成活数及嫁接苗抽芽时间；嫁接后抽出的第一轮新梢叶片老熟后，用钢卷尺和游标卡尺测量第一轮新梢的长度与粗度；待嫁接后抽出的第二轮新梢叶片完全老熟后，检查嫁接口愈合情况及嫁接苗长势是否良好；调查数据利用DPS6.55统计分析软件进行方差分析，采用LSR法分析数据。

2 结果与分析

试验结果看出，假苹婆和苹婆作为砧木，嫩枝切接最早均在嫁接10d后开始抽芽，平均抽芽时间无显著性差异，均极显著低于芽片皮接的抽芽时间；采用芽片皮接，假苹婆砧木抽芽时间极显著比苹婆砧木短；无论是假苹婆或苹婆作为砧木，采用半木质化嫩枝切接的抽芽期短，出芽较整齐，1个月左右可全部完成抽芽。而芽片皮接的抽芽期长，出芽不整齐，5个月内仍有芽片陆续萌发。

一般说来，砧木与接穗的亲缘关系越近，亲和力就越强，嫁接就容易成活，反之成活率低。苹婆砧木采用半木质化嫩枝切接成活率最高，显著高于假苹婆砧木切接，二者均极显著高于芽片皮接的成活率；芽片皮接嫁接成活率均较低，其中假苹婆砧木嫁接成活率显著高于苹婆砧木；无论是苹婆或假苹婆作为砧木，采用半木质化嫩枝切接的成活均达到75%以上，说明假苹婆砧木与苹婆接穗的亲和力强，可以作为嫁接苹婆的砧木广泛应用于苹婆嫁接苗的生产，但采用芽片皮接的嫁接方法成活率较低，有待于进一步改进。

以假苹婆为砧木，采用芽片皮接的第一轮新梢长极显著高于其他处理，而以苹婆为砧木的新梢长较短，新梢茎较细；假苹婆砧木和苹婆砧木切接的第一轮新梢的生长量无显著性差异。从嫁接苗的生长量来看，芽片皮接比嫩枝切接前期生长速度快，嫁接效果以假苹婆为砧木芽片皮处理最好。

两种亲和性好的嫁接材料一般情况下愈合会较好，如果嫁接材料间愈合良好，从一定程度上也反映出材料间的亲和性较好。亲和力还与愈合后砧穗在生理上的相互适应有关。观察嫁接苗的嫁接口愈合情况及第二轮新梢叶片完全老熟后苗木长势情况，亦直接反映出砧木与接穗的亲和程度。以假苹婆为砧木和苹婆为砧木，嫁接口愈合良好，接穗在生长后期极少出现叶片黄化、早衰、接口处膨大等现象，嫁接苗均能正常生长。第二轮新梢长和茎粗都显著增加，以苹婆为砧木嫩枝切接的第二轮新梢生长量最大，与假苹婆为砧木相比，二者差异不显著；假苹婆为砧木芽片皮接处理比苹婆砧木的嫁接效果要好。

3 结论与讨论

　　嫁接亲和力是指嫁接以后砧穗完全愈合成活为共生体，并能长期正常生长和结果，表现出与相同起源类似的特征与状态。试验结果表明，以假苹婆作砧木，无论是半木质化嫩枝切接或是芽片切接的嫁接口愈合良好，嫁接苗生长正常，枝条健壮，极少出现接穗不成活，或接芽不萌发等现象；且采用半木质化嫩枝切接的嫁接方法成活率较高，与苹婆作砧木的成活率相差不大；抽芽时间和嫁接成活后新梢生长量与苹婆砧木无显著性差异。说明假苹婆砧木与苹婆接穗（芽）亲和力强，完全可以代替苹婆作为苹婆嫁接苗的砧木。

　　假苹婆作为苹婆嫁接苗的砧木，可以解决苹婆种源不足、苹婆砧木育苗成本高的两大难题。芽片皮接成活率虽低，但假苹婆砧木嫁接成活后苗木长势旺，抗性强，比苹婆砧木嫁接效果好，且芽片皮接需要的繁育材料少，操作简单，若能提高嫁接成活率，芽片皮接也不失为一种好的嫁接方法。本试验在秋季进行，嫁接成活率是否与嫁接时期有关，还有待于进一步研究。

第二篇　加工与选育

辣木红茶加工工艺研究

马仙花，谢君锋，黄珍玲，林嘉文，刘连军

（广西南亚热带农业科学研究所　广西龙州　532415）

摘要： 利用辣木鲜叶结合红茶加工技术研制辣木红茶，通过不同的萎凋失水和发酵时间，探讨出最佳的加工工艺条件。试验结果表明，室温为 24 ℃，相对湿度 74% 的条件下萎凋失水均匀；发酵温度 27 ℃ ~ 32 ℃，相对湿度发酵时间 84% ~ 92% 的环境下，时间 5h 为最适度。

关键词： 辣木红茶；加工工艺；萎凋失水；发酵时间

辣木又名鼓槌树、山葵树、洋椿树等，属辣木科辣木植物，系多年生热带速生小乔木，原产于印度。

辣木全身是宝，辣木叶、茎的营养非常丰富，维生素 C 含量是柑橘的 6 倍，胡萝卜素是胡萝卜的 4 倍，钙和蛋白质的含量分别是牛奶的 4 倍和 2 倍，钾、铁、镁等含量也高于其他水果、蔬菜[1]。

由于辣木叶的青味和辛辣味不容易使人接受，为此，我们利用辣木鲜叶结合红茶加工工艺技术，摸索出一套创新的辣木红茶加工工艺技术。该技术工艺创新简单，可操作性强，能有效去除辣木叶的青味和辛辣味，保留辣木叶的营养功效[2]，使辣木红茶的品质有所提高，能让消费者容易接受。

1 材料与方法

1.1 试验材料

材料取自广西南亚热带农业科学研究所辣木种植示范基地。辣木枝条摘下后去梗，只取成熟辣木叶。

1.2 试验设备

凉青架、温湿度计、解块机、6CR-35 型揉捻机（中国浙江上洋机械有限责任公司生产）及 6CTH 型烘干机。

1.3 试验时间与地点

试验时间为 2018 年 7 月 20 日，天气晴朗；试验地点在广西南亚热带农业科学研究所茶叶加工研究中心。

1.4 试验方法

辣木红茶的加工工艺: 辣木鲜叶→萎凋失水→揉捻→解块→发酵→烘干→提香。

1.4.1 辣木鲜叶

原料取自广西南亚热带农业科学研究所种植的辣木叶, 采摘标准为成熟辣木叶, 嫩芽和黄叶不采。

1.4.2 萎凋失水

本试验采用无梗的辣木鲜叶以 0.5 cm ~ 0.7 cm 为厚度均匀地摊放在簸箕上。3 种不同萎凋方法: 自然萎凋失水, 晒青萎凋失水和控萎凋失水。萎凋程度以叶表面失去光泽, 叶色暗绿, 青草气消失, 叶形皱缩, 叶质柔软, 紧握成团, 松手可缓慢松散为宜。对不同萎凋方法处理的辣木红茶的香气、滋味和汤色进行感官评审。

1.4.3 揉捻

把辣木鲜叶装到 6CR-35 型揉捻机里进行揉捻, 揉捻时间为 70min ~ 90min。揉捻加压应掌握轻、重、轻的原则, 以叶紧细成条、有少量茶汁外溢、粘附于茶条表面为适度。

1.4.4 解块

将揉捻好的辣木叶放到解块机解块, 使茶叶不结团, 有利于发酵均匀。

1.4.5 发酵

试验采取相同的发酵环境 (发酵温度为 27 ℃ ~ 32 ℃, 相对湿度为 85% ~ 90%), 设发酵时间为 3 h、4 h、5 h、6 h、7 h 5 个处理, 对辣木红茶的香气、滋味和汤色进行感官评审[3]。

1.4.6 烘干

将发酵后的茶叶, 摊放在烘干机上, 厚度为 0.8 cm ~ 1 cm, 烘干温度为 100 ℃ ~ 110 ℃, 烘至含水量 18% ~ 20%, 及时摊凉。

1.4.7 提香

将烘干摊凉后的茶叶再次摊放在茶叶提香机内,厚度为 1 cm ~ 2 cm,温度 100 ℃, 提香时间为 30 min, 含水量为 6% ~ 7% 即成。

2 结果与分析

2.1 不同萎凋失水条件对辣木红茶品质的影响

以茶叶内质的香气、汤色、滋味作为审评因子。在室内自然条件下萎凋失水,因辣木叶子细薄，室内温湿度不好控制，萎凋时间过长或过短，致使辣木叶走水不均匀，做出的成品茶香气低，汤色暗黄浑浊，辛辣味重；放置室外弱光下晒青萎凋失水，由于辣木叶子细薄，在弱光下晒青，致使叶子快速失水，在萎凋过程中，叶子容易变暗泛红，做出的成品茶香气淡薄，有闷味，汤色欠明亮；在室内设定温湿度，空调设置温度 24 ℃，相对湿度为 74% 条件下进行萎凋，失水均匀，时间适合，因此使成品茶香气纯正持久，滋味鲜爽滑口，汤色橙黄明亮（表 1）。

表 1　不同萎调失水条件辣木红茶感官审评

试验设计	香气	滋味	汤色
自然萎调失水	低，不持久	淡薄，有辛辣味	欠明亮
晒青萎调失水	清香，不持久	纯和，欠鲜爽	尚明亮
控温萎调失水	浓香醇厚	醇厚、鲜爽	橙黄明亮

2.2 不同发酵时间对辣木红茶品质的影响

从表 2 的感官审评结果可以发现，在发酵温度为 27 ℃ ~ 32 ℃，相对湿度为 84% ~ 92% 的环境下，辣木红茶的品质形成和发酵的最佳时间有一定的关联。当达到发酵适度前，时间越长品质越好；当达到发酵适度后，时间越长，品质越差。按照 5 项因子感官审评结果，5 h 为最高分。成品茶的汤色橙黄明亮，香气浓郁持久，滋味浓醇鲜爽，叶底柔软完整。

表 2　不同发酵时间辣木红茶感官审评

试验设计	香气	滋味	汤色	排名
3 h	稍青，有辛辣味	淡薄，略带青味	暗红，浑浊	4
4 h	纯正，略带甜香	纯和	橙黄，尚亮	2
5 h	醇厚，香甜明显	醇厚、鲜爽	橙黄，明亮	1
6 h	尚浓厚	稍淡薄，略带闷味	红黄，尚亮	3
7 h	闷味重，带酸味	淡薄，闷味重	红黄，欠亮	5

3 结论

3.1 适度的萎凋失水条件

萎凋失水是辣木红茶品质形成的基础。辣木鲜叶通过萎凋，水分均匀失散，使鲜叶变柔软，韧性增强，多酚氧化酶促氧化，鲜叶内含物质发生一系列的变化。试验结果表明，室内设定的温度有空调控制，室温为 24 ℃、相对湿度为 74% 的条件下，萎凋失水均匀，时间适合，所以茶叶的香气明显，滋味醇厚鲜爽，汤色橙黄明亮。

3.2 适度的发酵时间

发酵是辣木红茶品质形成的最关键工序，发酵时间过长或者过短都会直接影响到茶叶品质。发酵时间过短，辣木红茶的辛辣味不易去除；发酵时间过长，辣木红茶有闷味，滋味不持久，汤色暗黄。试验结果表明，发酵温度为 27 ℃ ～ 32 ℃，相对湿度为 84% ～ 92%，时间为 5 h 最适宜。

3.3 辣木红茶的加工最佳工艺

综上所述，得出辣木红茶的加工最佳工艺为辣木鲜叶→萎凋失水（空调控制室温为 24 ℃，相对湿度为 74%）→揉捻（70 min ～ 90 min）→解块→发酵（27 ℃ ～ 32 ℃，相对湿度为 84% ～ 92%）→烘干（温度 70 ℃ 时间 200 min）→提香（温度 90℃ 时间 60 min）。

参考文献

[1]　林若冰，林仰河 . 辣木的丰产栽培技术 [J]. 中国热带农业，2007，(4)：59–60.

[2]　罗秋琴 . 辣木茶的加工工艺技术 [J]. 福建热作科技，2018，(1)：42–43.

[3]　刘汉焱，莫小燕，冯红钰，等 . 茶树桂热 1 号加工红茶工艺研究 [J]. 中国热带农业，2012，(4):68–69.

花香型黄观音红茶加工技术及内含物分析

阳景阳，冯红钰，何文，徐冬英，梁光志，罗莲凤，李子平

(广西南亚热带农业科学研究所，广西龙州 532415)

摘要 [目的]从内含物角度研究花香型黄观音红茶的新型加工技术。[方法]将乌龙茶的做青工艺运用于黄观音红茶制作中，茶样通过茶叶内含物检测、GC-MS 测香气成分与感官审评相结合的方法进行分析。[结果]采用新工艺制作的黄观音红茶具有花香明显、滋味醇和甘甜的特点，其氨基酸、茶多酚、咖啡碱、具弱木香的 (E) – 呋喃芳樟醇氧化物、具强花果香的顺 – α，α –5– 三甲基 –5– 乙烯基四氢化呋喃 –2– 甲醇、具玫瑰花香的苯乙醇及香叶醇的含量均较传统工艺有所提升，且酚氨比较低。[结论]采用新工艺制作的黄观音红茶品质优于传统工艺黄观音红茶。

关键词 黄观音红茶；做青；茶叶内含物；香气成分；检测分析

中图分类号 TS 272　　文献标识码 A　　文章编号 0517 — 6611(2018) 34 — 0155 — 03

Analysis of Process Technology and Inclusions of Flowery Huangguanyin Black Tea

YANG Jingyang，FENG Hongyu，HE Wen et al

(Guangxi South Subtropical Agricultural Science Research Institute，Longzhou，Guangxi 532415)

Abstract [Objective]To study the process technology of flowery Huangguanyin black tea from the point of inclusions. [Method]The greenmaking technology of Oolong tea was applied to the production of Huangguanyin black tea. The tea samples were analyzed by the method of tea content detection，GC-MS analysis of aroma components and sensory evaluation. [Result]Compared with the traditional process，Huangguanyin black tea produced by the new process has the characteristics of distinct floral fragrance，mellow taste and sweetness. New process sample have more amino acid，tea plyphenols，caffeinum，(E) -furan linalooloxide ，2-[(2R，5S) -5-Methyl-5-vinyltetrahydro-2-

furanyl]-2-propanol，Phenylethyl alcohol and Geraniol. The ratio of polyphenols and amino acids is low. ［Conclusion］The quality of Huangguanyin black tea produced by the new technology is superior to that of the traditional technology.

Key words Huangguanyin black tea; Making green; Tea inclusion; Aroma component; Detection and analysis

黄观音是福建省茶叶科学研究所选育的一种高香型乌龙茶品种，以铁观音（父）与黄金桂（母）为亲本杂交，制作的乌龙茶香气馥郁芬芳，且具有黄金桂"通天香"的特征[1]。广西南亚热带农业科学研究所于 2004 年引进种植黄观音茶树[2]，依据黄观音在龙州县的生长特点，通过多年试验研究，确定了一种以黄观音为原料，在传统红茶工艺基础上结合乌龙茶做青工艺[3]的制茶技术。所制得的黄观音红茶具有花香浓郁持久、滋味醇和甘甜的特点，深受消费者喜爱。

平常评价茶叶好坏主要运用感官审评方法，受评茶员主观影响大。笔者将新工艺黄观音红茶与传统工艺红茶通过内含物检测分析、香气检测分析及感官审评结果相结合的方法进行比较，所得结果更具客观性和参考价值[4]。

1 材料与方法

1.1 材料

试验于 2017 年 7 月进行，材料选择广西南亚热带农业科学研究所名优茶种植基地 1 芽 1 叶黄观音秋季鲜叶。基地位置属南亚热带季风气候，海拔＞100 m，全年平均气温 21 ℃ ~ 22 ℃，地势平坦，土壤 pH 5.5 ~ 6.5。制茶主要设备：摇青机、6CR-35 型揉捻机、YX-6CFJ-10B 型全自动红茶发酵机、理条机、6CTH 型烘干机。检测主要设备：气相 – 质谱联用仪（GC- MS）、紫外分光光度仪、全自动化学分析仪、电子天平、茶叶审评用具。

1.2 方法

1.2.1 黄观音红茶制样

人工采摘茶树品种黄观音秋季 1 芽 1 叶鲜叶。

传统制黄观音红茶工艺：黄观音鲜叶→萎凋→揉捻→发酵→造型→烘干→提香→成品茶。

依据黄观音在龙州县的生长特性，通过多年加工试验，总结出制作花香型黄观音的新型制茶方法：黄观音秋季鲜叶→轻晒青（地表温度 28 ℃，空气湿度 64%， 30

min）→轻摇青（1 min，2 次）→室内萎凋（空调控温）→揉捻（40 min ~ 60 min）→发酵（4 h ~ 5 h，控温控湿）→理条（针型）→烘干→提香→成品茶。

1.2.2 GC – MS 分析

色谱条件：色谱柱 VF — WAX ms 毛细管柱（30 m × 0.25 mm，0.25 m）；载气高纯度氦气（＞99.999%），流速 1.0 mL/min，进样口温度 250 ℃；采用柱温升温程序：60 ℃（保持 2 min），以 8 ℃/min 升温至 230 ℃（保持 2 min），以 20 ℃/min 升温至 250 ℃（保持 2 min）；进样量 0.5mL，不分流模式进样，进样时间 1 min。质谱条件：电离方式为 EI 源，电离能量 70 eV，离子源温度 230 ℃，传输线温度 280 ℃；其他参数为标准自动调谐参数；质量扫描范围为 50 m/z ~ 550 m/z。

由 GC– MS 分析得到的质谱数于 NIST08. LIB 和 NIST14. LIB 标准谱库的检索，查对相关质谱资料，分别对各峰加以确认，鉴定样品中的挥发性香气成分，用峰面积归一法分析各组成分相对含量。

1.2.3 感官审评

参照茶叶感官审评方法 GB/T23776—2009[5]，由 5 名专业评茶员对茶样进行审评。感官审评总分 = 外形分值 ×20%+ 汤色分值 ×10%+ 香气分值 ×30%+ 滋味分值 ×30%+ 叶底分值 ×10%。

2 结果与分析

2.1 感官审评

与传统工艺制作的黄观音红茶做对比，感官审评结果见表 1。由表 1 可知，新工艺黄观音红茶的综合评分 (93.2 分) 高于传统工艺黄观音红茶 (90.4 分)，具体表现在外形油润、花香持久、滋味醇和爽口、叶底光泽无花杂。

表1 不同加工工艺制作的黄观音红茶感官审评结果

Table 1 Sensory evaluation results of Huangguanyin black tea produced by different processing techniques

工艺类型 Process type	外形 Appearance 评语 Comment	评分 Score 分	汤色 Colour of tea 评语 Comment	评分 Score 分	香气 Aroma 评语 Comment	评分 Score 分	滋味 Taste 评语 Comment	评分 Score 分	叶底 Bottom of leaf 评语 Comment	评分 Score 分	总分 Total score 分
传统工艺 Traditional process	紧细挺直	92	金黄明亮	90	花香浓郁，花香不明显	92	醇厚甘甜，略带涩味	90	柔软完整，稍有花杂	84	90.4
新工艺 New process	紧细挺直油润	94	金黄明亮	90	浓郁持久带有花香	94	醇和甘甜，爽口	94	柔软完整有光泽	90	93.2

2.2 内含物茶叶中含有多种生化成分

其中可溶于沸水的氨基酸、多酚类、可溶性糖、咖啡碱等物质之和为水浸出物，有研究表明[6]，这些物质的种类及比例对茶叶品质有着决定性作用。新工艺制作的成品茶水浸出物含量明显高于传统工艺红茶，氨基酸、茶多酚、咖啡碱含量均较传统工艺有所提升。新工艺采用了加工乌龙茶的做青工艺，轻做青可以初步破坏叶片细胞壁，有利于内含物的转化及后续发酵的进行，做青可提高红茶品质。

新工艺红茶的酚氨比为 5.5，低于传统工艺的 5.8，酚氨比低在感官品质方面表现为滋味醇爽，酚氨比高时滋味苦涩。

2.3 香气成分

通过顶空固相微萃取（HS-SPME)- 气质联用（GC-MS) 技术测香气成分，所得数据在 NIST08. LIB 和 NIST14. LIB 标准谱库中检索，查询相关文献去除不确定物质（匹配度 SI < 85) 及杂质，得到传统工艺黄观音红茶可鉴定香气成分 123 种，新工艺黄观音红茶可鉴定香气成分 119 种。

传统工艺可鉴定香气物质峰面积占总峰的 79.34%，其中醇类 34.30%（23 种），醛类 8.46%（22 种)，酯类 14.72%（13 种)，酮类 2.39%（9 种)，酸类 0.93%（5 种)，碳氢类化合物 17.08%（44 种)，其他类型物质 1.46%(7 种)。新工艺可鉴定香气物质峰面积占总峰的 85.05%，其中醇类 58.61%（28 种)，醛类 5.91%（21 种)，酯类 14.72%（13 种)，酮类 1.24%（6 种)，酸类 1.46%（7 种)，碳氢类化合物 14.71%（43 种)，其他类型物质 0.54%(7 种)。

不同加工工艺制作的黄观音红茶提取出的主要香气物质（占总峰面积的 0.5% 以上）及含量见表 2。由表 2 可知，传统工艺主要香气物质为（E）- 呋喃芳樟醇氧化物 (7.33%，具樟脑弱木香）、芳樟醇（5.82%，玫瑰木香）、顺 - α, α -5- 三甲基 -5- 乙烯基四氢化呋喃 -2- 甲醇（5.40%，强花木香）、2,2,6- 三甲基 -6- 乙烯基四氢 -2H- 呋喃 -3- 醇（4.16%）、苯乙醇（3.22%，玫瑰花香）；新工艺主要香气物质为（E）- 呋喃芳樟醇氧化物（14.53%）、顺 - α, α -5- 三甲基 -5- 乙烯基四氢化呋喃 -2- 甲醇（8.99%）、苯乙醇（6.99%）、芳樟醇（5.93%）、香叶醇（5.59%，甜玫瑰花香）。这些物质构成了黄观音红茶的主要香气基调。

表2　不同加工工艺制作的黄观音红茶主要香气成分及其含量

Table 2 Main aroma components and their contents of Huangguanyin black tea produced by different processing techniques

编号 NO.	CAS	香气物质名称 Name of	分子式 Molecular formula	含量 Content//%	
				传统工艺 Traditional proess	新工艺 New process
1	34995-77-2	（E）-呋喃芳樟醇氧化物	$C_{10}H_{18}O_2$	7.33	14.53
2	78-70-6	芳樟醇	$C_{10}H_{18}O$	5.82	5.93
3	5989-33-3	顺-α,α-5-三甲基-乙烯基四氢化呋喃-2-甲醇	$C_{10}H_{18}O_2$	5.40	8.99
4	14049-11-7	2,2,6-三甲基-6-乙烯基四氢-2H-呋喃-3醇	$C_8H_{18}O_2$	4.16	4.74
5	60-12-8	苯乙醇	$C_8H_{10}O$	3.22	6.99
6	16958-20-6	（Z）-2-Methylpent-2-en-1-ol	$C_6H_{12}O$	1.59	—
7	66-25-1	正己醛	$C_6H_{12}O$	1.52	0.79
8	17302-23-7	4,5 二甲基壬烷	$C_{11}H_{34}$	1.36	0.56
9	100-51-6	苯甲醇	C_7H_8O	1.32	2.30
10	100-52-7	苯甲醇	C_7H_6O	1.28	1.31
11	107-31-3	甲酸甲酯	$C_2H_4O_2$	1.06	0.79
12	20053-88-7	脱氢芳樟醇	$C_{10}H_{16}O$	0.94	2.63
13	106-24-1	香叶醇	$C_{10}H_{18}O$	0.90	5.59
14	616-25-1	1-戊烯-3醇	$C_5H_{10}O$	0.85	0.49
15	4313-06-5	（E,E）-2,4-庚二烯醛	$C_7H_{10}O$	0.85	0.65
16	928-96-1	叶醇	$C_6H_{12}O$	0.83	0.92
17	110-93-0	甲基庚烯酮	$C_8H_{14}O$	0.75	0.47
18	13187-99-0	2-溴十二烷	$C_{12}H_{25}Br$	0.71	0.16
19	996-17-3	2-甲基丁醛	$C_5H_{10}O$	0.69	0.59
20	1576-95-0	顺-2-戊烯醇	$C_5H_{10}O$	0.69	0.54
21	74630-42-5	7-methylundec-1-ene	$C_{12}H_{24}$	0.69	0.30
22	119-36-8	水杨酸甲酯	$C_8H_8O_3$	0.61	1.30
23	112-95-8	正二十烷	$C_{12}H_{24}$	0.56	0.53
24	434-25-7	β-环柠檬醛	$C_8H_8O_8$	0.55	0.17
25	505-57-7	2-己烯醛	$C_{20}H_{42}$	0.54	0.33
26	1730-32-5	4,7-二甲基十一烷	$C_{10}H_{16}O$	0.54	0.22
27	122-78-1	苯乙醛	$C_{13}H_{28}$	0.53	0.65
28	71-41-0	正戊醇	$C_8H_{12}O$	0.5	0.36
29	38991-99-4	2,6,10-三甲基十三烷	$C_{16}H_{34}$	0.37	1.06
30	142-62-1	正己酸	$C_6H_{12}O_2$	—	0.77
31	13877-91-3	罗勒烯	$C_{10}H_{16}$	—	0.64

3 结论与讨论

（1）探索出的新工艺为黄观音鲜叶→轻晒青（地表温度 28 ℃，空气湿度 64%，30 min)→轻摇青（2 次，每次 1 min)→室内萎凋（空调控温）→揉捻（40 ~ 60 min)→发酵（4 ~ 5 h，控温控湿）→理条（针型）→烘干→提香→成品茶，制成的黄观音红茶花香明显，滋味醇和甘甜，酚氨比较低，综合评价比传统工艺更为理想。

（2）新工艺制作的黄观音红茶运用了乌龙茶的做青工艺，将叶缘细胞壁初步破坏，使后续揉捻和发酵更有效进行。有研究表明[7-8]，多次摇青产生的累积效应可诱发代谢生成吲哚、(E)-橙花叔醇、苯乙醛等物质，(E)-呋喃芳樟醇氧化物、香叶醇等在摇青、揉捻过程中大量产生，这是新工艺中此类物质高于传统工艺的原因。新工艺黄观音红茶中具弱木香的(E)-呋喃芳樟醇氧化物、具强花果香的顺-α，α-5-三甲基-5-乙烯基四氢化呋喃-2-甲醇、具玫瑰花香的苯乙醇及香叶醇含量都显著高于传统工艺制作的红茶，这是新工艺黄观音红茶表现出持久花香的主要原因。

参考文献

[1] 罗莲凤，梁光志，莫小燕，等. 做青工艺对花香型工夫红茶黄观音感官品质的影响[J]. 中国热带农业，2016(6)：77 - 78.

[2] 罗莲凤，梁光志，莫小燕，等. 花香型工夫红茶黄观音加工技术初步研究[J]. 中国园艺文摘，2017，33(1)：219 - 220.

[3] 阳景阳，李子平，徐冬英. 金萱红碎茶加工与检测分析[J]. 农业研究与应用，2018，31(4)：36 - 39.

[4] 嵇伟彬，刘盼盼，许勇泉，等. 几种乌龙茶香气成分比较研究[J]. 茶叶科学，2016，36(5)：523 - 530.

[5] 国家质量监督检验检疫总局. 茶叶感官审评方法：GB/T 23776—2009[S]. 北京：中国标准出版社，2009.

[6] 黎秋华，赖幸菲，向丽敏，等. 不同树龄英红九号红茶的生化成分差异分析[J]. 食品研究与开发，2018，39(6)：71 - 74.

[7] 陈林，陈键，陈泉宾，等. 做青工艺对乌龙茶香气组成化学模式的影响[J]. 茶叶科学，2014，34(4)：387 - 395.

[8] 石渝凤，邸太妹，杨绍兰，等. 花香型红茶加工过程中香气成分变化分析[J]. 食品科学，2018，39(8)：167 - 175.

辣木绿茶加工工艺初探

马仙花，谢君锋，韦雪英，刘连军*

（广西南亚热带农业科学研究所，广西龙州 532415）

摘要： 为摸索出将辣木叶制成绿茶的加工工艺，设置了 3 种不同的加工工艺，并对辣木绿茶产品的品质就行了分析。结果得出：将辣木叶摊凉、萎凋 4 h~5 h，250 ℃ ~260 ℃杀青 3 min，摊凉 30min，然后放在竹筐里渥堆，使辣木叶回潮至柔软后进行揉捻 40 min~50 min 做形，之后 70 ℃烘干 120min，100 ℃提香 30 min，为最佳工艺。制作出的辣木绿茶外形紧细，汤色翠绿明亮，滋味甘甜鲜爽，叶底翠绿整匀，感官审评总分达 92.6 分，达到辣木绿茶的较佳品质。

关键词： 辣木绿茶；加工；品质

Study on Processing Technique of *Moringa oleifera* Green Tea

MA Xianhua， XIE Junfeng， WEI Xueying， LIU Lianjun

（*Guangxi South Subtropical Agricultural Science Research Institute*， Longzhou 532415， China）

Abstract: We set up three different techniques to process *Moringa oleifera* leaf into green tea，and analyzed the tea quality so as to explore the best processing technique. Results showes that the optimum process are as follows: air drying / withering *Moringa oleifera* leaf for 4 h~5 h，de-enzyming at 250 ℃~260 ℃ for 3min，cooling for 30 min，pile-fermenting in bamboo basketuntil soft，rolling for 40 min~50 min，drying at 70 ℃ for 120 min，increasing aroma at 100 ℃ for 30 min. The *Moringa oleifera* green tea made by this process has well-twisted shape，bright green liquor color，sweet and refreshing taste，overall green and even infused leaves，and achieves better quality with a total score of 92.6 by organoleptic evaluation.

Key words: *Moringa oleifera* green tea；processing；quality

辣木，又称鼓槌树，是多年生热带落叶乔木，号称高钙、高蛋白质、高纤维、低脂质，是一种万用神奇的天人健康食物，具有增强抵抗力、治疗高血压、痛风、抑制病菌、驱除寄生虫等功效[1]，被誉为"生命之树""植物中的钻石"[2]。辣木全身都是宝，可广泛用于食品、保健品和生物医药产品的开发[3-5]。广西南亚热带农业科学研究所目前种植辣木约 7 hm²，为了能够开发出品质较好的辣木绿茶保健品，辣木课题组人员根据制茶经验，设计比较了 3 个不同的辣木绿茶加工工艺，以期找出适用辣木绿茶的加工工艺。

1 材料与方法

1.1 试验材料

材料取自广西南亚热带农业科学研究所辣木种植示范基地，辣木枝条摘下后去梗，只取辣木叶。

1.2 试验设备

YX-6CST-90BQ 型燃气茶叶杀青机，由福建安溪永兴机械有限公司生产， 6CR-35 型揉捻机、6CTH 型烘干机，由中国浙江上海机械有限责任公司生产。

1.3 试验时间与地点

试验时间为 2017 年 3 月 27 日，天气晴朗；试验地点在广西南亚热带农业科学研究所茶叶加工研究中心。

1.4 试验方法

1.4.1 辣木绿茶的加工工艺

根据制茶经验及辣木叶的特性设计了 3 个辣木绿茶的加工工艺。

试验方法一：辣木叶片→杀青→烘干→提香，即取 1 kg~1.5 kg 的辣木叶投入到燃气杀青中，杀青温度控制在 250 ℃ ~260 ℃，时间为 3 min，使辣木叶的辣青味祛除，手抓微有刺手感及可出锅，放在簸箕上摊凉 30 min，然后进行烘干、提香，烘干温度为 70 ℃，烘干时间为 120 min，提香温度为 100 ℃，提香时间为 30 min。

试验方法二：辣木叶片→萎凋→杀青→烘干→提香，即取辣木叶 1.5 kg~2 kg 摊凉在簸箕上，厚度约为 7 cm~8 cm，萎凋时间：4~5 h，然后取 1 kg~1.5 kg 的辣木叶投入到燃气杀青中，杀青温度控制在 250℃ ~260℃，时间为 3 min，使辣木叶的辣青味祛除，手抓微有刺手感及可出锅，放在簸箕上摊凉 30 min，然后进行烘干、提香，烘干温度为 70℃，烘干时间为 120 min，提香温度为 100℃，提香时间为 30 min。

试验方法三：辣木叶片→萎凋→杀青→回潮→揉捻→烘干→提香，即取辣木叶 1.5 kg~2 kg 摊凉在簸箕上，厚度约为 7 cm~8 cm，萎凋时间：4 h~5 h，然后取 1 kg ~1.5 kg 的辣木叶投入到燃气杀青中，杀青温度控制在 250 ℃ ~260 ℃，时间为 3 min，使辣木叶的辣青味祛除，手抓微有刺手感及可出锅，放在簸箕上摊凉 30 min，然后放在竹筐里渥堆，使辣木叶回潮至柔软后进行揉捻做形，揉捻时间为 40 min~50 min。

之后烘干、提香，烘干温度为 70 ℃，烘干时间为 120 min，提香温度为 100 ℃，提香时间为 30 min。

1.4.2 审评方法

茶样由专业评茶员按照 GB/T23776–2009《茶样感官审评方法》进行审评。

2 结果与分析

感官审评。通过 3 个不同的加工工艺做出的辣木绿茶产品经过感官审评，审评结果见表 1。从表 1 可见，试验方法三制作出的辣木绿茶外形紧细，汤色翠绿明亮，滋味甘甜鲜爽，叶底翠绿整匀，审评总分达 92.6 分，是 3 个试验方法中的最高分，这也是辣木绿茶的最好表现；试验方法二制作出的辣木绿茶由于不经过揉捻工序，外形松散，滋味淡薄，香气不持久；试验方法一制作出的辣木绿茶，鲜叶由于不经过萎凋工序含水量偏高，直接杀青容易造成叶底暗黄，辣青味不易去掉。这是品质差的表现。

表1 3 个不同的加工工艺制作辣木绿茶产品感官审评结果

工艺方法	感官审评										总分
	外形（25%）		汤色（10%）		香气（25%）		滋味（30%）		叶底（10%）		
	评语	评分	评语	评分	评语	评分	评语	评分	评语	评分	
方法一	微卷松散呈片状	80	暗黄	78	清香不持久	80	淡薄略带辣味	76	暗黄匀整	80	78.8
方法二	微卷松散呈片状	80	黄绿尚明亮	85	清香持久	84	甘甜柔和	86	黄绿匀整	86	84.2
方法三	紧细微曲	92	翠绿明亮	93	甜香持久	92	甘甜纯浓	94	翠绿匀整	92	92.6

3 结论

通过本试验得出一套最佳的辣木绿茶的加工工艺辣木叶片→萎凋→杀青→回潮→揉捻→烘干→提香。由于辣木属白花菜科，青味重，辛辣味浓，所以在加工过程中，鲜叶必须通过萎凋失水，杀青去青辣味，然后回潮揉捻，使外形紧细美观，水浸出物更容易浸出，从而令滋味鲜爽可口，然后通过烘干和提香工序，使香气更持久，达到辣木绿茶的最佳品质。

参考文献

[1] Popoola J O, Obembe O O. Local knowledge, use pattern and geographical distribution of *Moringa oleifera* Lam. (Moringaceae) in Nigeria [J]. Journal of Ethnopharmacology, 2013, 150(2):682-691.

[2] 张燕平, 段琼芬, 苏建荣. 辣木的开发与利用 [J]. 热带农业科学, 2004, 24(4):42-48.

[3] 廖友媛, 曾松荣, 马建波, 等. 药用植物辣木内生真菌的分离及其抗菌活性分析 [J]. 湖南工业大学学报, 2006, 20(6):36-38.

[4] Hussain S, Malik F, Mahmood S. Review: an exposition of medicinal preponderance of *Moringa oleifera* (Lank.)[J]. Pakistan Journal of Pharmaceutical Sciences, 2014, 27(2):

[5] 董小英, 唐胜球. 辣木的营养价值及生物学功能研究 [J]. 广东饲料, 2008, 17(9):39-41.

生物有机肥对甘蔗生长影响及种植效益分析

罗晟昇，何洪良，唐利球，韦海球，马文清，秦昌鲜

（广西南亚热带农业科学研究所　广西龙州　532415）

摘要： 探讨施用生物有机肥对甘蔗生长影响，并分析甘蔗种植效益，为生物有机肥在甘蔗生产中的应用提供参考。试验结果表明，生物有机肥与复合肥混施对提高产量和糖分具有促进作用，生物有机肥单施虽然糖分增效显著，但产量下降。因此，在甘蔗种植过程中应推广生物有机肥与复合肥混施。

关键词： 生物有机肥；甘蔗生长；种植效益

生物有机肥是以自然中的有机物为基质和载体，加入适量的无机元素和有益微生物，经加工而成，可达到改善土壤、培肥地力、促进植物生长、抗病防虫等作用[1]。目前，我国是全球化肥投入水平最高的地区之一，绝大部分的甘蔗主要以化肥为肥料，但长期过量的使用化肥不仅不符合甘蔗种植效益，同时严重污染土地和水资源，给环境造成巨大的威胁，更长期危害到人们的身体健康。随着甘蔗栽培技术的提高，在甘蔗种植过程中施用生物有机肥已得到广泛认同，但生物有机肥的施用方法不正确，不仅影响施肥效果，同时也不利于提高甘蔗的种植效益[2-3]。因此，研究不同的生物有机肥施用方法对甘蔗生长和产量的影响，对提高生物有机肥利用率、甘蔗种植的经济效益具有重要意义。据报道，广西凤凰糖业有限责任公司于2004年开始在甘蔗种植过程中施用生物有机肥[4]，之后陆续有施用生物有机肥种植甘蔗的试验研究和示范推广。近年来，许多学者在甘蔗施用有机肥栽培上进行了探索。陈永等对采用生物有机肥对比复合肥试验，认为施用生物有机肥的甘蔗的出苗率、分蘖率、茎径不及施用化肥，但在促进甘蔗伸长、提高有效茎、产量和含糖量上施用生物有机肥比施用化肥具有更显著的效果[3]。李俊等采用生物有机肥与化肥进行配比研究，结果表明，生物有机肥配施化肥较等量配施化肥的甘蔗产量和糖分达到显著水平[5]。目前，生物有机肥在甘蔗生产中的应用主要集中在生物有机肥对甘蔗生产的影响或栽培技术方面，而关于生物有机肥对提高甘蔗种植效益方面鲜有报道。为此，我们根据当地种植甘蔗的情况，采用同等的施肥成本，以施用化肥为对照，采用单施生物有机肥、单施复合肥、生物有机肥与复合肥混施3种不同处理进行栽培试验，探讨生物有

肥不同的施用方法对甘蔗种植效益的影响，为生物有机肥在甘蔗生产中的推广提供理论依据。

1 材料与方法

1.1 试验材料

供试甘蔗品种为桂糖 32 号组培苗种茎。供试生物有机肥为德亚牌生物有机肥（50元／袋·40kg），有机质 ≥ 45%，有效活菌数 ≥ 0.2 亿 /g，$N+P_2O_5+K_2O \geq 6\%$。供试复合肥为喜丰牌复合肥（160 元／袋·50kg），总养分 ≥ 45%（15-15-15）。

1.2 试验方法

试验在广西南亚热带农业科学研究所东南九区甘蔗试验圃内进行，前作为甘蔗新台糖 22 号，黄壤土，较黏，排灌条件一般。试验设置 3 个处理，小区行长 7m、行距 1m，每小区 5 行，小区面积 35m²。3 次重复，共 9 个小区，随机排列，每个小区四周均设 2m 保护行。每个处理所用的肥料成本均为 4800 元 /hm²。处理 1（CK）：基肥为复合肥 750kg/hm²，追肥为复合肥 750kg /hm²；处理 2：基肥为复合肥 375kg/hm²、生物有机肥 960kg /hm²，追肥为复合肥 375kg/hm²、生物有机肥 960kg/hm²；处理 3：基肥为生物有机肥 1920kg/hm²，追肥为生物有机肥 1920kg/hm²。

1.3 试验时间

试验于 2015 年 2 月 9 日播种，采用双芽段种植，10 芽 /m，每个小区播种量 350芽。2 月 13 日浇水盖膜；5 月 14 日喷施先正达"福戈"防控甘蔗钻心虫；5 月 25 日追肥培土，12 月 17 日砍收，田间管理同大田生产。

1.4 测定项目及方法

甘蔗生长前期（2—6 月）调查小区内全部甘蔗的出苗和分蘖数，计算出苗率和分蘖率；甘蔗生长中期（7—10 月）抽样调查 20 株甘蔗的株高，计算生长速；收获期（11—12 月）抽样调查 20 株甘蔗的茎径和有效茎，砍收时（12 月 17 日）测量小区蔗茎产量和糖分。

1.5 统计分析

采用 Excel 2003 进行数据整理；用 DPS 进行差异显著性分析。

2 结果与分析

2.1 不同施肥处理对甘蔗出苗与分蘖的影响

由表 1 可知，不同施肥处理，甘蔗出苗率平均值表现为处理 2 ＞处理 1（CK　）

>处理3，即处理2的出苗率较对照有所提高。其中处理2和处理3的出苗率平均值分别为67.52%和62.67%，分别比处理1（CK）高3.23个百分点和低1.62个百分点，与处理1（CK）的差异均不显著。说明与常规施肥相比，采用生物有机肥与复合肥混施出苗率较高，而单施生物有机肥出苗率较低，但差异均未达到显著水平，因此不同施肥处理对甘蔗出苗率影响有限。

不同施肥处理甘蔗分蘖率平均值表现为处理2>处理1（CK）>处理3，即生物有机肥与复合肥混施分蘖率最高为142%，比处理1（CK）增加8.67个百分点，而单施生物有机肥分蘖率最低仅为127.33%，比处理1（CK）降低6个百分点，处理2和处理3与处理1（CK）相比均达到极显著水平。说明混施生物有机肥能极大促进甘蔗分蘖，而单施生物有机肥不利于甘蔗分蘖，可能与生物有机肥氮、磷、钾养分较低有关。

2.2 不同施肥处理对甘蔗株高的影响

甘蔗株高的影响可见，在7月时，甘蔗株高由高到低表现为处理2>处理3>处理1（CK），由此可见，在甘蔗生长初期，生物有机肥能促进甘蔗生长，且生物有机肥与复合肥混施效果最好，比对照高18cm，增长12.33%；单施生物有机肥比对照高6cm，增长4.11%。当10月时，甘蔗株高由高到低表现为处理2>处理1（CK）>处理3，且处理2和处理3与处理1（CK）相比分别高6cm和低1cm，由此可见，甘蔗株高与不同施肥处理区别不大。同时从7—10月增高量和月均生长速来看，处理1（CK）均略高于处理2和处理3，处理1（CK）增高量比处理2和处理3高12cm和7cm，处理1（CK）月均生长速比处理2和处理3分别高4cm和2.33cm，可见甘蔗月增高量和月均生长速与不同施肥处理区别不大。说明生物有机肥在甘蔗苗期和分蘖期对甘蔗生长有一定的促进作用，而甘蔗伸长期生长情况与是否施用生物有机肥无明显相关性。

2.3 不同施肥处理对甘蔗产量性状的影响

甘蔗产量性状的影响可见，不同施肥处理甘蔗产量性状情况，其中从株高和茎径进行比较，各处理间差异不显著。有效茎方面，处理2和处理3均低于处理1（CK），且处理3与处理1（CK）差异著。说明常规施肥对甘蔗成茎率影响较大，可能由于生物有机肥氮、磷、钾养分较低，造成部分分蘖苗无法获得充足的养分导致死亡所至。蔗茎产量表现为处理2>处理1（CK）>处理3，处理2和处理3分别比处理1（CK）增产0.85%和减产6.31%。由此可见，生物有机肥与复合肥混施对甘蔗产量具有一定的促进作用，单施生物有机肥可能由于养分不足产量较低。糖分为处理3>处理2>处理1（CK），不同施肥处理与对照相比，差异均达到极显著水平，处理2与处理3差异同样达到极显著水平。说明生物有机肥对甘蔗糖分影响非常明显。

2.4 不同施肥处理效益分析

根据甘蔗产量和糖分计算含糖量，结果所示，处理 2 ＞处理 3 ＞处理 1（CK），处理 2 和处理 3 分别比处理 1（CK）含糖量高 7.66% 和 4.73%。因此，从含糖量收益来看，蔗地收益最高的为处理 2，达到 1.33 万 kg/hm²；处理 1（CK）收益最低，为 1.23 万 kg/hm²。

肥料成本相同的情况下，甘蔗产量产值由高到低分别为处理 2 ＞处理 1（CK）＞处理 3。

收益最高为处理 2，达到 4.44 万元 /hm²；收益最低为处理 3，为 4.13 万元 /hm²；处理 2 比处理 1（CK）产值高 0.85%，处理 3 比处理 1（CK）产值低 6.31%。

3 讨论

甘蔗生长期长，所需营养元素较多，特别是氮、磷、钾的需求量最大，在甘蔗生长中起主要作用[6]。

但是长期施用复合肥使土壤有机质含量逐年下降，不利于甘蔗生长发育。生物有机肥是利用自然中有机物质为基质和载体，加入适量的无机元素和有利于土壤结构、作物吸收、元素释放等有益微生物，经特殊工艺加工而成。施用生物有机肥对甘蔗生长起到促进作用。本试验结果表明，在甘蔗种植过程中合理加入生物有机肥可提高蔗产量和糖分，其中生物有机肥和复合肥混施，其产量、糖分、含糖量均高于对照，单独施用生物有机肥其产量低于对照，糖分和含糖量高于对照。这一结果与许树宁等[7]、陈永等[3]的研究结果基本一致。生物有机肥与复合肥混施对提高甘蔗产量、糖分和含糖量作用明显，但单独施用生物有机肥不利于甘蔗产量提高。这可能是生物有机肥中氮、磷、钾 3 个营养元素不足所导致的，其对甘蔗生长起主要影响作用。

肥料是影响甘蔗生长的主要因素之一，施用一定量的肥料能极大促进甘蔗生产，达到增产增糖的作用。生物有机肥有效克服了复合肥养分单一、供肥不平衡等问题，通过有机质和有益菌达到改善土壤结构、促进作物生长的目的[8]。本试验结果表明，生物有机肥与复合肥混施促进了甘蔗的生长和糖分的积累，可以提高甘蔗的产量、糖分和含糖量。蔗农和糖厂关注的问题分别为产量和糖分，因此所使用的栽培管理技术要达到高产、高糖的目的才能符合蔗农和糖厂的需求。我们根据当地种植甘蔗的情况，研究在相同肥料成本的前提下生物有机肥对甘蔗生长的影响，初步了解生物有机肥在甘蔗种植过程中对甘蔗生长情况和产量的作用。试验结果表明：生物有机肥和复合肥混施更有利于甘蔗的生长，同时达到了增产和增糖的目的，而单独施用生物有机肥糖分比对照有显著提高，但可能由于养分不足，甘蔗产量偏低，不利于提高蔗农种蔗的积极性。提高种蔗的经济效益主要是增产，生物有机肥和复合肥混施对提高种蔗的经济效益具有一定促进作用。

4 结论

本试验结果表明，在甘蔗生产过程中生物有机肥与复合肥混施可提高甘蔗产量和糖分，可进行推广应用，而单施生物有机肥会导致产量下降，不宜推广应用。本次研究施肥配比处理较少，今后还需根据生物有机肥和复合肥的不同施肥配比开展研究，进一步探索适合在甘蔗生产中的施肥比例。

参考文献

[1] 禹宙 . 生物有机肥对我国农业可持续发展的影响 [J]. 中国农学通报 ,2008(24):281–284.

[2] 梁阗 , 方锋学 , 罗亚伟 , 等 . 生物有机肥在甘蔗生产中的应用研究进展 [J]. 现代农业技 ,2012(13):245–247.

[3] 陈永 , 兰靖 , 罗荣森 , 等 . 生物有机肥对比复合肥在甘蔗生产上的应用 [J]. 广东农业学 ,2014,41(4):88–92.

[4] 黄寿林 , 罗家育 , 闫青云 , 等 . 生物有机肥的制作及田间试验 [J]. 甘蔗糖业 ,2004(1):14–16.

[5] 李俊 , 刘少春 , 张跃彬 , 等 . 生物有机肥在甘蔗上的应用试验 [J]. 中国糖料 ,2010(4):33–34.

[6] 易芬远 , 赖开平 , 叶一强 , 等 . 甘蔗的营养生理与肥料施用研究现况 [J]. 化工技术与发 ,2014,43(2):25–28.

[7] 许树宁 , 陈引芝 , 唐红琴 , 等 . 生态有机肥与化肥配施对甘蔗产量和品质的效果 [J]. 广东农业学 ,2012,39(18):87–89.

[8] 侯云鹏 , 秦裕波 , 尹彩侠 , 等 . 生物有机肥在农业生产中的作用及发展趋势 [J]. 吉林农业学 ,2009,34(3):28–29.

基于 Logistic 模型的澳洲坚果果实生长发育研究

谭秋锦，黄锡云，许鹏，王文林，陈海生，覃振师，郑树芳，何铣扬

（广西南亚热带农业科学研究所，广西龙州 532415）

摘要：2014—2015 年连续 2 年对 6 个澳洲坚果品种 OV、788、NG18、695、桂热 1 号、842 的果实纵横径生长动态进行测量，构建果实纵径和横径生长的 Logistic 模型。结果发现，澳洲坚果果实生长呈典型的"S"形曲线，Logistic 拟合系数均超过 0.85，与实测数据相关性均达到极显著水平，其中纵径最大相对生长速率为桂热 1 号 > 842 >788 >OV >NG18 > 695；横径为 OV> NG18 > 788 > 桂热 1 号 > 695 > 842。拟合方程确定各种果实生长初期、速生期、生长后期的时间节点，即果实膨大期和种仁充实期，明确各品种果实发育进程。Logistic 模型可准确地预测澳洲坚果果实的生长发育。

关键词：澳洲坚果；果实生长发育；Logistic 模型；纵径；横径

中图分类号:S664．901 文献标志码:A 文章编号:1002 — 1302(2017)07 — 0146 — 03

澳洲坚果(*Macadamia ternifolia*) 别称夏威夷果，原产于澳大利亚昆士兰与新南威尔州的亚热带雨林，为山龙眼科(*Proteaceae*) 澳洲坚果，属常绿乔木，是果用、油用、材用于一身的著名经济林果。澳洲坚果的果仁营养丰富，含油量在 70% 以上，蛋白质含量在 9% 左右，含有人体必需的 8 种氨基酸，还富含多种人体必需的矿物质和维生素，是一种新兴的高档坚果类果树，正在为越来越多的国家和地区所重视[1 - 2]。

近几年来，我国大力发展木本粮油树种和实施木材储备战略，作为兼具两者于一身的澳洲坚果备受关注，目前云南、广东、广西等地出现种植热潮，但缺乏科研和生产积累。中国于 20 世纪开始引种，随后开展引种试种试验，从修枝整形、病虫害防治、栽培模式、产品加工等方面进行研究[3]。但很少关注果实生长初期的土壤水分管理、速生期的肥水管理和生长后期的养分管理等[4 - 5]，国外对果实发育方面的研究结果也还没定论[6]。果实生长主要包括果质量与形态的变化，形态是果实外观品质的重要指标，主要由果实横径与纵径表示，产量是变化的结果，其大小直接影响果实的商品性。果实生长发育进程受品种、气候影响很大，因此建立澳洲坚果横径与纵径的生长模拟模型，进而通过果实横径、纵径模拟果实生长的动态变化，预测果实鲜质量和产量，了解澳洲坚果品种的果实发育进程对果园生产管理、提高果实品质和产量具有指导意义。

1 材料与方法

1.1 试验材料

本试验在广西省南亚热带农业科学研究所澳洲坚果种质资源圃中进行。试验材料均为 2004 年 4 月种植（2 年生实生砧木嫁接苗），选择生长、管理水平一致的 6 个不同品种（OV、788、NG$_{18}$、695、桂热 1 号、842）（表 1）。每个品种选 1 株作样本挂牌测量，3 次重复。

1.2 试验地概况

研究区为广西龙州县彬桥乡境内，属于广西西南部，位于 106°33'E ~ 107°12'E，22°8'N ~ 22°44'N 之间，最高海拔 1 045 m，一般海拔约 200 m，以盆地著称，属亚热带季风气候区，年平均气温 22.3 ℃ ~ 23 ℃，年极端高温为 41.6 ℃，最低气温为—3.0 ℃，日照时数 1 582.7 h，无霜期达 350 d 以上。年均降水量 1 304.1 mm，集中在 6—9 月，年均空气相对湿度 81% ~ 87%。西北高，中南低，以喀斯特地形石山为主，很多独立的小山峰陡而散碎，属二叠纪岩层风化而成的石灰土。

1.3 试验方法

于 2014—2015 年连续观测 2 年，每年自第 1 次生理落果开始，至果实自然成熟采收时结束。每个样本选取 50 个果实，按东南西北中 5 个方向在树冠外围平均选样，挂牌编号并用记号画定测量位置，每 20 d 测量果实纵横径 1 次，果实纵横径用电子游标卡尺测量。以每次测得的纵横径平均值为标准，果实质量用百分位电子天平称量。

1.4 数据处理

利用 Excel 2007 进行回归分析，构建 Logistic 模型对果实纵横径生长进程进行拟合，表达式为[7-8]:

$$y = \frac{k}{1 + e^{a+k}} \qquad (1)$$

$$k = \frac{y_2^2 (y_1 + y_3) - 2y_1 y_2 y_3}{y_2^2 - y_1 y_3} \qquad (2)$$

$$t_1 = \frac{1}{b} \ln \frac{2 - \sqrt{3}}{a} \qquad (3)$$

$$t_2 = \frac{1}{b} \ln \frac{2 + \sqrt{3}}{a} \qquad (4)$$

$$v_m = -\frac{bh}{4} \qquad (5)$$

$$t_m = -\frac{\ln a}{h} \qquad (6)$$

式中：y 为果实纵径或横径，mm；t 为果实生长时间，d；k 为果实纵径或横径理论极值，mm；a、b 为参数；t_1 为果实快速生长起始时间，d；t_2 为果实快速生长终止时间，d；v_m 为最大相对生长速率；t_m 为最大相对生长出现时间，d。

2 结果与分析

2.1 澳洲坚果果实生长模型构建

澳洲坚果果实生长可用公式(1)进行拟合，其中桂热1号纵径、横径生长拟合曲线见图1，其他品种拟合曲线与之类似，可见澳洲坚果果实生长发育呈快—慢—稳定的"S"形曲线。对其他品种果实纵横径生长拟合（表1），决定系数均超过0.85，与 F 对应的概率值 P 均小于0.001，表明拟合方程与实测数据相关性均达到极显著水平，理论极值 K 与实测值非常接近，因此，利用 Logistic 模型拟合澳洲坚果果实生长是可行的。

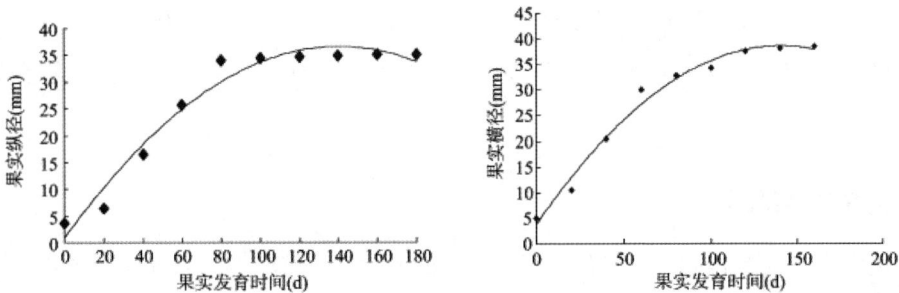

表1 桂热1号纵径、横径生长拟合曲线

表2 6个澳洲坚果品种果实生长的 Logistic 模型参数及检验指标

品种	Logistic 方程	相关系数 r	决定系数 r²	F 值	实测值 k
桂热1号	$y=35.64/[1+\exp(9.2156-0.0377x)]$	0.9331	0.8707	53.8821	35.5831
	$y=39.26/[1+\exp(9.7407-0.0354x)]$	0.9861	0.9725	282.9089	39.1899
OV	$y=33.64/[1+\exp(11.4272-0.0357x)]$	0.9156	0.8538	41.5214	33.9994
	$y=46.92/[1+\exp(7.7245-0.0344x)]$	0.9342	0.8569	54.9174	46.8777
788	$y=35.71/[1+\exp(10.4780-0.0349x)]$	0.9174	0.8517	42.5549	35.2432
	$y=44.46/[1+\exp(6.6745-0.0326x)]$	0.9491	0.9008	72.7180	43.7237
NG₁₈	$y=35.96/[1+\exp(6.6379-0.0333x)]$	0.9455	0.8941	67.5720	35.8364
	$y=41.64/[1+\exp(5.0581-0.0377x)]$	0.9657	0.9327	110.8859	41.2416
695	$y=35.96/[1+\exp(8.5514-0.0294x)]$	0.9455	0.8931	66.8655	35.5588
	$y=41.88/[1+\exp(5.7299-0.0329x)]$	0.9639	0.9291	104.9880	42.0580
842	$y=31.74/[1+\exp(10.7413-0.0410x)]$	0.9347	0.8736	55.3346	32.0850
	$y=40.64/[1+\exp(4.7242-0.0349x)]$	0.9425	0.8883	63.6472	39.5124

2.2 澳洲坚果果实生长阶段划分

根据公式（3）、（4）、（5）、（6）得出果实生长速率转折点及其他物候期参数（表

2），将澳洲坚果生长划分为生长初期（坐果，t_1）、快速生长期（t_1，t_2）、生长后期（t_2，成熟）3个阶段（表2）。从整体发育进程看，NG_{18}最早，842、桂热1号、695、788次之，OV最迟。从纵径发育看，NG_{18}最早进入速生期，仅需17.29 d，而桂热1号则需要33.97d最晚进入速生期；从横径发育看，842仅需6.75d最早进入速生期，同时发现，所有品种果实横径生长要先于纵径生长，平均早10 d，除NG_{18}和659外，其他品种果实横径速生期长于纵径速生期，桂热1号和842相差10d外，另外4个品种相差少于10d，6个品种均在7月下旬达到最大相对生长，其中纵径最大相对生长速率为桂热1号 > 842 > 788 > OV > NG18 > 695; 横径为OV > NG_{18} > 788 > 桂热1号 >695>842。

2.3 澳洲坚果果实重量的变化

果实质量特别是单粒鲜质量是果实数量性状中的重要因子，一定程度上反映和决定着果实质量[9]。6个澳洲坚果品种果实生长过程中果实鲜重变化曲线基本与纵横径变化一致，呈"S"形快—慢—稳定增长规律，果实鲜质量在快速生长后出现几天的停滞或缓慢增长，然后再次缓慢增长，最终趋于稳定，原因可能是由该时间段天气干旱，水分不能满足果实发育需求导致，由于时间较短，果实干物质积累受到的影响不大。

3 讨论与结论

澳洲坚果为雌雄同株，但花期不一致，种植时必须搭配不同品种保证授粉受精。本研究从果实生长与发育指数的关系出发，用果实纵横径与坐果时间（或定植时间）的 Logistic 方程或直线方程来模拟果实的生长发育，建立澳洲坚果果实生长模型，从结果看，不同品种的澳洲坚果果实生长进程差异较大，特别是速生期又是果实发育的关键阶段，因此结合 Logistic 生长曲线方程，通过生长时间预测澳洲坚果果实发育情况，掌握其生长发育规律和节点，对于科学合理安排果园管理、提高果实商品性及经济效益具有重要意义。

本研究构建了澳洲坚果果实纵横径生长的 Logistic 模型，拟合系数超过0.850，与实测数据相关性达到极显著水平，证明该模型预测澳洲坚果果实生长是可行的。相关研究结果表明果实纵横径与发育时间呈"S"形曲线变化规律[10-11]，澳洲坚果果实生长发育也呈典型的"S"形曲线，也与朱海军等在坚果方面研究的山核桃相近[12-13]。整个生长期分生长初期（6月前）、速生期（6月初到8月底）、生长后期（9月初到成熟）3个阶段；也有研究[14]将其分为果实膨大期、种仁充实期2个阶段，前者指授粉受精到种壳开始硬化，与本研究生长初期到速生期时间基本吻合，后者指果实灌浆、种仁充实，与本研究生长后期时间吻合。前 2 个阶段典型特征是果实持续膨大和胚缓慢发育，生长后期主要特征是总苞（青果皮）增厚、种壳开始硬化、核仁由液态转变为固态。此类模型，可为合理安排果期和栽培管理提供依据，即在果实发育高峰期到来之前是加强田间肥水管理的关键时期，既要注意促控结合，供给植株充足的营养，促进果实迅速膨大，又要注意氮、磷、钾肥配合施用，防止植株早衰和病虫害发生，保持较大的光合面积，以提高果实营养物质积累与转化，促进果实成熟，提高澳洲坚果的产量和品质。本研究采用果实横、纵径预测澳洲坚果发育进程，在澳洲坚果果实非离体的情况下对同一果实进行连续的动态测定。

在生长初期，果实生长速度较慢，为病虫防治的关键时期；速生期是果实形态生长的关键阶段，速生期结束果实也达到最终大小，该阶段土壤肥水是果实大小的决定性条件，应加强肥水管理；灌浆期为水分需求关键期，该阶段土壤水分是果仁发育完全、果实饱满的重要保障。影响果实大小的因素很多，包括树体活力、年龄、果实着生位置、负载量、果园郁闭度、土壤肥水条件等[15−16]，因此还应结合气候、环境条件综合考虑，才能更准确地掌握澳洲坚果果实形态生长及发育进程。

参考文献

[1] 杨帆，魏舒娅，胡发广，等. 干热河谷地区澳洲坚果果实发育特性及落果调查 [J]. 中国农学通报，2016，32(1):1 − 6.

[2] 曾黎明，陈显国，崔明勇，等. 不同品种澳洲坚果生长、开花与坐果性状比较 [J]. 广东农业科学，2011，38(22):36 − 38.

[3] 杨为海，王维，曾辉，等. 澳洲坚果不同种质果实数量性状的研究 [J]. 热带作物学报，2011，32(8):1434 − 1438.

[4] Haulik T K，Holtzhausen L C． Evaluation of five pecan(Carya illinoensis) cultivars for nut quality[J]． South African Journal of Plant and Soil，1988，5(1)：1 − 4.

[5] Byford R，Herrera E． Growth and development of pecan nuts[M]． Las Cruces: New Mexico State University，2005.

[6] 董润泉. 美国薄壳山核桃果实发育研究 [J]. 云南林业科技，2002(3):66 − 70.

[7] 张智优，曹宏鑫，陈兵林，等. 设施番茄果实生长及产量形成模拟模型 [J]． 江苏农业学报，2012，28(1):145 − 151.

[8] 胡文冉，范玲，田晓莉，等. Excel 在 Logistic 曲线拟合中的应用[J]. 农业网络信息，2013(3):14 − 16.

[9] 杨为海, 王维, 邹明宏, 等. 澳洲坚果果实数量性状的因子分析 [J]. 热带作物学报, 2011, 32(9):1600 – 1604.

[10] 贺超兴, 齐维强, 马丽丽, 等. 日光温室不同番茄品种生长发育动态规律的研究 [J]. 农业网络信息, 2008(9):127 – 130, 133.

[11] 薛俊华, 罗新兰, 李东, 等. 温室番茄干物质分配及果实生长发育规律的研究 [J]. 河南农业科学, 2008(10):110 – 112, 115.

[12] 朱海军, 生静雅, 刘广勤, 等. 基于 Logistic 模型的薄壳山核桃果实生长发育研究 [J]. 西南农业学报, 2015, 28(3):1231 – 1235.

[13] 张怀龙, 赵俊芳, 张兆欣, 等. 核桃果实发育动态规律研究 [J]. 北方园艺, 2012(5):38 – 39.

[14] 解红恩, 黄有军, 薛霞铭, 等. 山核桃果实生长发育规律 [J]. 浙江林学院学报, 2008, 25(4):527 – 531.

[15] 曹卫星, 罗卫红. 作物系统模拟及智能管理 [M]. 北京 : 高等教育出版社, 2003.

[16] 李慧峰, 李林光, 张琼, 等. 苹果果实生长发育数学模型研究 [J]. 江西农业学报, 2008, 20(4):40 – 42.

星油藤扦插繁育技术研究

廖春文，韦持章 *，曾志云，陈远权，覃潇敏，农玉琴

(广西南亚热带农业科学研究所，广西龙州 532415)

摘要 [目的]研究星油藤扦插繁育技术。 [方法]采用 4 因素 3 水平 $L_9(3^4)$ 正交设计，研究不同植物生长调节剂、使用浓度、浸泡时间和扦插基质对星油藤扦插生根的影响。 [结果]使用 200 mg/L IBA 浸泡插条基部 1.0 h，并且使用 1/2 河沙 +1/2 黄泥作为扦插基质时，插条的平均生根率最高，达 84.44%，插条生根数为 23.3 条，根长为 135.36 mm，根粗为 1.26 mm。分别采用单指标分析法和公式评分法对试验数据进行统计分析，得出最佳扦插方案。 [结论]在 200 mg/L NAA 中浸泡插条基部 1.5 h，并且使用 1/2 河沙 +1/2 黄泥作为扦插基质时，扦插效果最好。

关键词 星油藤；生长调节剂；基质；扦插；生根

中图分类号 S 723.1⁺32.1　　文献标识码 A　　文章编号 0517–6611(2018) 24–0065–04

Cutting Propagation of *Plukenetia volubilis Linneo*

LIAO Chunwen, WEI Chizhang, ZENG Zhiyun et al

(Guangxi South Subtropical Agricultural Science Research Institute, Longzhou,Guangxi 532415)

Abstract [Objective] To study the cutting propagation of *Plukenetia volubilis* Linneo. [Method] By means of $L_9(3^4)$ orthogonal design experiments, the effects of four factors including plant growth regulator, treatment concentration, treatment time and cutting substrate on rooting of *P.vol-ubilis* Linneo cutting were studied. [Result] The rooting rate could reach to 84.44%, the average rooting number was 23.3, the average rooting length was 135.36 mm, and the average rooting width was 1.26 mm, when soaked with 200 mg/L NAA for 1.0h and cultured on the medium with half course sand and half yellow mud. By experimental results of single-index analysis and formula scoring statistical analysis to find the best interpolation solution. [Conclusion] The cutting effect was the best when soaked with 200 mg/L NAA for 1.5h and cultured on the medium with half course sand and half yellow mud.

Key words *Plukenetia volubilis* Linneo；Growth regulator；Medium；Cutting；Rooting

星油藤 (*Plukenetia polubilis* Linneo) 为大戟科 (Euphorbiaceae) 多年生攀缘状常绿热带木质藤本作物，*Plukenetia* 属中包含 20 余种植物，主要分布于热带美洲、非洲和亚洲 [1-3]，但在我国没有分布。到目前为止，根据秘鲁官方统计星油藤经自然或人工驯化、选育形成的具有相对遗传稳定性的品种共有 40 余种 [3]。2006 年引种至中国科学院西双版纳热带植物园并获成功，我国目前仅海南、广东、广西、云南等有零星种植，尚未形成规模效益，许多优异种质资源有待开发利用。星油藤种子油对调整血脂、预防心血管疾病、保养肌肤防衰老等作用明显，且不含芥酸和其他任何毒素，可广泛用于食品、保健品、药品、化妆品等加工利用领域，在 2004、2006 和 2010 年巴黎世界食用油博览会上，星油藤油因其优良的感官品质而获得金质奖章 [1、4-6]。星油藤油作为世界上最好的天然植物油之一，具有较高的产量和优良的品质，因而具有很大的市场开发潜力。为了更好地对星油藤这一重要植物资源开发利用，自 2002 年至今，原产地秘鲁开展了 Omega 项目 [3]，相关产品在全世界主要发达国家和地区均有销售，取得了良好的经济和社会效益。随着我国国民经济稳步增长，综合国力增强，人民生活水平进一步提高，健康消费产业兴起，国内高档食用油消费需求日益增长，产品供不应求，星油藤种植业迎来了发展的契机。

目前，国内星油藤以种子育苗为主，苗木参差不齐，低产低质植株在实生植株群体种中占有很大比例，因此从群体种中选用高产植株进行无性繁殖是在我国快速推广种植星油藤的较好方法。国内对星油藤的研究主要集中在油脂的成分分析及加工领域，对星油藤无性繁殖领域的研究较少。笔者以广西南亚热带农业科学研究所选育出的星油藤枝条作为插条，研究不同植物生长调节剂、使用浓度、浸泡时间和扦插基质对扦插生根的影响，以期为星油藤的扦插繁殖提供参考。

1 材料与方法

1.1 试验地概况

试验在广西南亚热带农业科学研究所内苗圃基地进行。基地年均日照时数为 1251 h，年均气温为 22.2 ℃，1 月份最冷，年均积温为 8 191.2 ℃，年均降水量为 1273.6 mm，极少受到长时间的霜冻天气及台风影响。

1.2 材料

1.2.1 枝条

于 2016 年 8 月中下旬在广西南亚热带农业科学研究所星油藤种质资源圃里，在植株上选取绿色、叶片充分老熟的健壮分生枝，将顶芽剪去，按节茎剪成带有 1 张叶片、长度为 8 cm ~ 10 cm 的枝条，保留 1/2 ~ 3/4 叶片面积，并在芽点以上 1cm ~ 2cm 处水平裁剪成 45° 斜面，插条末端均削成 45° 斜面即得插穗。

1.2.2 插床

用红砖砌成 0.5 m × 1.5 m × 16.0 m 的池子，下部设有排水孔，床底层铺 20cm 厚的鹅卵石，上层铺 15cm 混匀的扦插基质。

1.3 方法

1.3.1 试验设计

采用正交设计，以生根率为试验指标，按正交表 L9(3⁴) 设计不同的试验组合，设计 4 个因素，每个因素 3 个水平，共 9 个处理，不考虑各因素之间的交互作用，9 个处理随机排列，试验因素及水平见表 1，正交试验设计见表 2，每组试验 30 个插穗，设 3 次重复。

表 1　正交试验因素及水平

Table 1　Orthogonal test factors and levels

水平 Level	因素 Factor			
	生长调节剂种类 (A) Type of growth regulator	使用浓度 (B) Concentration mg	浸泡时间（C） Soaking time // h	扦插基质（D） Cutting medium
1	IBA	100	0.5	黄泥
2	NAA	200	1.0	1/2 黄泥 +1/2 河沙
3	ABT 生根粉	300	1.5	2/3 黄泥 +1/3 河沙

表 2　L₉(3⁴) 正交试验设计

Table 2　Orthogonal test design of L₉(3⁴)

编号 No.	生长调节剂种类 (A) Type of growth regulator	使用浓度 (B) Concentration mg /L	浸泡时间 (C) Soaking time // h	扦插基质 (D) Cutting medium	处理组合 Treatment
1	1(IBA)	1(100)	1(0.5)	1（黄泥）	$A_1B_1C_1D_1$
2	1(IBA)	2(200)	2(1.0)	2(2/3 黄泥 +1/3 河沙)	$A_1B_2C_2D_2$
3	1(IBA)	3(300)	3(1.5)	3(1/2 黄泥 +1/2 河沙)	$A_1B_3C_3D_3$
4	2(NAA)	1(100)	2(1.0)	3(1/2 黄泥 +1/2 河沙)	$A_2B_1C_2D_3$
5	2(NAA)	2(200)	3(1.5)	1（黄泥）	$A_2B_2C_3D_1$
6	2(NAA)	3(300)	1(0.5)	2(2/3 黄泥 +1/3 河沙)	$A_2B_3C_1D_2$
7	3(ABT 生根粉)	1(100)	3(1.5)	2(2/3 黄泥 +1/3 河沙)	$A_3B_1C_3D_2$
8	3(ABT 生根粉)	2(200)	1(0.5)	3(1/2 黄泥 +1/2 河沙)	$A_3B_2C_1D_3$
9	3(ABT 生根粉)	3(300)	2(1.0)	1（黄泥）	$A_3B_3C_2D_1$

1.3.2 扦插方法

扦插床平整后，按 10 cm × 10 cm 间距在扦插床上用木棍打孔，插入插条，扦插深度以到插穗 1/2 处为度，每个处理都将插穗插成 1 行，扦插后淋足水分，使插穗与基质紧密接触。

1.4 扦插后管理

星油藤扦插后，淋水和防病是主要管理工作，扦插床内要求保持较高空气湿度，水分适宜，以手紧握基质不滴水为宜。扦插后喷洒 600 倍多菌灵，连喷 3 次。

1.5 生根调查与统计分析

分别于扦插后 10 d、20 d、30 d、40 d、50 d 从每处理中随机抽取 10 株调查皮部萌动、生根和死亡的插穗数。于扦插后 90 d，从各处理中随机抽取 20 株插穗进行调查统计，测定指标包括生根率、生根数、根长及根粗，采用 DPS 7.0 统计软件对数据进行分析。

2 结果与分析

采用正交设计进行星油藤扦插试验，扦插后 10 d 插穗皮部开始膨胀开裂，产生白色凸起；扦插后 20 d ~ 30 d 为皮部萌动高峰期，有部分插穗开始生根；扦插后 40 d ~ 50 d 各处理生根达到高峰期。星油藤插穗生根后期，生根插穗均表现为只有 1 条主根，且主根的生长逐渐占据上风，明显优于同插穗上的其他根条。调查数据时，以主根的根粗及根长代表该插穗的平均根粗及根长。

2.1 不同处理组合对生根的影响

由表 3 可知，不同处理组合对生根率影响较大，2 号处理生根率最高，平均高达 84.44%；6 号处理次之，为 82.27%；9 号处理最低，仅为 8.89%。方差分析结果表明，2 号处理生根率与 3 号、6 号处理间无显著差异，但与其他处理间存在极显著差异。对比根系数量，2 号处理和 7 号处理根系数量较多，与 1 号处理存在显著差异，与其他处理差异不显著。根长以 6 号处理最长，可达 192.31 mm，7 号处理次之，6 号与 7 号处理、2 号处理差异不显著，与其他处理存在极显著差异。根粗以 6 号处理最粗，与 7 号处理存在极显著差异，与其他处理差异不显著。

表 3　不同处理组合扦插试验结果

Table 3　Cutting test results of different treatments

编号 No.	处理组合 Treatment	生根率 Rooting rate // %	根系数量 Root number // 条	根长 Root length // mm	根粗 Root width // mm
1	$A_1B_1C_1D_1$	14.44 eD	13.6 bA	114.43 cdCDE	1.43 aAB
2	$A_1B_2C_2D_2$	84.44 aA	23.3 aA	135.36 abABC	1.26 abAB

编号 No.	处理组合 Treatment	生根率 Rooting rate // %	根系数量 Root number // 条	根长 Root length // mm	根粗 Root width // mm
3	$A_1B_3C_3D_3$	71.11 bcAB	15.2 abA	127.15 bcBCD	1.69 aaAB
4	$A_2B_1C_2D_3$	53.33 dC	17.1 abA	110.01 deDEF	1.48 aaAB
5	$A_2B_2C_3D_1$	48.89 eD	19.7 abA	93.06 fF	1.71 aaAB
6	$A_2B_3C_1D_2$	82.27 abA	20.8 aA	192.31 aA	2.32 aA
7	$A_3B_1C_3D_2$	67.78 cdBC	24.7 aA	162.99 aAB	1.09 bB
8	$A_3B_2C_1D_3$	56.67 dC	22.2 aA	120.08 bcdCDE	1.19 abAB
9	$A_3B_3C_2D_1$	8.89 eD	14.2 abA	100.78 efEF	1.95 aA

注：同列数据后小写字母不同表示差异显著 ($P < 0.05$)，同列数据后大写字母不同表示差异极显著 ($P < 0.01$)

Note: Different small letters within the same column mean significant differences (P < 0.05), different capital letters within the same column show extremely significant differences (P < 0.01)

采用单指标分析方法对生根率进行极差分析可知 (表 4)，4 个因素中，影响生根率大小关系依次为 D、B、A、C，即扦插基质对生根率影响最大，其次是生长调节剂使用浓度，浸泡时间对生根率影响最小。生根率是检验扦插成功与否的重要标志，以生根率作为试验结果进行正交优化，在最优组合的确定上，优先考虑扦插基质对生根率的影响，通过极差分析可知，扦插基质 3 个水平对生根率影响大小关系依次为水平 2、水平 3、水平 1，最后确定 $A_2B_2C_3D_2$ 为最优处理组合，即以 1/2 黄泥 +1/2 河沙为基质，200mg/L NAA 中浸泡 1.5 h，星油藤扦插枝条理论生根效果最好。

表 4　星油藤扦插生根率极差分析

Table 4 Range analysis of rooting rate of *Plukenetia volubilis* Linneo

水平 Level	生长调节剂种类 (A) Type of growth regulator	使用浓度 (B) Concentration mg	浸泡时间 (C) Soaking time // h	扦插基质（D） Cutting medium
1	56.66	45.18	51.13	24.07
2	61.50	63.33	48.89	78.16
3	44.45	54.09	62.59	60.37
极差 Range	17.05	18.15	13.71	54.09

2.2 公式评分法统计分析

以生根率评判星油藤扦插结果，得出最优理论组合 ($A_2B_2C_3D_2$)。但在试验过程中扦插枝条的生根数、根长、根粗等辅助指标也会影响星油藤最优扦插方案。为了得到最优的星油藤扦插方案，根据苑玉凤[8]的多指标正交试验分析方法，参照闫林等[9]的排队评分法与公式评分法对生根率、生根数、根长及根粗进行打分，确定最优扦插方案。

2.2.1 排队评分

根据不同处理扦插结果，将各指标最高值定为 10 分，指标最低值定为 1 分，其他指标值的分值确定则通过该指标值与该指标最高值的比较按比例计算得出 (表 5)。

2.2.2 公式评分

根据各项指标的重要性，设定指标权重值。参照闫林等[9]的研究方法，将生根率指标权重值设定为 3，根系数量指标权重值设定为 2，根长及根粗 2 项指标权重值设定为 1，则公式评分的计算方法为评分 =3× 生根率 +2× 平均根数 +1× 平均根长 +1× 平均根粗。各组合综合评分见表 5。

表5 公式评分法结果

Table 5 Results of formula scoring method

编号 No.	指标排队评分 Index queuing score				综合评分 Colligation score
	生根率 Rooting rate	根系数量 Root number	根长 Root length	根粗 Root width	
1	5.13	2.00	5.95	6.16	19.24
2	30.00	18.89	7.04	5.43	61.34
3	25.26	12.30	6.61	7.28	51.45
4	18.96	13.84	5.72	6.38	44.90
5	17.37	15.96	1.00	7.37	41.70
6	29.22	16.84	10.00	10.00	66.06
7	24.09	20.00	8.48	1.00	53.57
8	20.13	17.98	6.24	5.13	49.48
9	3.00	11.50	5.24	8.41	28.15

经过排队评分和公式评分后，6 号处理综合评分最高，为 66.06，2 号处理次之。对每个处理进行极差分析 (表 6)，各因素影响大小依次为 D、B、A、C，公式评分法得出的最佳扦插组合方案为 $A_2B_2C_3D_2$，即以 1/2 黄泥 +1/2 河沙为基质，200mg/L NAA 中浸泡 1.5h，星油藤扦插枝条扦插效果最好。

表 6 公式评分极差分析

Table 6 Formula scoring range analysis

参数 Parameter	生长调节剂种类 (A) Type of growth regulator	使用浓度 (B) Concentration	浸泡时间（C） Soaking time	扦插基质（D） Cutting medium
K_{j1}	170.50	117.71	134.78	89.09
K_{j2}	199.18	152.52	134.39	180.97
K_{j3}	131.20	145.66	146.72	145.83
K_{j1}	56.83	39.24	44.93	29.70
K_{j2}	66.40	50.84	44.80	60.32
K_{j3}	43.73	48.55	48.91	48.61
R_j	12.67	11.60	4.11	30.62

注：K_{j1}、K_{j2}、K_{j3} 分别为因素 1 水平、2 水平、3 水平的数据之和，K_{j1}、K_{j2}、K_{j3} 分别为因素 1 水平、2 水平、3 水平的数据平均值，R_j 为极差

Note：K_{j1}、K_{j2} and K_{j3} are the sum of factor 1level，2level and 3level respectively.
K_{j1}、K_{j2} and K_{j3} are the average of factor 1level，2level and 3level respectively. R_j is range

3 讨论与结论

（1）该研究将植物生长调节剂种类、使用浓度、浸泡时间及扦插基质这 4 个反映扦插效果的因素通过正交设计和统计分析得出最佳组合方案，极大地减少了工作量。该试验设计的 4 个因素均对星油藤扦插生根具有显著影响，其中扦插基质对星油藤扦插效果影响最大，使用浓度次之，浸泡时间对星油藤扦插效果影响最小。扦插基质的 3 水平效果之间差异极显著，其中以水平 2，即 1/2 黄泥 +1/2 河沙作为星油藤扦插基质效果最好，水平 1 即黄泥的效果最差。在预试验中，单纯的黄泥或河沙作为基质对扦插生根率促进效果均显著低于两者混用效果。研究表明，黄泥质地紧实、透气性差、黏性大、保水能力强，以黄泥作为扦插基质，不利于根系生长，且由于苗床湿度过大，导致插穗遭受病菌浸染，出现大量死亡现象。星油藤忌涝，即使有少部分插穗前期能生根，但随着时间的推移，生根的插穗出现烂根死亡现象。综合各种因素，黄泥不适宜作为星油藤扦插基质。而河沙虽然透气性强，但保水性差，苗床极易出现干燥现象，也不适宜用作扦插基质。扦插时，1/2 黄泥 +1/2 河沙作为基质，最适于插穗生根。生长调节剂种类中，IBA、NAA 两者之间对扦插效果差异性不显著，但两者与 ABT 生根粉之间差异极显著。随着浸泡时间的增加，生根率也随之增加，当浸泡时间为 1.5 h 时，生根率最高，因此星油藤插穗以浸泡 1.5 h 为宜。当生长调节剂使用浓度为 200 mg /L 时，扦插生根率效果最好。

（2）该试验以单指标（生根率）分析法进行直观分析，确定 $A_2B_2C_3D_2$ 组合为最优扦插方案。为综合优化出最佳的星油藤扦插方案，还收集生根数、根长、根粗等指标作为研究扦插效果依据，采用排队评分和公式评分法对 4 个指标进行分析，最后得出的优化方案为 $A_2B_2C_3D_2$。根据最终优化方案设计验证试验，结果表明 $A_2B_2C_3D_2$ 组合生根率及生根效果均显著优于其他组合方案。在多指标正交试验设计的优化分析过程中，很难确定各个指标权重，通常根据经验，利用试验结果将多指标试验问题转化为单指标试验问题，然后用单指标分析方法对方案进行综合优选。该试验中评价生根效果的指标有生根率、生根数、根长、根粗这 4 个指标，其中生根率是影响生根效果的最主要因素。在正交试验中，笔者根据经验将影响生根效果的 4 个指标转化为 1 个指标，即只考察生根率，然后用生根率作为试验结果对方案进行优化分析，得出 $A_2B_2C_3D_2$ 组合为最佳扦插方案。此法虽然方便简洁，但忽略了其他 3 个指标的差异和重要性，分析结果难免会有失偏颇。为有效解决该问题，笔者根据指标重要程度，通过权重赋值，采用排队打分法和公式评分法对试验结果进行统计分析，最后得出最佳扦插组合为 $A_2B_2C_3D_2$。2 种分析方法得出的优化方案均为同一个方案，即在桂西南地区的夏季，以 1/2 黄泥 + 1/2 河沙为基质，200mg/L NAA 中浸泡 1.5 h，星油藤扦插枝条扦插效果最好。

该试验主要基于为星油藤扦插繁育提供技术借鉴的目的而设计开展的，通过正交试验及数据统计分析，得出星油藤最佳扦插方案，为后期星油藤的良种选育及快速繁育提供参考。

参考文献

[1] BUSSMANN R W，TELLEZ C，GLENN A. Plukenetia huayllabambana sp. nov. (Euphorbiaceae) from the upper Amazon of Peru[J]. Nordic journal of botany，2009，27(4)：313 – 315.

[2] VON LINNAEUS C. Plukenetia volubilis L.[J]. Species plantarum，1753，2：1192.

[3] 蔡志全. 特种木本油料作物星油藤的研究进展 [J]. 中国油脂，2011，36(10)：1-6.

[4] SEMINO C A，ROJAS F C，ZAPA E S. Protocols del cultivo de Sacha Inchi(Plukenetia volubilis L.) [M]. Peru：La Merced，2008：1 – 87.

[5] FUKUSHIMA M，TAKEYAMA E，SHIGA S，et al. Dietary intake of green nut oil decreases levels of oxidative stress biomarkers[J]. Journal of lipid nutrition，2010，19：111-119.

[6]　RIOS L，DELTORT S，BERTHON J Y，et al.　Lipactive inca inchi–the richestoil in essential fatty acids with multifunctional applications for cosmetics[M]. [s.l.] Cosmetic Science Technology，2007.

[7]　蔡志全，杨清，唐寿贤，等.木本油料作物星油藤种子营养价值的评价 [J]. 营养报，2011, 33(02)：193–195.

[8]　苑玉凤.多指标正交试验分析 [J]. 湖北汽车工业学院学报，2005(04)：53–56.

[9]　闫林，黄丽芳，陈鹏，等.不同处理对中粒种咖啡扦插生根的影响 [J]. 热带作物学报，2012, 33(12)：2193–2198.

木薯人工杂交授粉技术研究

梁振华，李恒锐，杨海霞，黎萍，刘连军，何文，韦巧云

（广西南亚热带农业科学研究所，广西龙州 532415）

Study on Artificial Hybrid Pollination Technology of Cassava

LIANG Zhenhua, LI Hengrui, YANG Haixia, LI Ping,LIU Lianjun, HE Wen,WEI Qiaoyun

摘要：以华南 205 为父本、华南 5 号为母本，通过人工破蕾方式、选择不同授粉时间段，测定结实率，并与常规人工授粉、自然授粉进行比较。结果表明，采用人工破蕾技术，在木薯开花前 0.5 ~ 1h 进行破蕾授粉，木薯结实率可达 88.3%，畸形果率为 6.6%，与其他处理呈显著差异；在不同授粉方式中，采用破蕾授粉结实率和畸形果率与常规人工杂交授粉和自然授粉呈显著差异，说明人工破蕾可显著提高木薯授粉结实率还可以降低畸形果率。

关键词：木薯；人工破蕾；结实率；授粉

DOI 编码：10.16590/j.cnki.1001–4705.2019.05.143

中图分类号：S533 文献标志码：A

文章编号：1001–4705(2019)05–0143–02

木薯（*Manihot esculenta Crantz*）为大戟科木薯属多年生热带作物，别名木番薯、树番薯、树薯，有地下粮仓的美称，与马铃薯和甘薯并称世界三大薯类作物。木薯块根富含淀粉，含量高达 30%，有淀粉之王的美誉。近年来，由于品种比较单一，有些品种慢慢退化。开展木薯杂交育种，为市场提供适宜的新品种，成为目前广西木薯产业发展的重要课题。木薯新品种选育的主要途径是通过杂交育种。木薯为异花授粉作物，雌雄花同序，由于雌花开花时间基本一致，常规人工授粉时间难以把握，导致结实率低和畸形果发生率高。因此通过人为干预简化杂交程序，可在木薯雌花短暂开花的有效期内进行大量杂交，获得较大杂种群体，减少工作量，提高育种效果。本试验采取人工破蕾技术，选择当天开放的雌花，在不同时间对雌花进行人工破蕾，利用木薯雌花将近成熟时分泌黏液的生理特点进行人工授粉，避开外界因素，提高木薯育种效率。

1 材料与方法

1.1 供试材料

父本为华南 205；母本为华南 5 号。雄花在破蕾前进行收集，选择即将开放或刚开放未被污染的雄花，并放置于吸有硅胶的干燥器中保存。

1.2 试验方法

1.2.1 人工破蕾授粉

华南 5 号雌花开花时间为 13:00 时 ±10min，选择雌花即将开放前（花蕾体积变大，颜色变淡时，呈现微黄色），采用 0.5h、1h、1.5h、2h 共 4 个时间段处理进行破蕾，用拇指与食指对花蕾轻轻捏一下，使花蕾裂开，柱头露出；将预先备好的雄花花粉或新开雄花花蕊对准雌花柱头来回轻轻地扫，使其授粉，每 10 株为一个处理，每处理授粉 60 朵花，每处理 3 个重复。授粉后套上牛皮纸信封，用回形针固定，以避免风和昆虫等传粉，2d 后去袋。授粉后第 7 天和第 14 天分别调查子房膨大数，统计结实率；在授粉结果后 2 个月随机抽查处理中 30 个果实调查畸形果数（下同）。

1.2.2 自然开花后采用人工杂交授粉

当木薯雌花自然开放后，将备好的雄花花粉或新开雄花花蕊对准雌花柱头来回轻轻地扫，使其授粉，每 10 株为一个处理，每处理授粉 60 朵花，每处理 3 个重复。授粉后套上牛皮纸信封，用回形针固定，以避免风和昆虫等传粉，2d 后去袋。授粉后第 7 天和第 14 天调查子房膨大数，统计结实率。

1.2.3 自然授粉

当雌花开花后固定观察雌花，利用风、虫传粉对雌花进行自然授粉。选择 10 株为一个处理，3 个重复，在雌花授粉后选择 60 朵进行套袋，2d 后去袋。在授粉后第 7 天和第 14 天调查子房膨大数，统计结实率。

2 结果与分析

2.1 不同破蕾时间处理对木薯授粉效果的影响

从表 1 可以看出，在不同破蕾时间中，开花前 1h 进行授粉其结实率最高，达 88.3%；其次是开花前 0.5h，结实率达 86.7%；之后是开花前 1.5h，结实率为 76.7%，结实率随着开花时间提前而下降，开花前 2h 破蕾授粉结实率最低，仅为 66.7%，在畸形果数调查中发现，开花前 0h ~ 0.5h 和 0.5h ~ 1h 处理畸形果率 3.3%，与其他 2 个处理的畸形果率差异显著。结果表明，木薯人工破蕾应选在木薯雌花开花前 0.5h ~ 1h 进行效果最佳。

2.2 不同授粉方式对木薯结实率的影响

从表 2 可以看出，不同授粉方式对木薯结实率影响不同，3 种授粉方式中以破蕾授粉结实率最高（达到 88.3%），比常规人工授粉（76.7%）和自然授粉（56.7%）高出 11.6% 和 30.0%，差异显著；畸形果数以破蕾授粉最少，与常规人工授粉、自然授粉畸形果数呈显著差异。说明破蕾授粉不但可以提高木薯结实率，同时可大大降低畸形果率。

3 结论与讨论

通过人工破蕾对木薯进行人工授粉，可大大提高其结实率。本研究认为，进行人破蕾工授粉的适宜时间为开花前 0.5h ~ 1h，其结实率可达 88.3%，畸形果率为 6.6%。过早破蕾其结实率会降低，且畸形果率增加，其原因可能是雌花未达到一定成熟度，柱头上的黏液分泌少，不能有效地与花粉结合。通过不同授粉方式比较：常规人工授粉结实率只有 76.7%，畸形果率为 13.3%，可能是由于雌花开放时间较统一，开放后未能及时授粉，雌花分泌的黏液蒸发影响；而自然授粉结实率只有 58.3%，原因可能是昆虫等媒介授粉时，易蘸取到另一花朵上的花粉，导致自花授粉不结实。综上所述，选择木薯人工破蕾方式应在开花前 0.5h ~ 1h 进行破蕾授粉，可提高木薯果实结实率，并且可降低畸形果率。

制约广西区域内开展木薯杂交育种的主要因素大致包括：木薯开花有着严格的环境气候条件要求，也因品种而异，有些品种易开花，有些品种不易开花，制约优良亲本筛选；木薯花期变异大，性状变异方向难以把握，造成花期不遇，杂交组合配对较被动，按照目标组合进行配对授粉困难；木薯花药释放时间极短，在雄花开放后 2h 释放，1h 内释放完毕，人工授粉难度大；木薯杂交种子具有休眠性，收获后即时播种，发芽率极低；在幼果增大期及果实发育后期，不利的气候和生理因素会促使果实大量干枯脱落，影响果实及胚胎的发育。针对上述问题，如何提高木薯的育种效率，解决当前木薯杂交育种中存在的技术瓶颈，是木薯育种研究中亟待解决的共性关键问题之一。木薯破蕾杂交授粉关键技术的突破，可为今后我国木薯杂交育种提供更多的杂交种源。

参考文献

[1] 韦本辉，甘秀芹，陆柳英，等. 广西木薯诱导开花结实及发芽试验研究初报 [J]. 广西农业科学，2009，40(8)：982–986.

[2] 李茂植， 刘连军， 施丁寿． 木薯品种间杂交研究初报 [J]． 农业研究与应用，2011（2）：15–17.

[3] 叶剑秋． 木薯种质资源遗传多样性评价与创新利用 [D]． 海南大学，2014.

[4] 赵超，黄洁． 木薯栽培与育种 [M]． 北京：中国农业出版社，2010.

[5] 杨海霞，农秋连，黎萍，等． 木薯实生种子培育初探 [J]． 种子，2018，37(01)：133–134.

[6] 林雄， 李开绵， 黄洁， 等． 木薯新品种华南 5 号选育报告 [J]． 热带农业学，2001（5）：15–20.

[7] 李开绵，林雄，黄洁． 国内外木薯科研发展概况 [J]． 热带农业科学，2001(1)：57–60.

[8] 黄洁． 木薯丰产栽培技术 [M]． 海南：海南出版社，三环出版社，2009.

[9] 孙道旺，赵琴，杨奕，等． 不同授粉时期对花魔芋杂交结实率的影响 [J]． 西南农业学报，2016，29（10）：2436 – 2441.

[10] 李军，黄强，盘欢，等． 木薯种质资源的收集、引进和利研究 [J]． 中国种业，2009（9）：10 – 11.

第三篇　品种与种质

木薯与红籽瓜间套种模式研究及效益分析

陈海生，何文，杨海霞，梁振华，张秀芬，郭素云，刘连军，黎萍，卢美瑛，
李恒锐

（农业部龙州热带作物科学观测综合实验站·广西南亚热带农业科学研究所
广西龙州 532415）

摘要： 为探究最优的木薯与红籽瓜间套种模式及其经济效益，试验设 5 个处理，即 3 个不同间套种处理及 2 个纯种处理，并综合分析了土壤理化性状、主要农艺性状、产量品质及经济效益。结果表明，间套种模式的土壤养分含量和土壤酶活性要优于单作；以 T2 处理（2 行红籽瓜之间种植 3 行木薯）综合表现最优，木薯单株薯质量达（5.21±0.05）kg，块根淀粉含量达（31.98±0.45）%，红籽瓜种仁蛋白质含量达（37.42±0.31）g·kg^{-1}；经济效益总利润达 57 711.8 元·hm^{-2}。在间套种模式下，以 T2 处理间套种模式最合理，经济效益最高。

关键词： 红籽瓜；木薯；间套种；经济效益

DOI:10.16861/j.cnki.zggc.2019.0145

Study on the Models of Cassava Intercropped Red- seed Edible Seed Watermelon and the Economic Benefits Analysis

CHEN Haisheng，HE Wen，YANG Haixia，LIANG Zhenhua，ZHANG Xiufen，GUO Suyun，LIULianjun，LI Ping，LU Meiying，LI Hengrui

（*Longzhou Tropical Crop Science Observation Comprehensive Experimental Station of the Ministry of Agriculture,Guangxi South Subtropical Agricultural Science Research Institute , Longzhou 532415, Guangxi, China*）

Abstract: In order to explore the optimal intercropping model and economic benefits between cassava and red seed melon, five different treatments were carried out, including three different intercropping treatments and 2 control groups, the soil physicochemical characters, main agronomic traits, yield quality and economic benefits were analyzed. The results showed that the soil nutrient content and enzyme activity of the intercropping model were better than those of the monoculture. The T2 treatment of "2 rows red seed melon planted with 3 rows cassava" exhibited the best comprehensive characters. The single plant weight of cassava was up to 5.21 kg, the starch content of roots was 31.98%, and the protein content of seeds in red seed watermelon fruit reached to 37.42 g · kg^{-1}. Furthermore, the economic benefit reached to 46 292.8 yuan·hm^{-2}. In the intercropping mode, T2 test was the best mode and showed the highest economic benefit.

Key words: Red- seed edible seed watermelon；Cassava；Intercrop；Economic benefit

作物间套种可以通过改变土壤湿度、土壤养分状况、物理性状等因子，进而导致土壤化学性质、微生物和酶活性等的变化，改善根际微生态和提高土壤质量，促进作物生长发育[1-3]。红籽瓜是广西传统名牌土特产，有较强的地域性和产品特色优势，经济效益较高，平均 667 m^2 产值 3 000 元，且是一种优质的植物蛋白资源及植物油资源[4]，在西南地区广泛种植。随着我国能源需求快速的增长和《关于扩大生物燃料乙醇生产和推广使用车用乙醇汽油的实施方案》的颁布，利用木薯根块淀粉生产酒精成为我国生物质能源产业发展的重要途径。广西是木薯种植和生产第一大省份，种植面积和产量均占全国 60% 左右。但近年来，由于木薯种植经济效益低，农户农业经济输入减少，降低了木薯种植的积极性，导致木薯种植面积逐年减少[5]。因此，研究木薯与红籽瓜间套种模式及效益分析，对当前广西木薯产业的发展具有重要意义。近年来，木薯间套种模式得到了国内研究者的广泛关注，例如木薯与花生、西瓜、大豆、穿心莲、黄花菜、甘薯等套种模式，大多数研究者均认为木薯间作套种高效栽培模式，不仅提高土地利用率，增加复种指数，而且能有效增加木薯种植的经济效益，提高农民收入，有利于木薯产业的可持续发展。其中，李春光等通过对西瓜和木薯间套种栽培模式的研究，得出此模式净收入为纯种木薯的 3.1 倍；廖浩培等调查发现，香瓜、毛节瓜套种木薯的净收入分别是纯种木薯的 4.7 倍和 4.9 倍。目前木薯与红籽瓜间套种模式研究较少，特别是间套种后对土壤理化性状方面的研究更少，大多集中在其经济效益研究方面，因此开展木薯与红籽瓜间套种模式研究及效益分析具有重大意义。通过对木薯与红籽瓜间套种模式的土壤理化性状、主要农艺性状及品质进行测定，并结合相应的经济效益开展综合评价，探究最优的木薯与红籽瓜间套种模式，为广西木薯产业的发展提供技术支撑。

1 材料与方法

1.1 材料

木薯品种为"桂垦09-11"，由广西南亚热带农业科学研究所选育并提供；红籽瓜为当地品种，购于龙州县农资交易市场。

1.2 方法

试验于2016年在广西南亚所东北三区试验基地进行，前茬作物为甘薯。试验设5个处理，即T1处理：2行红籽瓜间种4行木薯（红籽瓜行株距5 m×0.6 m，1 hm²种植约3 335株；木薯行株距1 m×0.8 m，1 hm²种植约10 005株）；T2处理：2行红籽瓜间种3行木薯（红籽瓜行株距4 m×0.6 m，1 hm²种植密度约4 169株；木薯行株距1 m×0.8 m，1 hm²种植约9 380株）；T3处理：2行红籽瓜间种2行木薯（红籽瓜行株距3 m×0.6 m，1 hm²种植约5 558株；木薯行株距1 m×0.8 m，1 hm²种植约8 337株）；CK1处理：纯种5行木薯（木薯行株距1 m×0.8 m，1 hm²种植约12 510株）、CK2处理：纯种5行红籽瓜（红籽瓜行株距1.5m×0.6m，1 hm²种植约11 115株）。设3次重复，随机区组设计，每小区面积60 m²。各处理红籽瓜均种于畦面，木薯种于畦沟。基肥1 hm²施腐熟有机肥25 t、硫酸钾复合肥450 kg；木薯于2月15日播种，将成熟种茎切成15 cm长的茎段，在垄沟内采用平放方式播种；红籽瓜于3月5日播种，播种前对种子进行催芽处理，采用地膜种植，在盖膜后打洞穴播，播后盖种并堵严膜孔，每穴3粒种子，深度3 cm；4月15日进行中耕除草；8月15日进行追肥，1 hm²用复合肥（15-15-15）300 kg、硫酸钾450 kg；红籽瓜采收期为6月28日；木薯收获期为12月18日。

1.3 测定项目与方法

1.3.1 土壤理化性状及酶活性测定

在收获期采用传统挖掘法，S形多点采集0 cm~20 cm土壤混合，每个小区作为一个土壤样品。碱解氮采用碱式扩散法测定，速效磷采用钼锑抗比色法测定，速效钾采用火焰光度计法测定，有机质采用重铬酸钾容量法（外加热法）测定。过氧化氢酶活性采用高锰酸钾滴定法测定（以$0.1 \text{ mol} \cdot \text{L}^{-1}$ KMnO$_4$计），脲酶活性采用苯酚钠比色法测定，蔗糖酶活性采用二硝基水杨酸比色法测定，磷酸酶活性采用磷酸苯二钠比色法测定。

1.3.2 主要农艺性状及品质测定

在红籽瓜收获期每小区随机取10株测定主要农艺性状，包括单株坐果数、单瓜质量、单瓜籽粒数、单瓜种子质量、种仁质量、千粒重等指标，红籽瓜种仁蛋白含量采用半微量凯氏法测定，脂肪含量采用索氏提取法测定；在木薯收获期每小区随机取 10 株测定主要农艺性状，包括株高、茎粗、单株结薯数、单株薯长、单株薯粗以及单株薯质量等指标，木薯块根淀粉含量采用氯化钙 – 旋光法测定，干物质含量采用烘干法测定。

1.4 数据处理

采用 Microsoft Office Excel 2007 软件对原始数据进行整理计算，采用 DPS 7.05 软件对数据统计分析，数据均为均值 ± 标准差。

2 结果与分析

2.1 不同间套种模式对土壤理化性状的影响

间套种处理（即 T1、T2、T3）各项土壤养分指标均优于单作处理（CK1、CK2）；以 T2 处理最优，各项指标均显著高于其他处理。间套种处理各项指标均优于单作处理，其中过氧化氢酶、脲酶、磷酸酶活性以 T2 处理最高，分别为（11.66 ± 0.41）mg · g^{-1} · d^{-1}、（0.34 ± 0.01）mg · g^{-1} · d^{-1}、（26.65 ± 0.21）mg · g^{-1} · d^{-1}；蔗糖酶活性以 T1 处理最高，为（3.67 ± 0.02）mg · g^{-1} · d^{-1}，显著高于其他处理。由此说明，在间套种模式下，土壤养分含量要优于单作，土壤酶活性也优于单作。

2.2 不同间套种模式对木薯与红籽瓜农艺性状及品质的影响

木薯主要农艺性状以 T2 处理综合表现最优，茎粗、块根直径、块根长度、单株薯质量指标显著高于其他处理。T2 处理的单株薯质量（5.21 ± 0.05）g 较 CK1 处理单株薯质量（4.52 ± 0.14）g，增幅 15.27%。以 T3 处理综合表现最差，除茎粗、块根直径外其他指标均低于 T1、T2、CK1 处理。不同处理的红籽瓜主要农艺性状存在一定差异，其中 T2 处理的各项指标均高于其他处理，且差异显著。对主要性状指标单瓜种子质量、出仁率、产籽率进行比较，单瓜种子质量、出仁率（T2>T1<CK2>T3）、产籽率（T2>TI=CK2>T3）。对 5 个不同处理进行品质测定。从表 5 可知，T2 处理的木薯块根干物质与淀粉含量，红籽瓜种仁蛋白与脂肪含量最高。其中，T2 处理的木薯块根干物质含量（36.48 ± 0.82）% 较 CK1（单作）干物质含量（35.36 ± 0.24）% 提高 1.12 个百分点，淀粉含量（31.98 ± 0.45）% 较 CK1（单作）淀粉含量（30.57 ± 0.83）% 提高 1.41 个百分点，淀粉含量数值越高意味着块根的品质和经济效益越高。T2 处理的红籽瓜种仁蛋白质含量（37.42 ± 0.31）% 较 CK2（单作）蛋白质含量（37.22 ± 0.35）% 提高 0.2 个百分点，脂肪含量（47.53 ± 0.72）% 较 CK2（单作）脂肪含量（46.65 ± 0.21）% 提高 0.88 个百分点。

2.3 不同间套种模式经济效益分析

以 T2 处理的经济效益最高，间套种模式最合理。其中 T2 处理的木薯利润达 23 564.8 元·hm^{-2}，红籽瓜利润达 34 147 元·hm^{-2}，总利润达 57 711.8 元·hm^{-2}，较 T1 处理的木薯利润、红籽瓜利润及总利润均增收较多；较 T3 处理的木薯利润、红籽瓜利润及总利润均增收更多；较 CK1 处理（纯作木薯）、较 CK2 处理（纯作红籽瓜）的利润更是大幅度提高。

2.4 各示范辐射区产量及经济效益分析

通过关键技术集成，在崇左市龙州县开展了木薯与红籽瓜间套种模式试验示范。示范基地和辐射区产量与经济效益经过分析，示范基地平均 1 hm^2 总经济效益可达 73 334.5 元；辐射种植区平均 1 hm^2 总经济效益可达 57 261.8 元。2016—2017 年，间套种模式获得效益的变化主要来源于木薯和红籽瓜的价格波动，2017 年比 2016 年红籽瓜 1 kg 价格下降 2 元，木薯 1 kg 价格下降 0.06 元，使间套种 1 hm^2 总经济效益下降 2 600 元 ~5 600 元。木薯效益和红籽瓜效益比例也出现明显差别，示范区红籽瓜效益占总效益的比重从 53.46% 升高至 55.07%，辐射区红籽瓜效益占总效益的比重从 56.54% 升高至 58.75%。这说明木薯间种红籽瓜可以适当降低纯种木薯的价格风险。

3 讨论与结论

不同处理间土壤养分含量和土壤酶活性均存在一定差异，合理的间套种模式不仅可以提高土壤养分，还有助于增加土壤酶活性。土壤酶活性受土壤温度、水分、微生物、有机质等多种因素影响，前人对间作模式下土壤酶活性变化的情况报道不一。本研究结果发现，木薯间套种红籽瓜有利于土壤脲酶、蔗糖酶、磷酸酶和过氧化氢酶活性的提高；匡石滋等研究表明，香蕉间作（香蕉／大豆，香蕉／花生，香蕉／生姜）可提高土壤脲酶、碱性磷酸酶、蔗糖酶活性，而过氧化氢酶活性低于单作香蕉；唐秀梅等研究表明，木薯与花生套种可增加过氧化氢酶活性、降低脲酶活性；韦家少等研究表明，土壤肥力和土壤酶活性均以间作胶园高于纯作胶园；而这些研究说明间作模式下土壤酶活性变化因土壤酶类型、作物种类及间作模式的不同而异，相互作用的关系尚未明确。

木薯间套种红籽瓜模式能有效改善土壤养分状况，提升土壤质量，土壤中的碱解氮、速效磷、速效钾、有机质含量都相应有所提高，与谭忠良等研究结果一致，红籽瓜套种林地土壤的矿质营养元素和有机质含量比不套种林地有较大幅度的提高。在示范区采用木薯与红籽瓜间套种模式，大约比纯种木薯增收 250%，比纯种红籽瓜增收 84%；在辐射区采用木薯与红籽瓜间套种模式，大约比纯种木薯增收 177%，比纯种红籽瓜增收 43%，与廖浩培等、韦民政等研究结果一致，木薯套种模式的经济效益比纯种木薯大幅度提高。

本研究结果表明，木薯套种红籽瓜模式可以改善土壤质量，提高土壤速效养分含量和土壤酶活性，增加经济效益，在间套种模式下，以 T2 处理间套种模式最合理，经济效益最高。

参考文献

[1] 刘建新，王鑫，杨建霞. 覆草对果园土壤腐殖质组成和生物学特性的影响 [J]. 水土保持学报，2005，19（4）：93-95.

[2] 田永强，曹之富，张雪艳，等. 不同农艺措施下温室土壤酶活性的动态变化及其相关性分析 [J]. 植物营养与肥料学报，2009，15（4）：857-864.

[3] 徐凌飞，韩清芳，吴中营，等. 清耕和生草梨园土壤酶活性的空间变化 [J]. 中国农业科学，2010，43（23）：4977-4982.

[4] 王纯武，唐勇，石书兵. 不同密度对滴灌红籽瓜产量及相关性状的影响 [J]. 中国农学通报，2014，30（27）：219-222.

[5] 曾文丹，严华兵，谢向誉，等. 木薯间作套种不同作物栽培模式及经济效益研究概况 [J]. 农学学报，2016，6（12）：11-15.

不同日期采摘的不同品种澳洲坚果的氨基酸分析

宋海云，张 涛，贺 鹏，肖海艳，谭秋锦，汤秀华，郑树芳，王文林，覃振师

（广西南亚热带农业科学研究所，广西 龙州 532415）

摘 要：为深入了解不同时间采收的不同品种澳洲坚果果仁中氨基酸的含量差异性，从而为其有针对性和选择性的采收和加工提供参考依据，对广西壮族自治区内 3 个主栽品种（桂热 1 号、OC、695）澳洲坚果果仁中氨基酸的含量与组成进行了测定与分析，比较分析了不同品种间氨基酸的差异性、必需氨基酸和氨基酸总含量的变化情况，并采用模糊识别法和氨基酸比值系数法对其营养价值进行了评价。结果表明：澳洲坚果果仁中含有 7 种人体必需氨基酸，其中蛋氨酸的含量差异性较大，其必需氨基酸含量和氨基酸总量呈显著正相关关系，限制性必需氨基酸的种类随采摘时间的改变而有所改变，其果仁蛋白与 FAO/WHO 推荐模式值和全蛋白模式值的贴近度均较高。澳洲坚果果仁中氨基酸的组成合理，各种氨基酸的比例均衡且有较高的营养价值；广西壮族自治区内 3 个主栽品种中的 695 品种，虽为搭配品种，但其氨基酸营养价值最高。

关键词：澳洲坚果；氨基酸；营养评价；模糊识别法；氨基酸比值系数法

中图分类号：S664.9 文献标志码：A 文章编号：1003—8981(2019)02—0082—07

Amino acid analysis on different cultivars of Macadamia integrifolia nuts on different dates

SONG Haiyun, ZHANG Tao, HE Peng. XIAO Haiyan, TAN Qiujin, TANG Xiuhua, ZHENG Shufang, WANG Wenlin QIN Zhenshi

(Guangxi South Subtropical Agricultural Science Research Institute, Longzhou 532415, Guangxi, China)

Abstract: In order to deeply understand differences of amino acid contents in kemels of different Macadamia integrifoliacultivars at different harvest time, and to provide some reference bases for targeted and selective harvesting andprocessing, amino acid contents and composition in kernels of three main M. imtegrifolia cultivars in Guangxi (GuireNo.1, 0C, 695) were determined and analyzed, amino acid differences and changes of essential amino acid content andtotal amino acid content among different cultivars were compared and analyzed, and nutritional value was evaluatedby using fuzzy identification method and amino acid ratio cofficient method. The results showed that seven kinds ofessential amino acids existed in M. integrifolia kerels, among which Met content varied greatly. Essential amino acidcontent had a significant positive correlation with total amino acid content, and limiting essential amino acid content waschanged with picking period. Protein values in kemels were highly close to recommended model values by FAO/WHOand whole protein model values. Composition of amino acids in M. integrifolia kernels was reasonable and balanced,which had high nutritional value. Among the three main cultivars in Guangxi 695 had the highest amino acid nutritionalvalue, although it was an auxiliary cultivar.

Keywords: Macadamia integrifolia, amino acids; nutritional evaluation; fuzzy recognition method; amino acid ratiocoefficient method

澳洲坚果（*Macadamia integrifolia*）属于山龙眼科多年生木本粮油树种，目前已被鉴定的有 10 个种，其中只有 2 个种能结出可食果实，其分别为光壳型澳洲坚果和粗壳型澳洲坚果[1]。我国于 20 世纪 70 年代分别在云南、广东、广西等省区开始引种澳洲坚果[2]。由于引种地的气候环境条件存在差异，故每个地区的主栽品种也不相同。桂热 1 号、OC、695 均属广西壮族自治区推广的主栽品种。其中的桂热 1 号是广西南亚热带农业科学研究所自主选育的品种，其在广西区内表现为丰产，果实个大饱满，果实形状趋于圆形；OC 为早熟品种，其果实个大，壳较薄，易于破壳；695 为晚熟品种，高产，易采收。随着澳洲坚果种植面积的迅速扩增，产量大幅增长，各地对澳洲坚果也进行了一些加工方面的研究。根据澳洲坚果果仁有独特的奶油香味，香酥可口且营养丰富的特点，可以将澳洲坚果加工成为糖果、饼干、蛋糕、面包等休闲食品或为烹调的主、辅料[1, 3-6]，还可将其果壳加工成活性炭、碳分子筛等产品[7-9]。澳洲坚果果仁最大的特点就是含油量高，其粗脂肪含量达到 72% 以上[10]；除了脂肪含量很高之外，澳洲坚果还是很好的蛋白质来源物，其所含必需氨基酸的量达到了能满足成人、儿童每日所需的量[11]。氨基酸是生物体内构成蛋白质的基本单位，与生物的生命活动密切相关[11]。食物蛋白质的氨基酸组成比例虽各有不同，但其营养价值的优劣主要由其所含必需氨基酸（essential amino acid，EAA）的种类、数量及其比例决定。澳洲坚果中氨基酸的质量取决于品种、气候及栽培条件[6]。郭刚军等人研究了澳洲坚果粕的氨基酸组成和蛋白质组分[12-13]，杜丽清等人[14]研究了澳洲坚果果仁氨基酸含量的差异性，但在国内，目前有关澳洲坚果果仁氨基酸的营养评价尚未见诸报道。澳洲坚果果实通常在开花以后32周才成熟，成熟果的标志是内果皮的颜色由白色转变为棕褐色，外果皮的颜色由深绿色转变为灰绿色、向阳面还伴有少许的红晕，广西区内澳洲坚果的采收时间多集中在8—9月。因此，本试验选取3个澳洲坚果主栽品种在5个不同时期采集的样品，测定并分析其氨基酸含量和组成的变化情况，了解澳洲坚果果仁在不同采摘日期其蛋白质的营养变化规律，以便更有针对性和选择性地对其进行采收和加工。

1 材料与方法

1.1 材料与试剂

供试的澳洲坚果分别于2017年的8月10日、8月20日、8月30日、9月9日、9月19日采收自广西南亚热带农业科学研究所澳洲坚果种质资源圃。本试验数据分析设置了平行重复3次，即每个品种15株树，分株单独采样，以5株为1个生物学重复。将所采样品晾干，破壳取仁，粉碎。

试剂：6 mol/L的盐酸溶液、100 nmol/mL的混合氨基酸标准溶液（百灵威科技有限公司）、茚三酮染色剂、氢氧化钠溶液和柠檬酸钠缓冲溶液。

1.2 仪器与设备

澳洲坚果开果器；高速万能粉碎机，温岭市百乐粉碎设备厂；AR224NC型万分之一电子分析天平，奥豪斯仪器有限公司；全自动氨基酸分析仪，日本日立公司；GZX-9246MBE鼓风干燥箱，日本日立公司。

1.3 试验方法

1.3.1 氨基酸的测定

准确称取澳洲坚果粉碎样品0.6000 g，装于水解试管中。于水解管内加入6 mol/L的盐酸溶液15 mL，确认抽真空后封管，放置于烘箱内于110 ℃的温度条件下消化24 h。取出冷却后过滤，准确量取2 mL滤液，蒸干，用1mL～2mL的水溶解残留物再蒸干，反复2次，最后用水溶解残留物，定容至25mL，经0.45μm的滤膜过滤，使用全自动氨基酸分析仪检测样品液，折算成脱脂前样品中氨基酸的含量[15]。

1.3.2 模糊识别法

贴近度可以反映评价对象的蛋白营养价值与模式蛋白营养价值的接近程度，贴近度的数值越接近1，表明贴近程度越高。根据兰氏距离法可计算出被评价对象的必需氨基酸含量（u）和必需氨基酸标准模式值（a）的贴近度 U(au)[16]，其计算公式为：

$$U(a,u_i) = 1 - C\sum_{k=1}^{7} \frac{|a_k - u_{ik}|}{a_k + u_{ik}} 。 \qquad (1)$$

式（1）中：U 表示被评价对象的蛋白和标准模式蛋白的贴近度；C 为常数，常取 009 以增加计算结果的分辨度；a_k 表示某种必需氨基酸标准模式，k 代表某必需氨基酸的种类；u_{ik} 表示被评价象对应的某种必需氨基酸的含量，ik 代表被评价对象的必需氨基酸的种类。

1.3.3 以氨基酸比值系数法评价蛋白质营养价值

根据氨基酸比值系数法，可将澳洲坚果中氨基酸的组成与 1973 年联合国及粮食农业组织 / 世界卫生组织（Food and Agriculture Organization/World Health Organization，FAO/WHO）提出的人体必需氨基酸模式进行对比分析，根据公式（2）（3）（4）分别计算氨基酸比值（ratio of amino acid，RAA）、氨基酸比值系数（ratio coefficient of amino acid，RC）和氨基酸比值系数分（score of ratio coefficient of amino acid，SRCAA），再根据计算结果对澳洲坚果的营养价值进行评价[17]。

$$RAA = EAA/EAA_k ; \qquad (2)$$
$$RC = RAA/ RAA 均数 ; \qquad (3)$$
$$SRCAA = 100 - C_V \times 100 。 \qquad (4)$$

式（2）~（4）中：EAA 为被评价对象中某种必需氨基酸占氨基酸总含量百分比，EAA_k 为 FAO/WHO 模式中相应 EAA 的模式值，k 表示必需氨基酸的种类。"RAA 均数"为该物质所有必需氨基酸种类的 RAA 之均数，C_V 为 RC 的变异系数，C_V = RC 的标准差 /RC 的均数。

1.4 数据处理

采用 Excle 软件处理数据，所有测定值均取平行重复 3 次测定值的平均值。

2 结果与分析

2.1 必需氨基酸的变异性分析

环境因素与基因类型共同作用决定了生物个体的表现类型，环境因素又因为时间和空间的不同而有所不同，会影响澳洲坚果的营养品质[18]。常君等人[19]用变异系数研究山核桃多个品种间的必需氨基酸含量和氨基酸总含量的变异情况；杨艳等人[20]以变异系数探讨了不同品种黄栀子果实中有效成分的变异情况，并通过变异系数探讨了澳洲坚果中的氨基酸受其品种和采收时间的影响情况。不同品种澳洲坚果中必需氨基酸的差异性分布情况见表 1，不同时间采收的澳洲坚果其必需氨基酸的差异性分布情况见表 2。表 1 旨在说明不同澳洲坚果品种果实中氨基酸的变异情况，表 1 表明，3 个澳洲坚果品种果实中蛋氨酸的变异系数均最大，其余氨基酸种类的变异系数均较小；表 2 旨在研究不同采收时间影响下澳洲坚果果实中氨基酸的变异情况，表 2 表明，5 个不同日期采收的澳洲坚果果实中蛋氨酸的变异系数均最大，其余氨基酸种类的变异系数均较小。由此可见，无论是品种不同还是采收日期不同，澳洲坚果的必需氨基酸中蛋氨酸的差异性均较大，说明其遗传信息相对丰富，具有更多的利用潜力 [21]，而其他种类氨基酸的遗传信息均较稳定。

表 1   不同品种澳洲坚果中必需氨基酸的差异性分布情况

Table 1 Differential distribution status of essential amino acids in nuts of different M. integriolia cultivars

品种名 Cultivar name	必需氨基酸 Essential amino acid	最小值 Minimum value /(mg·g⁻¹)	最大值 Maximum value /(mg·g⁻¹)	变幅 Amplitude /(mg·g⁻¹)	平均值 Average value /(mg·g⁻¹)	标准差 Standard deviation /(mg·g⁻¹)	变异系数 Variation coefficient /%
桂热 1 号 Guire No.1	苏氨酸 Thr	2.6	2.9	0.3	2.66	0.12	4.51
	缬氨酸 Val	2.6	3.2	0.6	2.98	0.20	6.71
	蛋氨酸 Met	0.3	0.8	0.5	0.64	0.21	32.81
	异亮氨酸 Ile	2.1	2.7	0.6	2.48	0.22	8.87
	亮氨酸 Leu	4.5	5.4	0.9	5.08	0.32	6.30
	苯丙氨酸 Phe	2.2	2.8	0.6	2.54	0.21	8.27
	赖氨酸 Lys	3.3	3.7	0.4	3.54	0.14	3.95
OC	苏氨酸 Thr	2.5	2.9	0.4	2.68	0.16	5.97
	缬氨酸 Val	2.6	3.3	0.7	2.92	0.23	7.88
	蛋氨酸 Met	0.5	0.9	0.4	0.7	0.18	25.71
	异亮氨酸 Ile	2.2	2.7	0.5	2.5	0.18	7.20
	亮氨酸 Leu	4.5	5.4	0.9	4.98	0.31	6.22
	苯丙氨酸 Phe	2.3	2.8	0.5	2.64	0.19	7.20
	赖氨酸 Lys	3.4	3.6	0.2	3.56	0.08	2.25
695	苏氨酸 Thr	2.4	2.6	0.2	2.50	0.07	2.80
	缬氨酸 Val	2.5	2.9	0.4	2.68	0.16	5.97
	蛋氨酸 Met	0.5	0.8	0.3	0.64	0.11	17.19
	异亮氨酸 Ile	2.0	2.4	0.4	2.20	0.19	8.64
	亮氨酸 Leu	4.1	4.7	0.6	4.45	0.25	5.58
	苯丙氨酸 Phe	2.2	2.5	0.3	2.38	0.13	5.46
	赖氨酸 Lys	3.1	3.5	0.4	3.30	0.16	4.85

表2　不同日期采收的澳洲坚果其必需氨基酸的差异性分布情况

Table 2　Differential distribution status of essential amino acids in M. integrifolia nuts picked on dferent dates

采样日期 Sampling date	必需氨基酸 Essential amino acid	最小值 Minimum value /(mg·g⁻¹)	最大值 Maximum value /(mg·g⁻¹)	变幅 Amplitude /(mg·g⁻¹)	平均值 Average value /(mg·g⁻¹)	标准差 Standard deviation /(mg·g⁻¹)	变异系数 Variation coefficient /%
8月10日 10 Aug.	苏氨酸 Thr	2.5	2.8	3.3	2.63	0.15	5.70
	缬氨酸 Val	2.9	3.3	0.4	3.13	0.21	6.71
	蛋氨酸 Met	0.6	0.9	0.3	0.77	0.15	19.48
	异亮氨酸 Ile	2.3	2.7	0.4	2.57	0.23	8.95
	亮氨酸 Leu	4.7	5.4	0.7	5.17	0.40	7.74
	苯丙氨酸 Phe	2.5	2.8	0.3	2.60	0.17	6.54
	赖氨酸 Lys	3.5	3.7	0.2	3.60	0.10	2.78
8月20日 20 Aug.	苏氨酸 Thr	2.5	2.6	0.1	2.53	0.06	2.37
	缬氨酸 Val	2.8	3.0	0.2	2.93	0.12	4.10
	蛋氨酸 Met	0.5	0.6	0.1	0.53	0.06	11.32
	异亮氨酸 Ile	2.4	2.4	0.0	2.40	0.00	0.00
	亮氨酸 Leu	4.7	5.0	0.3	4.87	0.15	3.08
	苯丙氨酸 Phe	2.5	2.6	0.1	2.53	0.06	2.37
	赖氨酸 Lys	3.4	3.6	0.2	3.50	0.10	2.86
8月30日 30 Aug.	苏氨酸 Thr	2.6	2.7	0.1	2.63	0.06	2.28
	缬氨酸 Val	2.6	3.1	0.5	2.87	0.25	8.71
	蛋氨酸 Met	0.7	0.9	0.2	0.80	0.10	12.50
	异亮氨酸 Ile	2.3	2.6	0.3	2.47	0.15	6.07
	亮氨酸 Leu	4.5	5.2	0.7	4.97	0.40	8.05
	苯丙氨酸 Phe	2.4	2.8	0.4	2.67	0.23	8.61
	赖氨酸 Lys	3.3	3.6	0.3	3.50	0.17	4.86
9月9日 9 Sep.	苏氨酸 Thr	2.5	2.9	0.4	2.77	0.23	8.30
	缬氨酸 Val	2.5	3.0	0.5	2.77	0.25	9.03
	蛋氨酸 Met	0.5	0.8	0.3	0.67	0.15	22.39
	异亮氨酸 Ile	2.0	2.7	0.7	2.43	0.38	15.64
	亮氨酸 Leu	4.1	5.3	1.2	4.77	0.61	12.79
	苯丙氨酸 Phe	2.2	2.7	0.5	2.53	0.29	11.46
	赖氨酸 Lys	3.1	3.6	0.5	3.43	0.29	8.45
9月19日 19 Sep.	苏氨酸 Thr	2.4	2.6	0.2	2.50	0.10	4.00
	缬氨酸 Val	2.6	2.6	0.0	2.60	0.00	0.00
	蛋氨酸 Met	0.3	0.7	0.4	0.50	0.20	40.00
	异亮氨酸 Ile	2.0	2.2	0.2	2.10	0.10	4.76
	亮氨酸 Leu	4.4	4.5	0.1	4.47	0.06	1.34
	苯丙氨酸 Phe	2.2	2.3	0.1	2.27	0.06	2.64
	赖氨酸 Lys	3.2	3.4	0.2	3.30	0.10	3.03

2.2 必需氨基酸含量与氨基酸总量的相关性分析

按照氨基酸评分模式可将必需氨基酸分为 7 类，即异亮氨酸 Ile、亮氨酸 Leu、赖氨酸 Lys、蛋氨酸＋胱氨酸（Met ＋ Cys）、酪氨酸＋苯丙氨酸（Tyr ＋ Phe）、苏氨酸 Thr、缬氨酸 Val。对不同品种澳洲坚果果仁中必需氨基酸（EAA）含量和氨基酸总含量（TAA）的关系进行了分析，结果如图 1 所示。从图 1 中可以看出，氨基酸总含量越高，必需氨基酸的含量也随之增高，EAA 与 TAA 的波动方向基本一致，离群点少。对不同品种澳洲坚果果仁中 EAA 和 TAA 含量的相关性进行了分析，结果见表 3。由表 3 可知，3 个品种坚果果仁中必需氨基酸含量与氨基酸总含量间均呈现出很高的正相关关系，其中 OC 的相关系数甚至达到 1。

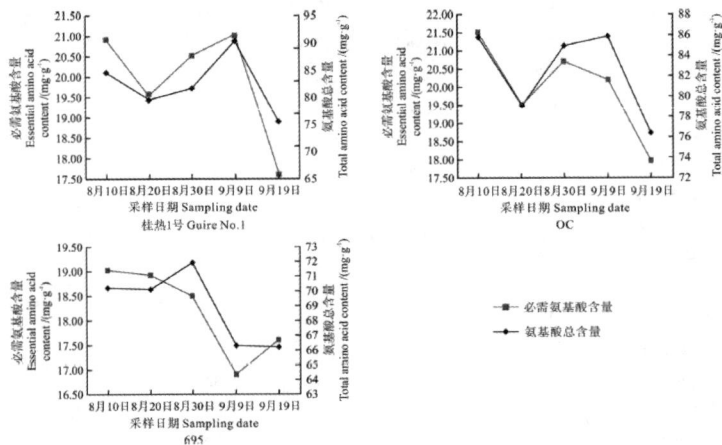

图 1　不同日期采收的不同品种澳洲坚果果仁中必需氨基酸含量和氨基酸总含量的分析结果

Fig. 1 Essential amino acid contents and total amino acid contents in kernels of different M. integrifoliacultivars on different dates

表 3　不同品种澳洲坚果果仁中必需氨基酸和氨基酸总含量的 Pearson 相关系数

Table 3 Correlation analysis between EAA and TAA contents in kernels of different M. integriolia cultivars

品种名 Cultivar name	EAA 与 TAA 的相关系数 Correlation coefficient between EAA and TAA	样本数量 Sample size
桂热 1 号 Guire No.1	0.889 631	5
OC	1.000 000	5
695	0.963 919	5

2.3 澳洲坚果 EAA 与蛋白模式的贴近度比较

每种必需氨基酸在 FAO/WHO 模式和全蛋模式中的固定值，根据公式（1）和表 4 中的数据可以计算出供试样品中必需氨基酸的营养价值与 FAO/WHO 模式和全蛋模式的营养贴近程度。澳洲坚果仁中的必需氨基酸与 FAO/WHO 推荐模式的贴近度为 0.91 ~ 0.95，与全蛋模式的贴近度为 0.85 ~ 0.88，其与两种模式的贴近度都非常高，其与 FAO/WHO 推荐模式的贴近度整体上明显高于其与全蛋模式的贴近度，澳洲坚果果仁中必需氨基酸的组成和比例与 FAO/WHO 推荐模式的更加接近；其中，695 品种与两种氨基酸模式的贴近度均高于其他 2 个品种。

表 4 供试样品种必须氨基酸的 FAO/WHO 推荐模式值和全蛋模式值

Table 4 Recommended pattern values by FAO/WHO and whole protein pattern values of essential amino acids in tested samples

氨基酸评分模式 Scoring model of amino acid	异亮氨酸 Ile	亮氨酸 Leu	赖氨酸 Lys	蛋氨酸 + 胱氨酸 Met+Cys	酪氨酸 + 苯丙氨酸 Tyr+Phe	苏氨酸 Thr	缬氨酸 Val
FAO/WHO 推荐模式 Recommended pattern by FAO/WHO	40	70	55	35	60	40	50
全蛋模式 Whole protein pattern	54	86	70	57	93	47	60

2.4 RC 与 SRC 分析

食品中蛋白质的营养价值主要取决于其所含必需氨基酸的种类、数量及比例，其组成比例越接近人体必需氨基酸的组成比例，则说明其质量越优良。根据氨基酸比值系数法，将供试澳洲坚果样品中氨基酸的组成与 1973 年 FAO/WHO 提出的人体必需氨基酸模式进行比对，按照公式（2）~（4）计算 RC、SRCAA。RC 越接近 1，说明氨基酸的营养越合理均衡，越有利于人体吸收。当 RC > 1，则表示该种必需氨基酸相对过剩；若 RC < 1，则相反，说明该种必需氨基酸相对不足；RC 值最小者为该蛋白第一限制氨基酸 [22]。3 个品种澳洲坚果果仁中必需氨基酸的限制性氨基酸在不同成熟期不尽相同，可能因为各种氨基酸含量随着果实的生长和成熟均处于动态变化过程中。供试澳洲坚果样品的 SRC 值，除了 8 月 20 日取样的桂热 1 号外其余品种的得分都很高，其中，桂热 1 号和 OC 的 SRC 值在 9 月 19 日均达到最高值，分别为 81、80，695 的 SRC 值在 9 月 9 日已达到最大值，为 82；并且，695 品种在每个时期的 SRC 值与另外两个主栽品种的相比均较高。

3 结 论

品种和采摘时间都会影响澳洲坚果的营养品质。杜丽清等[16]对5个品种澳洲坚果中氨基酸含量差异性的分析结果表明，其甲硫氨酸（蛋氨酸）含量的差异性最大。本研究对不同日期采摘的不同品种澳洲坚果果仁中必需氨基酸的差异性进行了分析，结果表明，其蛋氨酸含量均表现出较高的变异性，而其他种类氨基酸的变异性都较小，这与杜丽清等人[16]的研究结果相似。由此可见，澳洲坚果必需氨基酸中的蛋氨酸更易受到基因和环境的影响，而其他种类氨基酸所受基因和环境的影响均较小，说明其遗传信息均相对稳定。

由TAA含量和EAA含量的相关性分析结果可知，TAA含量越高，EAA含量则越高，两者呈显著正相关关系。杜丽清等人[16]研究发现，澳洲坚果果仁中必需氨基酸的含量占氨基酸总含量的比例较为稳定，不易发生变异。杨永寿等人[23]研究发现，核桃中必需氨基酸的含量与氨基酸总量呈正相关关系。总体而言，本试验结果与前人的研究结果有相似之处。限制性氨基酸是含量较低的氨基酸，其会降低氨基酸被人体吸收利用的概率，造成氨基酸的浪费[24]，故有必要对澳洲坚果的限制性氨基酸进行深入的了解。粮谷类限制性必需氨基酸是固定的，即赖氨酸。杨永寿等人[23]研究发现，核桃的第一限制氨基酸也是赖氨酸。姜仲茂等人[25]研究发现，长柄扁桃仁的第一限制氨基酸为蛋氨酸。笔者在本研究中发现，每个澳洲坚果品种的限制性必需氨基酸种类并非一成不变，而是会随着采摘时期的改变而有所变化的，其原因可能是，采摘期不同，其营养积累程度不一致。另外，澳洲坚果果仁中的蛋白与FAO/WHO推荐模式和全蛋模式的贴近度都极高，并且必需氨基酸的SRCAA值很高，为58 ~ 82。核桃的SRCAA值为67.02 ~ 87.98[23]，长柄扁桃仁的氨基酸比值系数分平均值为69.13[25]，澳洲坚果果仁的氨基营养价值接近于核桃却高于野生扁桃仁，是值得开发利用的一种资源。

4 讨 论

桂热1号、OC、695这3个品种在广西栽培区中均为高产品种，而桂热1号和OC这2个品种更是备受青睐，均已得到大力推广。目前，国内对桂热1号的研究多集中在丰产栽培技术、嫁接技术和保果技术等方面[26-28]，杜丽清等人[16]研究了OC与其他4个品种氨基酸的差异性，而有关695品种的研究却鲜见报道。695的成熟时间比另外2个品种的晚，其果实较小，果壳硬度大，无论是新鲜青皮果还是烘干壳果，若直接出售则其价格都处于劣势水平。异花授粉能提高澳洲坚果的着果率[29]，

695 品种在广西得以栽培，多数情况下是为了解决澳洲坚果品种自交不亲和问题的，目的是完成品种组合，以提高着果率。本研究发现，供试的 3 个品种中 695 的氨基酸营养价值最高，可以进一步拓宽 695 的开发利用途径，提高其种植意义。另外，本研究以氨基酸中的水解氨基酸作为食物营养价值的评价指标，而游离氨基酸则会影响食物的口感和风味，如王齐等人[30]分析了蒲桃中的水解氨基酸和游离氨基酸的组成与含量对其营养与风味的影响情况，姜仲茂[25]较为全面地分析了野生扁桃仁中氨基酸的营养价值、味觉氨基酸和药用氨基酸的组成。今后的相关研究应增加对澳洲坚果中游离氨基酸的类型、含量组成及其对果仁口感风味的影响等研究方面，从而为澳洲坚果的综合利用和可持续发展提供理论依据。

参考文献

[1] 刘建福，黄莉. 澳洲坚果的营养价值及其开发利用 [J]. 中国食物与营养，2005(2)：25-26.

[2] 柳覤，孔广红，贺熙勇，等. 乙烯利促落果提高澳洲坚果采收效率的研究 [J]. 中国南方果树，2017，46(4)：1-5.

[3] 郭刚军，胡小静，邹建云，等. 澳洲坚果饼干加工技术研究 [J]. 食品科技，2012，37(8)：162-165.

[4] 郭刚军，徐荣，胡小静，等. 澳洲坚果片加工工艺与技术研究 [J]. 食品工业，2012，33(2)：20-23.

[5] 田素梅，张晓梅，马艳粉，等. 澳洲坚果乳饮料配方的研究 [J]. 食品研究与开发，2017，38(7)：94-96.

[6] 刘锦宜，张翔，黄雪松. 澳洲坚果仁的化学组成与其主要部分的利用 [J]. 中国食物与营养，2018，24(1)：45-49.

[7] 涂行浩，张秀梅，刘玉革，等. 微波辐照澳洲坚果壳制备活性炭工艺研究 [J]. 食品工业科技，2015，36(20)：253-259，270.

[8] AHMADPOUR A，DO D D. The preparation of activated carbon from macadamia nutshell by chemical activation[J]. Carbon，1997，35(12)：1723-1732.

[9] NGUYEN C，DO DD. Preparation of carbon molecular sieves from macadamia nut shells[J]. Carbon，1995，33(12)：1717-1725.

[10] 杨为海，张明楷，邹明宏，等. 澳洲坚果不同种质果仁矿质元素含量分析 [J]. 中国粮油学报，2016，31(12)：158-162.

[11] 朱伟伟，蓝建京．犀牛角氨基酸组成分析与营养价值评价 [J]．江苏农业科学，2013，41(4)：289-290．

[12] 郭刚军，邹建云，徐荣，等．澳洲坚果粕营养成分测定与氨基酸组成评价 [J]．食品工业科技，2012，33(9)：421-423．

[13] 郭刚军，胡小静，马尚玄，等．液压压榨澳洲坚果粕蛋白质提取工艺优化及其组成分析与功能性质 [J]．食品科学，2017，38(18)：266-271．

[14] 杜丽清，邹明宏，曾辉，等．澳洲坚果果仁营养成分分析 [J]．营养学报，2010，32(1)：95-96．

[15] 杜丽清，曾辉，邹明宏，等．澳洲坚果果仁氨基酸含量的差异性分析 [J]．经济林研究，2008，26(4)：49-52．

[16] 钱爱萍，林虬，余亚白，等．闽产柑橘果肉中氨基酸组成及营养评价 [J]．中国农学通报，2008(6)：86-90．

[17] 朱圣陶，吴坤．蛋白质营养价值评价——氨基酸比值系数法 [J]．营养学报，1988，10(2)：187-190．

[18] 宋江峰，刘春泉，姜晓青，等．基于主成分与聚类分析的菜用大豆品质综合评价 [J]．食品科学，2015，36(13)：12-17．

[19] 张志良，瞿伟菁，李小方．植物生理学实验指导 [M]．第 4 版．北京：高等教育出版社，2009．

[20] 陈贻竹，王以柔．荔枝果皮过氧化物酶的研究 [C]// 中国科学院华南植物研究所集刊 (第 5 集)．北京：科学出版社，1989：47-52．

[21] 梁丹妮，郭兴燕，兰剑．6 份沿阶草种质对干旱胁迫的生理响应 [J]．草业学，2016，33(2)：184-191．

[22] 左继林，龚春，黄建建，等．夏旱期不同管理措施下高产油茶的光合特性 [J]．南京林业大学学报，2013，37(2)：33-38．

[23] KOI ZU MI M，YAMAGUCHI-SHINOZAKIK，TSUJI H，et al. Structure and expression of two genes that encode distinct drought-inducible cysteine proteinases in Arabidopsis thaliana[J].Gene，1993，129(2)：175-182．

[24] 曹林青，钟秋萍，罗帅，等．干旱胁迫下油茶叶片结构特征的变化 [J]．林业科学研究，2018，31(3)：136-143．

[25] 刘菲，周隆腾，蒋燚，等．不同种源江南油杉幼苗对干旱胁迫的生理响应 [J]．

中南林业科技大学学报，2018，38(1)：35-45.

[26] 李娟，彭镇华，高健，等 . 干旱胁迫下黄条金刚竹的光合和叶绿素荧光特性 [J]. 应用生态学报，2011，22(6)：1395-1402.

[27] 杨舒贻，陈晓阳，惠文凯，等 . 逆境胁迫下植物抗氧化酶系统响应研究进展 [J]. 福建农林大学学报 (自然科学版)，2016，45(5)：481-489.

[28] CATOLA S，MARINO G，EMILIANI G， et al. Physiological and metabolomic analysis of Punica gramatum (L) under drought stress[J]. Planta， 2016， 243(2)： 441-449.

[29] 夏菁， 张静美， 施蕊， 等 . 多油辣木幼苗在干旱胁迫下的生理生化响应 [J]. 西部林业科学，2019，48(1)：106-113.

[30] 杨雪莲 . 干旱条件下贵阳市引种 5 种柑橘砧木的抗旱性比较 [J]. 江苏农业科学，2018，46(4)：119-123.

基于表型性状的广西茶树种质资源遗传多样性分析

陈杏，农玉琴，廖春文，李金婷，骆妍妃，陈远权，韦锦坚

（广西南亚热带农业科学研究所 广西龙州 532415）

摘要：茶树种质资源遗传多样性的研究是茶树育种的重要基础。本研究对收集的23份茶树种质资源进行遗传多样性分析，结果表明，不同表型性状在不同材料之间表现出不同程度的多样性，其中，芽叶茸毛的变异系数最大，为63.20%；变异系数最小的是叶片大小，为17.94%。通过聚类分析，在相似系数为0.29时，23个品种资源被分为2组，第一组有22个品种（系），第二组只有来自于福建的"福鼎大白"1个品种。

关键词：茶树；种质资源；遗传多样性；聚类分析

广西属于华南茶区，气候温暖，雨量充沛，无霜期长，是茶树起源中心的边缘[1]，种质资源异常丰富，但茶树育种工作开展较缓慢，对本地区茶树资源的遗传背景了解较少。茶树是高度异质性的异花授粉植物，其生态群从极端的中国型植株扩展到远源的阿萨姆血统，遗传背景十分复杂[2]。形态特征是遗传和环境、结构基因和调节基因综合作用的结果，形态特征的变化可作为遗传变异的表征[3]。各类生物包括现在的转基因植物，很多表型特征具有遗传稳定性，因此，表型变异是茶树种质资源遗传多样性研究的重要内容。茶树的表型特征包括树型、树姿、新梢、芽叶、花器官等[4]。由于表型性状具有直观、易得的特点，基于表型性状的资源评价也成为资源评价中最经典的方法，广泛应用于核心种质构建和资源分类中[5-6]。

为了有效地利用广西的茶树种质资源，本研究通过分析23份茶树种质资源的主要表型性状，对其进行系统的鉴定，揭示其表型遗传多样性，以期为广西茶树种质资源利用及品种选育提供一定的理论依据，从而提高育种效率，同时，也为今后种质资源保存、核心种质构建奠定基础。

1 材料和方法

1.1 材料

供试材料23份，均为广西南亚热带农业科学研究所茶树种质资源圃收集的茶树资源，各材料编号详见表1。

1.2 方法

依据茶树种质资源描述规范和数据标准对 23 份茶树资源（表 1）的芽叶色泽、芽叶茸毛、发芽密度、叶片大小、叶形、叶色、叶面、叶身、叶缘及叶质进行调查和观测，每个性状重复观测 10 次，并进行编码处理（表 2），运用 NTSYS 2.10e 进行表型多样性分析。

表 1　供试材料与来源

编号	试材	原产地	编号	试材	原产地
1	黄金芽	浙江	13	凤相平 14 号	广西凌云
2	福鼎大白	福建	14	凌云 11 号	广西凌云
3	中茶 108	浙江	15	凌云 6 号	广西凌云
4	安吉白茶	浙江	16	加尤中学 2 号	广西凌云
5	白芽奇兰	福建	17	凌云 13 号	广西凌云
6	半天妖	福建	18	加尤中学 13 号	广西凌云
7	黄旦	福建	19	凌云 5 号	广西凌云
8	紫红袍 303	福建	20	桂热 3 号	广西凌云
9	秋香	福建	21	八角 3-6	广西龙州
10	丹桂	福建	22	加尤中学 1 号	广西凌云
11	梅占	福建	23	加尤中学 10 号	广西凌云
12	鸿雁 12	广东			

表 2　表型性状及其编码

序号	表型性状	详细编码情况
1	芽叶色泽	玉白色(1)黄绿色(2)淡绿色(3)绿色(4)紫绿色(5)
2	芽叶茸毛	无(0)少(1)中(2)多(3)特多(4)
3	发芽密度	稀(1)中(2)密(3)
4	叶片大小	小叶(1)中叶(2)大叶(3)特大叶(4)
5	叶形	近圆形(1)椭圆形(2)长椭圆形(3)披针形(4)
6	叶色	黄绿色(1)淡绿色(2)绿色(3)深绿色(4)
7	叶面	平(1)微隆起(2)隆起(3)
8	叶身	内折(1)平(2)稍背卷(3)
9	叶缘	平(1)微波(2)波(3)
10	叶质	柔软(1)中(2)硬(3)

2 结果与分析

2.1 茶树种质资源表型性状的基本统计分析

对 23 份茶树种质资源 10 个表型性状的基本统计分析表明，不同供试材料间存在很大的差异，不同的性状在不同的材料之间表现出了不同程度的多样性。

10 个表型性状均存在不同程度的变异，平均标准差为 0.76，平均变异系数为

35.46%。其中芽叶茸毛的变异系数最大，为 63.20%；其次为叶质、叶面、发芽密度和芽叶色泽；变异系数最小的是叶片大小，为 17.94%（表 3）。

表 3　主要农艺性状基本统计

农艺性状	最小值	最大值	平均值	标准差	变异系数/%
芽叶色泽	1	5	3.00	1.21	40.20
芽叶茸毛	0	4	1.83	1.15	63.20
发芽密度	1	3	2.09	0.85	40.64
叶片大小	1	3	2.01	0.37	17.94
叶形	2	4	2.74	0.54	19.74
叶色	1	4	3.26	0.96	29.56
叶面	1	3	1.91	0.79	41.44
叶身	1	3	1.83	0.49	26.89
叶缘	1	3	2.22	0.74	33.19
叶质	1	3	1.17	0.49	41.83
平均	1	3.5	2.21	0.76	35.46

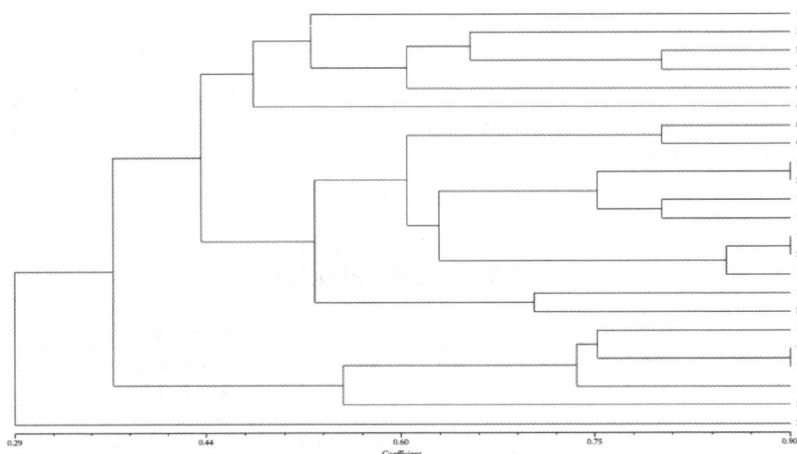

图 1　基于表型性状的 23 份茶树种质资源聚类图

注：1. 黄金芽；2. 福鼎大白；3. 中茶 108；4. 安吉白茶；5. 白芽奇兰；6. 半天妖；7. 黄旦；8. 紫红袍303；9. 秋香；10. 丹桂；11. 梅占；12. 鸿雁12；13. 凤相平 14 号；14. 凌云 11 号；15. 凌云 6 号；16. 加尤中学 2 号；17. 凌云 13 号；18. 加尤中学 13 号；19. 凌云 5 号；20. 桂热 3 号；21. 八角 3-6；22. 加尤中学1 号；23. 加尤中学 10 号

2.2 茶树种质资源表型性状的聚类分析

基于遗传相似系数矩阵，对 2 3 份材料进行聚类分析，获得基于表型性状的亲缘关系树状图（图 1）。在相似系数为 0.29 时，23 个品种资源被分为 2 组。第一组有 22 个品种（系），分为 2 个亚群。第一亚群包含来自于浙江的 3 份资源、福建的 7 份资源和广西的 6 份资源以及广东的"鸿雁 12 号"；另一亚群包含广西的5 份资源，分别为"加尤中学 2 号""凌云 13 号""加尤中学 13 号""凌云 5 号""桂

热 3 号"，均来自于广西的凌云群体种。第二组只有来自于福建的"福鼎大白" 1
个品种。

3 结论与讨论

从 23 份茶树资源的 10 个表型性状统计分析发现，表型性状表现出了不同程度的
变异，变异系数 17.94% ~ 63.20% 之间。供试材料的芽叶茸毛、叶质和叶面的变异系
数较大，其中，芽叶茸毛的变异系数最大，研究结果进一步证实前人研究结论 [7]，而
变异系数最小的是叶片大小。所调查的茶树资源表型性状具有多样性，可为引种驯化
和杂交育种提供理论基础。

在相似系数为 0.29 时，23 个品种资源被分为 2 组。第一组有 22 个品种（系），
分为 2 个亚群。第一亚群包含的资源较复杂，除了来自于浙江、福建、广东的资源，
还有来自于广西的 6 份资源，这可能与选取的观测性状、材料来源和地理环境有关。
另一亚群有 5 份资源，均为广西的凌云白毫群体种单株。性状表现为发芽密度密，
叶型披针形、叶色绿，可选择这些品质性状优良的资源作为亲本，以期培育出优良
的品种。

形态学标记是指从形态学或表型性状来检测遗传变异，在茶树育种工作中，短
期内对茶树种质资源的变异性有所了解或在其他生化方法无法开展时，形态标记不
失为一种有价值的选择，但其缺点是由自然突变或物化诱变所获得的具有特定形态
特征的材料所需时间长，且可能产生不利的性状遗传表达有时不太稳定，易受环境
条件及基因显隐性的影响 [7]。因此，在研究茶树种质资源表型多样性的基础上，结合
现代分子生物学和细胞生物学研究方法，与常规方法相结合，为茶树遗传育种提供
可靠、准确和科学的依据。

参考文献

[1] 周炎花，乔小燕，马春雷，等 . 广西茶树地方品种遗传多样性和遗传结构的
EST–SSR 分析 [J]. 林业科学，2011，47(03)：59–67.

[2] 黄建安，黄意欢，刘仲华 . AFLP 技术及其在茶树种质资源研究中的应用 [J]. 亚
热带植物科学，2003(02)：60–63.

[3] Brochmann C，Soltis PS，Soltis DE.Recurrent formation and polyphyly of nordic
polyploids in Draba (Brassicaccae).Amer J.Bot，1992，79(6)：673–688.

[4] 周李华 . 广东茶树种质资源遗传多样性 AFLP 分析 [D]. 长沙：湖南农业大学，2006.

[5] 李宁，姚明华，焦春海，等 . 亚洲及非洲茄子种质资源主要农艺性状的遗传多样性分析 [J]. 湖北农业科学，2014，53(23)：5769-5774.

[6] 李国强，李锡香，沈镝，等 . 基于形态数据的大白菜核心种质构建方法的研究 [J]. 园艺学报，2008，35(12)：1759-1766.

[7] 沈程文 . 广东茶树种质遗传多样性的形态和分子评价及其亲缘关系研究 [D]. 长沙：湖南农业大学，2007.

葛根种质资源及其开发利用研究

莫周美，张秀芬，刘连军

（广西南亚热带农业科学研究所，广西龙州 532415）

摘要　葛根种质资源的开发与利用，其目的是培育更为优质的葛根品种，提高葛根的利用率，能够在食品加工和药品生产等领域充分发挥葛根及其成分的功能和作用，进而创造更高的价值。基于此，本研究围绕着葛根种质资源及其开发利用情况展开讨论，对葛根在药食方面的应用进行考证，并对其种质资源现状进行分析，了解其种类与资源分布及品质，探讨其在临床用药、食品保健、牲畜饲喂以及生态建设方面的应用情况，进而为葛根种质资源的开发利用指引正确的发展方向。

关键词　葛根；种质资源；开发利用

中图分类号 S567.9　文献标识码 A　文章编号 1007-5739（2018）18-0070-02

葛根是葛属植物的干燥根，主要成分中含有淀粉、黄酮类化合物、氨基酸以及香豆素等。在食品和药品开发中，葛根具有重要的应用价值。为了更深入地了解葛根在药食方面的功效，需进一步进行调查研究，开发葛根种质资源，以改良现有品种为基础，进行新品种培育。通过引入外地种质资源、挖掘野生种质资源以及人工创造种质资源等方式，拓展和丰富葛根种质资源，并对其特征、特性进行鉴定和研究，分析其性状遗传特点，为食品和药品的开发提供重要支持。笔者查阅近年来关于葛根种质资源及其开发利用的研究报道和文献资料，并对相关内容进行归纳和总结，综述如下。

1 本草考证

葛根在药食方面的应用，最早可追溯到秦汉时期，《神农本草经》中首次提及，虽然没有对葛根的形态做出描述，但对其性味功效有着具体的论述，说明葛根具有消渴、起阴气（升发脾胃清阳之气）以及解毒等方面的药理作用。而在《本草经集注》（梁代）、《本草拾遗》（唐代）等古代医学典籍中，除了葛根的药用功效方面，同时还记载了葛根的味道和质地，有多肉而少筋、甘美的描述，说明葛根具有食用价值。在药用方面，陶弘景提出了葛根的不同用法及适用病证。温病发热者，取汁饮之；金疮断血者，以葛根为屑。《开宝本草》（宋代）、《医学启原》（金代）、《本草纲目》（明代）、《日华子本草》等医学著作中，记录了葛根在胸膈热、血痢、小儿热痞、郁火等病证治疗中的功效。而在《伤寒论》《阎氏小儿方》中，则是将葛根作为葛根汤、葛根黄芩黄连汤、升麻葛根汤等中药方剂的其中一味[1]。

在《本草图经品》（宋代）中，对于葛根的形态特征进行了描述，同时有着"今人多以作粉食之，甚益人"的论述。在《本草纲目》中，对于野生葛属植物和家种葛属植物进行了区分和鉴别，并对食用葛根的形态特征进行描述。在《植物名实图考》中，则是以叶片外形和茎上粗毛进行粉葛和野葛的鉴别。由此可见，葛根在食品和药物中的应用由来已久，而葛根有不同的品种，在食疗方面的功效存在一定差异。目前，葛根及其提取物已经开始广泛应用于食品加工和临床用药中，为了获得更为优质的葛根种质资源，需要不断开发，并对原有品种进行改良。

2 种质资源研究

2.1 种类与资源分布

葛藤属植物大约有 20 种，其中有 11 种分布于我国的云南、广东、广西、四川、西藏、浙江等地区，其中以野葛、粉葛、食用葛、峨眉葛、云南葛、越南葛以及三裂叶葛的资源较为丰富，而萼花葛、狐尾葛、思茅葛以及掸邦葛呈区域性分布，集中分布于云南地区。野葛、粉葛以及食用葛在药用方面得到广泛应用，同时也可食用，可作为食品和药物开发的主要选择，其他葛藤属植物各具特性。对于葛根形态的鉴别，一般参考花冠长、萼齿长、小叶长以及块根形态的差异进行。根据不同的需求，选择合适的葛根种类，应用于食品、医药等方面[2]。

2.2 品质

葛根中含有淀粉、植物蛋白、黄酮类化合物、氨基酸等物质，其中的黄酮类化合物在临床用药方面有十分广泛的应用。葛根中的黄酮类化合物含量决定着葛根的品质和应用价值。相比于其他种类的葛根，野葛的葛根素、多糖含量相对较高，在药品开发中的应用较为广泛。生长于不同地区的葛根，其黄酮类化合物含量存在显著差异。分析葛根中的有效成分，根据水分、蛋白质、脂肪、淀粉、粗纤维、维生素及多种微量元素的含量，对葛根的品质进行判断，进而选择更为优质的葛根品种，并对其进行改良，实现对葛根种质资源的开发，为其药用和食用提供更多的选择。以野葛、野生粉葛以及栽培粉葛为例，对比分析不同类型葛根的化学成分，具体结果如表 1 所示。可以看出，野葛、野生粉葛以及栽培粉葛的化学成分组成有着一定的差异。根据不同葛根的性状特征，能够对其品质进行判断，为葛根种质资源的开发提供支持。

表1 不同类型葛根的化学成分对比分析

葛根类型	水分/g·kg^{-1}	蛋白质/g·kg^{-1}	脂肪/g·kg^{-1}	淀粉/g·kg^{-1}	粗纤维/g·kg^{-1}	维生素/mg·kg^{-1}	Fe/mg·kg^{-1}	Ca/mg·kg^{-1}	P/mg·kg^{-1}	Se/mg·kg^{-1}
野葛	795.24	14.95	0.78	42.45	42.45	0.45	22.61	231.89	134.94	13.05
野生粉葛	671.23	42.15	0.25	161.72	161.72	0.39	12.84	248.52	158.26	1.94
栽培粉葛	643.25	37.18	0.39	174.38	174.38	0.37	13.54	255.67	162.49	0

3 开发与应用

3.1 临床用药

葛根提取物中含有葛根素、大豆苷元以及总黄酮等有效成分。葛根素对人体心血管、神经系统以及肝组织有良好的保健作用，可用于各类心脑血管疾病的临床治疗。葛根素能够有效增强心肌收缩力，扩张血管，有效治疗冠心病、高血压等疾病。与此同时，葛根素还能够起到抗血小板聚集和增加纤溶活性的作用，达到良好的抗凝效果，可用于改善人体肾小球血流供应及滤过，进而控制尿蛋白及血肌酐水平，保护肾功能。在葛根素的作用下，患者的机体免疫功能可得到良好的调节。应用微波辅助萃取法、超临界 CO_2 萃取技术以及络合萃取技术，能够在葛根中提取葛根素，并在药品开发和研制中得到应用。目前，在冠心病、心绞痛、心肌梗死、视网膜动等疾病的临床治疗中，葛根素注射液是一种良好的选择。在张隽等[3]的临床治疗研究中，57 例冠心病心绞痛老年患者应用葛根素注射液治疗后，95% 的患者得到有效治疗，心电图总有效率为 77%，硝酸甘油用量仅为（0.43 ± 0.23）mg/d，心肌耗氧指数、血管内皮素（ET）、血管内皮生长因子（VEGFA）、全血黏度高切值、全血黏度低切值、红细胞电泳指数和红细胞压积等指标均得到有效改善。相比于使用丹参注射液治疗的患者，其治疗有效率和心电图有效率相对更高，硝酸甘油用量相对更低，心肌耗氧指数、ET、VEGF-A 以及血液流变学指标相对更低，充分凸显了葛根注射液在冠心病、心绞痛临床治疗中的优势作用，同时也反映出葛根素在增加心肌收缩力和扩张血管方面的作用效果。对于葛根种质资源的开发而言，其目标是获得葛根素含量更高的葛藤属植物。除了葛根素外，大豆苷元在心血管疾病、乳腺疾病以及前列腺疾病的治疗中也有着良好的疗效。总黄酮则具有清除自由基、抗氧化作用，能够对造血系统和免疫系统起到保护作用。

在中医治疗中，葛根是一味常用中药，具有解肌退热、生津止渴以及升阳止泻的功效，适用于阴虚消渴、热泻热痢、脾虚泄泻等症。在左明晏等[4]的临床研究中，早期病毒性心肌炎患者可应用葛根黄芩黄连汤进行治疗，以葛根作为君药，加入黄芩、黄连、甘草等多味中药，水煎温服，可有效控制患者的病情，治疗有效率达到87.10%，患者治疗后的 AST、LDH、CK 以及 CK-MB 等激酶水平显著降低。相比于营养心肌药物治疗，葛根黄芩黄连汤治疗早期病毒性心肌炎的治疗效果更好，进而充分凸显出葛根的药用价值。另外，葛根还可以制成保健药品，如葛根枳椇软胶囊、葛根苦瓜铬胶囊、葛根提取物大豆磷脂软胶囊等，有助于增强患者的体质，提高其抗病能力，可用于临床疾病的预防，加快疾病的治疗恢复。

3.2 保健食品

葛根不仅具有药用价值，同时也是一种良好的食品。葛根中的淀粉、膳食纤维、黄酮类化合物均是有益于身体健康的营养物质，能够补充人体所需的氨基酸、维生素及多种微量元素，具有增强体质和提高免疫力的作用，对于冠心病、高血压、颈椎病患者的治疗恢复有积极的作用。葛根可以制成葛粉，用水冲服，其口感略甜或无味，十分爽口。以葛根为原料，进行食品的生产与加工，加入香精、白砂糖等配料，能够改善葛根的口感，更容易受到消费者的喜爱，使其成为保健食品的主要选择，并开发了葛根凉茶、葛根奶粉、葛根挂面、葛根罐头等食品类型。葛根保健食品属于纯天然保健食品，具有良好的口感，食用后具有滋补的效果。葛根木瓜魔芋粉、葛根木瓜粉、葛根绿豆红薏仁粉等葛根保健食品在市面上很受欢迎，并大量销往海外，具有十分广阔的市场发展空间。在葛根种质资源的开发与利用方面，食品的生产加工是一个不错的发展方向[5]。

3.3 饲料加工

在药品、食品的生产与加工中，需要选用优质的葛根种植资源，不断对葛根品种进行改良，从中选择药用价值和营养价值更高的葛根品种。其中，品质性状稍差的葛根品种，可以将其应用于饲料的生产、加工当中。葛根中含有丰富的粗蛋白质和粗纤维，牲畜饲用后，能够保障营养和能量的充足供应，有助于增加体重，同时还可以提高牲畜的抗病能力。因此，在饲喂牲畜时，葛根饲料显然是一种良好的选择[6-8]。

3.4 生态利用

葛根还具有很高的生态利用价值，在水土保持方面发挥着十分重要的作用。葛根的培养与栽植可应用于环境绿化当中，能够有效缓解水土流失问题，可用于边坡防护。另外，葛藤属植物还具有固氮的功能，可以改善土壤肥力。在生态环境保护和建设中，葛根能够作为绿化植物的主要选择，在生态环境保护中贡献力量[9-10]。

4 结语

综上所述，葛根种质资源的开发利用，需要以历史研究成果作为基础，参考古代医学典籍记载和现代医学研究报道，能够深入了解葛根的性状特点及其功效。为了获得高品质的葛根品种，需要对其不断改良，充分发挥葛根在临床用药、食品保健、牲畜喂饲以及生态建设等方面的功能作用，提高其利用价值，更好地为医疗保健和社会生活服务，发挥重要的意义和价值。

参考文献

[1] 罗亚红，欧珍贵，周明强，等. 8 个葛根种质资源的性状表现与产量评价 [J]. 贵州农业科学，2015，43（12）：158-160.

[2] 魏述永. 葛根素心血管保护作用及其机制研究进展 [J]. 中国中药杂志，2015，40（12）：2278-2284.

[3] 张隽，刘媛媛. 葛根素注射液治疗老年冠心病心绞痛疗效观察 [J]. 现代中西医结合杂志，2015，24（1）：55-57.

[4] 左明晏，胡思荣. 葛根黄芩黄连汤治疗早期病毒性心肌炎临床观察 [J]. 中国中医急症，2014，23（10）：1915-1917.

[5] 肖淑贤，李安平，范圣此，等. 葛根种质资源研究进展 [J]. 山西农业科学，2013，41（1）：99-102.

[6] 杨旭东，王爱勤，何龙飞. 葛根种质资源及其开发利用研究进展 [J]. 中国农学通报，2014，30（24）：11-16.

[7] 陈荔炟，陈树和，刘焱文. 葛根资源、化学成分和药理作用研究概况 [J]. 时珍国医国药，2006（11）：2305-2306.

[8] 张雁，张孝祺，吴伟琪，等. 葛根资源的开发利用 [J]. 中国野生植物资源，2000（6）：26-29.

[9] 顾志平，连文琰，陈碧珠，等. 中药葛根资源的调查研究 [J]. 中药材，1993（8）：13-14.

[10] 张静，杨旭东，郭丽君，等. 利用隶属函数法分析葛根种质资源品质的研究 [J]. 中药材，2017，40（6）：1314-1317.

不同温度及基质对木薯种子发芽的影响

梁振华，李恒锐，黎萍，刘连军，郭素云，杨海霞

（广西南亚热带农业科学研究所，广西龙州 532415）

The Influence of Different Temperature and the Matrix of
Cassava Seed Germination

LIANG Zhenhua, LI Hengrui, LI Ping, LIU Lianjun, GUO Suyun, YANG Haixia

摘　要：通过不同温度及基质对木薯种子进行催芽试验，探寻木薯种子萌发和出苗的最适温度及基质，结果表明：当温度为 30℃～35℃时，能显著提高木薯种子的发芽率、发芽势，并使发芽时间缩短。温度为 20℃不利于木薯种子发芽。在相同温度下以细沙作为基质处理发芽率与黄土＋珍珠岩为基质处理达差异显著水平。综合考虑各指标认为，35℃细沙培育为木薯种子最适发芽条件。

关键词：木薯；温度；基质；发芽率

DOI 编码：10.16590/j.cnki.1001-4705.2018.02.100

中图分类号：S 533　文献标志码：A 文章编号：　1001-4705(2018)02-0100-03

木薯是我国南方重要块根作物，广西是我国木薯主产区之一。杂交育种是木薯育种的重要手段之一，木薯杂种保存了木薯基因的多样性，有利于种植、加工。然而，我国大部分地区气候不能完全满足种子发育所需的光、温条件，获得种子数量少，质量差，导致发芽率低或不能发芽，造成了我国木薯育种滞后，影响木薯科研工作的发展。近年来对木薯种子不同发芽温度的研究较少。据李茂植报道，木薯杂交种的发芽率为 31.3%[1]；韦本辉等报道未经处理的木薯种子发芽率为 0，经特殊处理的种子发芽率为 20%～60%[2]；因此，为了了解木薯种子萌发和出苗所需的最适温度及基质，在不同温度条件下对木薯种子进行了萌发试验，为木薯有性杂交、系统选育等技术、确定合理播种方法提供参考。

1 材料与方法

1.1 试验材料

试验材料来自广西龙州县北耀木薯杂交基地，在 12 月底收获华南 205 号自然杂

交的成熟果实。种子采收风干后，低温、低湿下贮藏。次年的 3 月份进行育种。

1.2 试验方法

将种子在 50% 乙醇水溶液进行湿重浮力筛选，把沉于液体底部的种子在 35℃的恒温水中进行温汤浸种 8h，捞起，晾干。将晾干的木薯种子播到穴盘中：纯细沙（A）黄土：珍珠岩 = 3 : 1（B）2 个基质对木薯种子进行处理，1 粒 1 穴，覆盖沙层厚度 2cm ~ 3cm 种子在 35℃的恒温水中浸泡 8h，晾干水分。试验设计 4 个温度梯度（T）$T_1$20℃、$T_2$25℃、$T_3$0℃、$T_4$35℃，每个温度处理设 3 次重复，每个重复放置 30 粒种子于穴盆中，均匀排列分布。放置于 4 个培养箱中（培养箱湿度设置为 70%，光照为每天 8h）进行培养。穴盆应及时补水、保持基质湿润。种子开始发芽后每 24h 观察 1 次，并统计好发芽数，种子培养 45d 后统计发芽率。发芽率（%）= 正常发芽的种子数 / 试验种子总数 ×100%；发芽势（%）= 种子开始发芽（10d）内发芽种子数 / 试验种子总数 ×100%；发芽指数（GI）= $\sum$ Gt/Dt（式中：Gt 为 t 时间内的发芽数，Gt 为相应发芽日数）。

1.3 数据分析

数据统计和作图使用 Microsoft Excel 2010 软件进行；使用 SPSS　17.0 软件进行方差分析。

2 结果与分析

2.1 不同处理组合对木薯种子发芽率的影响

从表 1 可见，各温度对木薯种子的发芽都有不同程度的影响。A 处理组合中，AT_3 发芽率最高（为 82.2%）、其次 AT_4 为 79.2%、AT_2 为 41.1%、AT_1 为 6.7%。方差分析表明，处理组合 AT_3、AT_4 间差异不显著，处理组合 AT_3、AT_4 与处理组合 AT_2、AT_1 之间存在极显著差异，说明在 A 处理组合中 AT_3、AT_4 为最佳组合。

表1　不同处理组合对木薯种子发芽率的影响

处理		发芽率(%)	5%	1%
A	T_1	6.7	c	C
	T_2	41.1	b	B
	T_3	82.2	a	A
	T_4	79.2	a	A
B	T_1	0	c	C
	T_2	17.8	d	D
	T_3	66.7	a	A
	T_4	53.3	b	B

B 处理组合中 BT_3 发芽率为 66.7%%、其次 BT_4 为 53.3%、BT_2 为 17.8%、BT_1 为 0%。经方差分析得知，处理组合 BT_3 与 BT_4 显著性差异、与处理组合 BT_2、BT_1 之间存在着极显著性差异。说明在 B 处理组合中 BT_3 为最佳处理组合。

2 个不同处理组合中木薯种子在温度 20℃ 的恒温条件下发芽率低，说明 20℃ 以下的温度不利于木薯种子的发芽。木薯种子发芽率随温度的升高而升高。当温度为 30℃ 时，发芽率最高，温度为 35℃ 时发芽率有所下降，但差异不显著。说明温度 30℃～35℃ 范围内适宜木薯种子的发芽。

2.2 不同的处理方式对木薯种子发芽率的影响

从表 2 可以看出，各处理组合之间 AT_3、AT_4 无显著差异，经方差分析得出，处理组合 AT_3、AT_4 与 BT_3 有显著差异。在相同温度下利用纯细沙作为培养基质能显著提高木薯种子的发芽率。

表 2　不同的处理木薯种子发芽率比较

处理		发芽率(%)	5%	1%
A	T_3	82.2	a	A
	T_4	79.2	a	A
B	T_3	66.7	b	B

2.3 不同温度对木薯种子发芽势的影响

由表 3 可以看出，A 处理组合中 AT_4 的发芽势为 79.2%，依次为 $AT_3$73.%、$AT_2$16.7%、$AT_1$2%。经方差分析得知，处理组合 AT_4、AT_3、差异不显著，处理 AT_4、AT_3 与 AT_2、AT_1 之间存在着极显著性差异；处理组合 AT_4 为最佳处理组合，能极显著地提高木薯种子的发芽势。B 处理组合中 BT_4 发芽势为 46.7%；依次为 $BT_3$36.7%、$BT_2$12.0%、$BT_1$0%，经差异显著性比较，处理组合之间存在着极显著性差异，处理组合 BT_4 为最佳处理组合，能极显著地提高木薯种子的发芽势。[3-6]

2 个不同处理中，木薯种子在 20℃ 恒温条件下发芽势分别为 2% 和 0%，且发芽势随温度升高而呈升高趋势，在 35℃ 恒温条件下 2 个处理的发芽势最高，说明木薯种子在 35℃ 的恒温条件下发芽时间相对最集中，适宜种子发芽温度为 35℃。

2.4 不同温度对木薯种子发芽指数的影响

由表 3 可以看出，A 处理中 AT_4 的发芽指数最高，为 58.94%，其次发芽指数从高到低依次为 AT_3 35%、$AT_2$12.05%、$AT_1$1.25%。各处理中发芽指数随温度升高而升高。经方差分析得知，A 处理中各温度间发芽指数存在着极显著性差异，可见 AT_4 为最佳组合。由表3可以看出 B 处理中各组合的发芽指数分别为 BT_4 29.35、BT_3 20.15、BT_2 6.75、BT_1 0，发芽指数随温度升高而升高。各组合之间存在着极显著性差异。说明温度对种子的发芽指数有显著影响。

表3 不同处理组合对木薯种子发芽势、发芽指数的影响

处理		发芽势(%)	5%	1%	发芽指数	5%	1%
A	T_1	2.00	d	C	1.25	d	D
	T_2	16.7	c	B	12.05	c	C
	T_3	73.3	b	A	35.00	b	B
	T_4	79.2	a	A	58.94	a	A
B	T_1	0	d	C	0	d	C
	T_2	12.0	c	B	6.75	c	B
	T_3	36.7	b	A	20.15	b	A
	T_4	46.7	a	A	29.35	a	A

3 结论与讨论

温度和培养基质是影响种子萌发的重要外界条件。在不同温度和基质下，木薯种子的发芽时间、发芽率明显不同。经试验表明，木薯种子发芽最适温度为 30℃ ~ 35℃，种子在 30℃时发芽率最高，但发芽时间和整齐度低于 35℃。在 35℃的恒温条件下，种子萌发最早，发芽速度最快，发芽整齐度高，集中在 2 周的时间内发芽结束；在恒温 25℃时木薯种子萌发明显推迟，发芽时间长，恒温 20℃不利于木薯种子发芽。在不同基质中，细沙为基质的木薯种子发芽势、发芽率、发芽指数均大于黄土＋珍珠岩为基质，说明细沙基质更适合木薯的发芽。[7-9]

木薯种子一般在 12 月初成熟，12 月中旬后温度下降，未成熟的种子达不到成熟的条件。因此在收获时应选择成熟果实，收获后及时晾干、去皮后种子应在低温、低湿的环境下贮藏，播种前进行湿重浮力筛选，可以有效地提高木薯种子的发芽率。

参考文献

[1] 李茂植，刘连军，施丁寿. 木薯品种间杂交研究初报 [J]. 农业研究与应用，2011(2)：15-16.

[2] 韦本辉，甘秀芹. 广西木薯诱导开花结实及发芽试验研究初报 [J]. 广西农业科学，2009(8):40.

[3] 刘康德. 国内外木薯科技研究进展 [J]. 中国热带农业，2006(5)：9-10.

[4] 林雄，李开绵，黄洁，等. 木薯新品种华南 5 号选育报告 [J]. 热带农业学，2001(5)：15–20.

[5] 陈立君，郭强，刘迎雪，等. 不同温度对大豆种子萌发影响的研究 [J]. 中国农学通报，2009，25(10)：140–142.

[6] 蒋盛岩，李炳，潘国强. 不同温度对夏枯草种子发芽的影响 [J]. 邵阳学院学报，2008，5（2）：87–89.

[7] 樊新民，庞胜群，苏霞. 不同温度处理对冬瓜种子萌发的影响 [J]. 长江蔬菜，2007（5）：56–57.

[8] 韦海忠，徐杏林. 不同温度及处理对菠菜种子发芽率的影响 [J]. 中国农村小康科技，2009（10）：33–36.

[9] 王澍，郭雪. 不同温度对玛咖种子发芽的影响 [J]. 北方园艺，2015（21）：161–163.

DTOPSIS 法在苹婆不同品系综合评价中的应用

李文砚，黄丽君，卢美瑛，蒋娟娟，韦优，罗培四，赵静，孔方南，卓福昌，杨志强，
周婧 *

（广西农业科学院广西南亚热带农业科学研究所，广西龙州　532415）

摘要：【目的】综合评价苹婆种质资源的树形和产量性状、种子品质性状及抗性性状等，筛选出综合性状表现优良的品系，为苹婆种质资源保护、新品种选育及生产开发利用提供参考。**【方法】**以 21 份苹婆品系为试材，应用逼近理想解的排序法（DTOPSIS 法）对苹婆植株的株高、冠幅、平均单株产量、菁突果荚皮厚、可食率、种子淀粉含量、种子可溶性糖含量、种子可溶性蛋白含量和果荚虫害率等 9 个性状指标进行综合评价。**【结果】**供试的 21 份苹婆品系中，应用 DTOPSIS 法计算出的各理想解的相对接近度（Ci）差异明显，最高值为 0.7629、0.6980、0.6948，对应的品系分别为 SK–7、XD–3 和 SK–8，表现出树形适中、单株产量高、可食率高及种子淀粉、可溶性糖和可溶性蛋白含量高或抗虫性好等优良特性，且田间实际观察结果与其优良性状相符。Ci 值较低的品系分别为 SJ–1（0.1735）、NY–1（0.2263）、SK–2（0.2439）、LH–1（0.2634），表现出单株产量低、可食率低、种子主要内含物含量低或抗虫性较差等，亦符合其田间观察结果。**【结论】**应用 DTOPSIS 法筛选出 SK–7、XD–3 和 SK–83 3 个综合表现优良的苹婆品系，适于广西区内及环境条件相似的地区推广种植。

关键词：苹婆；种质资源；DTOPSIS 法；综合评价；品系筛选

中图分类号：S667.903.7 文献标志码：A 文章编号：2095-1191（2019）07-1527-07

Comprehensive evaluation of *Sterculia nobilis* Smith lines by DTOPSIS method

LI Wen-yan，HUANG Li-jun，LU Mei-ying，JIANG Juan-juan，WEI You，LUO Pei-si，ZHAO Jing，KONG Fang-nan，ZHUO Fu-chang，YANG Zhi-qiang，ZHOU Jing*

（Guangxi South Subtropical Agricultural Science Research Institute，Guangxi Academy of Agricultural sciences

Longzhou，Guangxi 532415，China）

Abstract：【Objective】The tree shape，yield characters，seed quality characters and resistance characters of *Sterculia nobilis* Smith germplasm resources were comprehensively evaluated to screen potential *S. nobilis* varieties and lines with fine performance，in order to provide theoretical reference for the protection of the germplasm resources，breeding of new varieties and production，development and utilization.【Method】Twenty-one lines were used as test materials，the dynamic technique for order preference by similarity to ideal solution（DTOPSIS）method was applied to comprehensively evaluate nine trait indicators. Nine character indexes respectively were plant height，crown amplitude，the average yield per plant，peel thickness of fruit pods，edible rate，starch content of seed，soluble sugar content of seed，soluble protein content of seed and the rate of pest occurrence.【Result】Among the 21 lines tested，the relative proximity values of ideal solutions（Ci）calculated by DTOPSIS method were greatly different. The high values were 0.7629，0.6980 and 0.6948，and the corresponding lines were SK-7，XD-3 and SK-8，respectively. The three lines were characterized by moderate tree shape，high yield per plant，high edible rate，high content of seed starch，high content of seed soluble sugar content，high content of seed soluble protein and strong insect resistance. These good traits were consistent with their field performance. The corresponding lines with low values of Ci were SJ-1（0.1735），NY-1（0.2263），SK-2（0.2439）and LII-1（0.2634），respectively. All lines showed low yield per plant，low edible rate，low content of main contents of seeds and poor insect resistance，which were also consistent with the field observation results.【Conclusion】In this study，DTOPSIS has been used to comprehensively evaluate three *S. nobilis* excellent lines SK-7，XD-3 and SK-8 have been screened out. They are suitable to be planted in Guangxi and other regions with similar environmental conditions.

Key words: *Sterculia nobilis Smith*；germplasm resources；DTOPSIS method;comprehensive evaluation;line screening

0 引言

【研究意义】苹婆（*Sterculia nobilis Smith*）属梧桐科（*Sterculiaceae*）苹婆属（*Sterculia Linn.*）常绿果树，原产华南地区，在我国已有 1000 年的栽培历史（冯文星等，2007；任惠等，2013）。苹婆又名凤眼果、九层皮等，其种子具有较强的抗氧化作用，味道与板栗相似，可做菜肴，同时也是优良的经济林木，具有很高的食用、保健和经济价值，是具有开发潜力的木本粮用果树资源（冯文星等，2007；李一伟等，2012；赵明等，2012）。因此，收集苹婆种质资源并进行综合评价，对促进我国苹婆优异种质的选育种研究及创新利用具有重要意义。

【前人研究进展】目前国内对苹婆的研究及开发利用不多。赵明等（2012）利用苹婆成熟种子经杀菌处理后播种，取得较高的发芽率；任惠等（2013）研究发现，苹婆种子富含多种营养成分，且抗氧化能力较强；吴嘉琳等（2016）研究得出干旱胁迫下苹婆苗抗旱能力稍高于假苹婆苗，假苹婆育苗初期需保持充足土壤水分；杨志强等（2016）研究发现，用苹婆顶芽作切穗切接后嫁接苗成活率最高，抽芽时间最短；周袁慧子等（2016）研究表明约50%的透光率更适宜苹婆生长；黄丽君等（2017）研究发现假苹婆更适合作砧木，可解决苹婆种质资源缺乏、育苗费用高的困难。目前我国苹婆大多呈野生、半野生状态，为无规模化的果用栽培，因此需综合筛选或选育出适宜规模化栽培的果用优良树种。经连续6年的苹婆种质资源收集、嫁接、移栽保存后，目前广西南亚热带农业科学研究所共保存有30个品系。农作物品种多性状综合评价是现代育种的关键步骤（王美珍等，2012），品种多性状的综合展示决定品种优劣（杨昆等，2015）。逼近理想解的排序法（DTOPSIS法）作为一种综合评价方法，已被广泛应用于水稻（*Oryza sativa* L.）（龙腾芳等，2004；胡其明等，2013）、小麦（*Triticum aestivum* L.）（吴志会等，2005；郭伟等，2008）、玉米（*Zea mays* L.）（周新仁和孔祥丽，2005）、棉花（*Gossypium hirsutum* L.）（马辉等，2015；燕飞等，2017）、甘蔗（*Saccharum officinarum* L.）（俞华先等，2013；孙玉勇等，2016）、烟草（*Nicotiana tabacum*）（孙焕等，2012；周勇等，2012）、油菜（*Brassica campestris.*L.）（王瑞等，2003）、番茄（Lycopersicon esculentum Mill.）（严海欧和鲁富宽，2011）、草莓（Fragaria × ananassa Duch.）（李文砚等，2018）等作物的综合评价中，并均取得了满意的结果。

【本研究切入点】目前有关应用DTOPSIS法综合评价苹婆不同品系的研究尚未见报道。

【拟解决的关键问题】应用DTOPSIS法首次对苹婆种质资源进行综合评价，以期筛选出综合性状表现优良的苹婆品系，并观察其与田间表现的一致性，以解决我国目前优良苹婆品系欠缺的现状，也为今后进一步开展苹婆育种研究及创新利用提供可靠资源及技术支撑。

1 材料与方法

1.1 试验材料

试验材料为 3 年生苹婆嫁接苗，课题组于 2013 年 6 月开始广泛收集广西区内外生长健壮且无病虫害半木质化苹婆芽条并进行嫁接，砧木统一为 2 年生假苹婆（S. lanceolata Cav.）实生苗，并于 2015 年 2—3 月移栽至广西南亚热带农业科学研究所苹婆种质资源圃，截至 2018 年共成功保存 30 个品系。以收集地点名称首字母命名，分别为 NY-1、LZ-1、XJS-1、LH-1、LH-2、LH-3、LH-4、SJ-1、XD-1、XD-2、XD-3、XD-4、XD-5、SK-1、SK-2、SK-3、SK-4、SK-5、SK-6、SK-7、SK-8、SK-9、SK-10、BJ-1、BJ-2、BJ-3、BJ-4、BJ-5、BJ-6 和 BJ-7，其中，XJS-1、LH-4、XD-2、SK-3、SK-4、SK-9、SK-10、BJ-5 和 BJ-7 共 9 个品系均无产量，故不作评价、筛选。

1.2 试验方法

1.2.1 试验设计

采用各品系随机排列的定植方式，每品系 6 株，株行距 4m×5m；按照田间常规管理，各品系的水肥管理一致。

1.2.2 指标测定及方法

于 2018 年 6 月 22 日—7 月 9 日对苹婆各品系产量及品质等进行测量和测定，包括株高、冠幅、单株产量、菁突果荚皮厚、可食率、种子淀粉含量、种子可溶性糖含量、种子可溶性蛋白含量及果荚虫害率共 9 个性状指标，其中，株高、冠幅和单株产量均为各品系 6 株的均值；菁突果荚皮厚、可食率为随机选取 5 个果荚（种子）进行测定、计算，重复 6 次；种子的淀粉、可溶性糖和可溶性蛋白含量为随机选取 10 粒种子进行测定，重复 3 次；果荚虫害率为各品系 6 株果荚虫害率的均值。苹婆抗病性强，各品系鲜少有病害发生，故未将抗病性列入综合评价的性状指标中。苹婆种子淀粉和可溶性糖含量采用苯酚法进行测定、可溶性蛋白含量采用考马斯亮蓝 G-250 染色法进行测定（邹琦，2000），其他测定方法均为试验常规方法。根据苹婆生产实际需求及专家意见，赋予产量最高权重值，9 个性状指标株高、冠幅、单株产量、菁突果荚皮厚、可食率、种子淀粉含量、种子可溶性糖含量、种子可溶性蛋白含量和果荚虫害率相应权重依次为 0.0200、0.0200、0.3000、0.1400、0.2500、0.0600、0.0400、0.0200 和 0.1500。

1.3 统计分析

苹婆各品系间不同性状指标的差异显著性分析使用 SPSS 17.0 进行；DTOPSIS 法各运算步骤采用 Excel 2010 进行计算分析。

2 结果与分析

2.1 苹婆各品系主要性状指标的测定结果分析

如表 1 所示，21 个苹婆品系的 9 个性状指标中，株高为 2.35 m ~ 3.33 m，以 BJ-4 株高最高、LH-1 最矮；冠幅为 1.99 m ~ 3.78 m，SK-8、BJ-2、SK-1、XD-3 和 XD-1 等 5 个品系显著高于其他品系（P<0.05，下同）；单株产量为 1.70 kg ~ 16.38 kg，LH-2、SK-2、LH-1、LH-2 和 NY-1 等 5 个品系产量最低，为 1.70kg ~ 2.70 kg，XD-3 产量最高，显著高于其他品系；果荚皮厚为 2.64 mm ~ 4.15 mm，BJ-1 果荚皮最薄，显著低于其他品系；可食率为 24.83% ~ 47.32%，BJ-4、XD-3 和 SK-8 等 3 个品系可食率最高，均显著高于除 BJ-1 外的其他品系；种子淀粉含量为 41.64% ~ 65.90%，SJ-1 含量最高，显著高于除 XD-3 外的其他品系；种子可溶性糖含量为 20.61%~30.87%，以 XD-1 种子含量最高，显著高于除 LH-1 外的其他品系；种子可溶性蛋白含量为 7.05 mg/g ~ 12.31 mg/g，以 BJ-3、SK-1 和 SK-8 种子含量最高，均显著高于除 SK-6 外的其他品系；果荚虫害率为 3.55%~35.65%，SK-7 虫害率最低，显著低于其他品系。

表 1　苹婆各品系主要性状指标的测定结果分析

Table1　Detection results analysis for main characters tested *S.nobilis* lines

品系 Line	株高 (m) Plant height	冠幅 (m) Crown	单株产量 (kg) Yield per plant	果荚皮厚 (mm) Pod thickness	可食率 (%) Edible rate	种子淀粉 含量 (%) Starch content of seed	种子可溶性 糖含量(%) Soluble sugar content of seed	种子可溶性蛋白 含量(mg/g) Soluble protein content of seed	果荚虫害率 (%) Insect pest rate of pod
NY-1	2.44d	2.76e	2.51h	3.70cd	28.99h	44.74n	24.01e	11.06c	5.88k
LZ-1	2.45d	1.99g	5.66f	3.10bg	32.67g	48.59k	24.69e	10.78d	5.84k
LH-1	2.35d	2.41f	2.13h	3.29f	42.19bc	58.46d	29.88ab	11.47b	13.21h
LH-2	2.46d	2.02g	1.70h	3.53d	40.63c	50.41i	20.78i	8.99gh	5.00l
LH-3	3.13ab	3.31b	7.14e	4.15a	42.95b	51.50h	22.28g	11.44b	6.97j
SJ-1	2.84c	2.99cd	3.99g	3.99ab	29.15h	65.90a	25.07e	9.42g	17.24e
SK-1	3.08ab	3.74a	2.70h	3.50d	37.81de	53.34g	21.21hi	12.03a	5.00l
SK-2	3.15ab	2.84de	1.90h	4.08ab	42.72bc	52.78g	29.09bc	9.58ef	27.50b
SK-5	3.20ab	2.70e	8.90d	3.12fg	42.30bc	49.48j	22.69f	8.60hi	12.22i
SK-6	2.83c	3.43bc	12.33c	3.73c	24.83i	46.52m	23.73c	11.81ab	26.58c
SK-7	2.99bc	2.88d	14.25b	4.04bc	36.82f	57.45e	22.01gh	9.92ef	3.55m
SK-8	3.03bc	3.78a	15.05b	3.32ef	46.04a	47.39l	20.86i	12.03a	12.73hi
BJ-1	2.58d	2.75e	3.90g	2.64h	45.08ab	64.58c	27.50od	10.04e	13.64fg
BJ-2	3.00bc	3.77a	14.50b	3.89b	40.00cd	41.64o	21.51h	8.90h	14.29f
BJ-3	3.20ab	2.65e	12.45c	3.63cd	33.49g	55.43f	22.42fg	12.31a	7.77j
BJ-4	3.33a	3.48b	5.92f	3.00g	47.32a	50.72i	29.28b	7.05j	28.25b
BJ-6	3.01bc	3.09c	8.85d	3.25fg	33.50g	50.60i	28.18c	11.06c	35.65a
XD-1	3.12ab	3.72a	4.43g	3.34e	40.00cd	48.18k	30.87a	10.10e	7.27j
XD-3	3.01bc	3.73a	16.38a	3.20fg	46.67a	65.82ab	28.10c	10.53de	21.67d
XD-4	3.04ab	2.73e	8.55d	3.82bc	38.88d	49.38j	20.75i	8.24i	28.46b
XD-5	2.97bc	2.09fg	4.00g	3.10fg	38.52de	65.12b	20.61i	7.33j	5.71kl

注：同列数据后不同小写字母表示差异显著（*P*<0.05）
Different lowercase letters in the same column represented significant difference（*P*<0.05）

2.2 指标无量纲化

将性状指标分类：(1) 正向指标，包括株高、冠幅、平均单株产量、可食率、种子淀粉含量、可溶性糖含量和可溶性蛋白含量，以 21 份样本中最大值作为分母，分别除各样本该指标的数值；(2) 逆向指标，包括菁突果荚皮厚和果荚虫害率，以 21 个样本中最小值为分子，除以各样本该指标的数值。计算得到无量纲化矩阵（表 2）。

表 2 无量纲化矩阵

Table 2 Dimensionless matrix

品系 Line	株高 Plant height	冠幅 Crown	单株产量 Yield per plant	果荚皮厚 Pod thickness	可食率 Edible rate	种子淀粉含量 Starch content of seed	种子可溶性糖含量 Soluble sugar content of seed	种子可溶性蛋白含量 Soluble protein content of seed	果荚虫害率 Insect pest rate of pod
NY-1	0.7327	0.7302	0.1532	0.7135	0.6126	0.6789	0.7778	0.8985	0.6037
LZ-1	0.7357	0.5265	0.3455	0.8516	0.6904	0.6159	0.7998	0.8757	0.6079
LH-1	0.7057	0.6376	0.1300	0.8024	0.8916	0.8871	0.9679	0.9318	0.2687
LH-2	0.7387	0.5344	0.1038	0.7479	0.8586	0.6436	0.4464	0.7303	0.7100
LH-3	0.9399	0.8757	0.4359	0.6361	0.9077	0.6601	0.6246	0.9293	0.5093
SJ-1	0.8529	0.7910	0.2436	0.6617	0.6160	1.0000	0.8121	0.7652	0.2059
SK-1	0.9249	0.9894	0.1648	0.8024	0.7990	0.8094	0.6871	0.9773	0.7100
SK-2	0.9459	0.7513	0.1160	0.6471	0.9028	0.6795	0.9423	0.7782	0.1291
SK-5	0.9610	0.7143	0.5433	0.8462	0.8939	0.6294	0.6378	0.6986	0.2905
SK-6	0.8498	0.9074	0.7527	0.7078	0.5247	0.7059	0.8011	0.9594	0.1336
SK-7	0.8979	0.7619	0.8700	0.6535	0.7781	0.8718	0.6158	0.8058	1.0000
SK-8	0.9099	1.0000	0.9188	0.7952	0.9730	0.5977	0.4490	0.9773	0.2789
BJ-1	0.7748	0.7275	0.2381	1.0000	0.9527	0.9800	0.8908	0.8156	0.2603
BJ-2	0.9009	0.9974	0.8852	0.6787	0.8453	0.6319	0.6968	0.7230	0.2484
BJ-3	0.9610	0.7011	0.7601	0.7273	0.7077	0.8411	0.5643	1.0000	0.4569
BJ-4	1.0000	0.9206	0.3614	0.8800	1.0000	0.6483	0.9485	0.5727	0.1257
BJ-6	0.9039	0.8175	0.5403	0.8123	0.7079	0.7071	0.9129	0.8985	0.0996
XD-1	0.9369	0.9841	0.2705	0.7904	0.8453	0.6097	1.0000	0.8205	0.4883
XD-3	0.9039	0.9868	1.0000	0.8250	0.9863	0.9988	0.9103	0.8554	0.1638
XD-4	0.9129	0.7222	0.5220	0.6911	0.8216	0.6279	0.4454	0.6694	0.1247
XD-5	0.8919	0.5794	0.2442	0.8516	0.8140	0.9882	0.4409	0.5955	0.6217

2.3 建立决策矩阵

将试验方法中确定的 9 个性状指标的权重值依次乘以矩阵的对应列数值，得到决策矩阵（表 3）。

表 3 决策矩阵

Table 3 The decision matrix

品系 Line	株高 Plant height	冠幅 Crown	单株产量 Yield per plant	果荚皮厚 Pod thickness	可食率 Edible rate	种子淀粉含量 Starch content of seed	种子可溶性糖含量 Soluble sugar content of seed	种子可溶性蛋白含量 Soluble protein content of seed	果荚虫害率 Insect pest rate of pod
NY-1	0.0147	0.0146	0.0460	0.0999	0.1532	0.0407	0.0311	0.0180	0.0906
LZ-1	0.0147	0.0105	0.1037	0.1192	0.1726	0.0370	0.0320	0.0175	0.0912
LH-1	0.0141	0.0128	0.0390	0.1123	0.2229	0.0532	0.0387	0.0186	0.0403
LH-2	0.0148	0.0107	0.0311	0.1047	0.2147	0.0386	0.0179	0.0146	0.1065
LH-3	0.0188	0.0175	0.1308	0.0891	0.2269	0.0396	0.0250	0.0186	0.0764
SJ-1	0.0171	0.0158	0.0731	0.0926	0.1540	0.0600	0.0325	0.0153	0.0309
SK-1	0.0185	0.0198	0.0311	0.1123	0.1998	0.0486	0.0275	0.0195	0.1065
SK-2	0.0189	0.0150	0.0348	0.0906	0.2257	0.0408	0.0377	0.0156	0.0194
SK-5	0.0192	0.0143	0.1630	0.1185	0.2235	0.0378	0.0255	0.0140	0.0436
SK-6	0.0170	0.0181	0.2258	0.0991	0.1312	0.0424	0.0320	0.0192	0.0200
SK-7	0.0180	0.0152	0.2610	0.0915	0.1945	0.0523	0.0246	0.0161	0.1500
SK-8	0.0182	0.0200	0.2756	0.1113	0.2432	0.0359	0.0180	0.0195	0.0418
BJ-1	0.0155	0.0146	0.0714	0.1400	0.2382	0.0588	0.0356	0.0163	0.0390
BJ-2	0.0180	0.0199	0.2656	0.0950	0.2113	0.0379	0.0279	0.0145	0.0373
BJ-3	0.0192	0.0140	0.2280	0.1018	0.1769	0.0505	0.0226	0.0200	0.0685
BJ-4	0.0200	0.0184	0.1084	0.1232	0.2500	0.0389	0.0379	0.0115	0.0188
BJ-6	0.0181	0.0163	0.1621	0.1137	0.1770	0.0424	0.0365	0.0180	0.0149
XD-1	0.0187	0.0197	0.0811	0.1107	0.2113	0.0366	0.0400	0.0164	0.0732
XD-3	0.0181	0.0197	0.3000	0.1155	0.2466	0.0599	0.0364	0.0171	0.0246
XD-4	0.0183	0.0144	0.1566	0.0968	0.2054	0.0377	0.0178	0.0134	0.0187
XD-5	0.0178	0.0116	0.0733	0.1192	0.2035	0.0593	0.0176	0.0119	0.0933

2.4 各品系理想解相对接近度（C_i）的计算

根据决策矩阵得到 9 个性状的理想解与负理想解数列分别为：

$X_j^+ = [0.0200, 0.0200, 0.3000, 0.1400, 0.2500, 0.0600, 0.0400, 0.0200, 0.1500]$；

$X_j^- = [0.0141, 0.0105, 0.0311, 0.0891, 0.1312, 0.0359, 0.0176, 0.0115, 0.0149]$。

采用欧几里德范数作为距离的测定得出各品系与理想解的距离（S_i^+）及各品系与负理想解的距离（S_i^-）。计算苹婆品系理想解相对接近度：$C_i = S_i^- / (S_i^+ + S_i^-)$（表 4）。从表 4 可看出，$C_i$ 排序最高的为 SK-7，其次为 C_i 值较高且较接近的 XD-3 和 SK-8，因此，筛选出的优异品系排序依次为 SK-7、XD-3、SK-8。

表 4　DTOPSIS 法综合评价结果

Table 4　Comprehensive evaluation results by DTOPSIS method

品系 Line	S^+	S^-	$S^+ + S^-$	C_i	C_i 排序 C_i ranking
NY-1	0.2821	0.0825	0.3646	0.2263	20
LZ-1	0.2217	0.1181	0.3398	0.3476	12
LH-1	0.2860	0.1023	0.3882	0.2634	18
LH-2	0.2789	0.1250	0.4038	0.3094	17
LH-3	0.1945	0.1519	0.3464	0.4385	8
SJ-1	0.2779	0.0583	0.3363	0.1735	21
SK-1	0.2612	0.1200	0.3812	0.3147	16
SK-2	0.3014	0.0972	0.3986	0.2439	19
SK-5	0.1790	0.1665	0.3455	0.4819	7
SK-6	0.1964	0.1960	0.3924	0.4995	6
SK-7	0.0854	0.2748	0.3601	0.7629	1
SK-8	0.1193	0.2716	0.3909	0.6948	3
BJ-1	0.2545	0.1309	0.3854	0.3396	13
BJ-2	0.1345	0.2493	0.3838	0.6496	4
BJ-3	0.1380	0.2104	0.3484	0.6039	5
BJ-4	0.2339	0.1476	0.3815	0.3869	11
BJ-6	0.2089	0.1427	0.3515	0.4058	10
XD-1	0.2381	0.1159	0.3540	0.3273	15
XD-3	0.1279	0.2958	0.4237	0.6980	2
XD-4	0.2067	0.1462	0.3529	0.4142	9
XD-5	0.2406	0.1209	0.3614	0.3345	14

3 讨论

有关苹婆不同品系应用 DTOPSIS 法进行综合评价的研究目前未见相关报道，但 DTOPSIS 法已广泛应用到多种作物的综合性状评价中，并取得满意结果，相较灰色关联度法，其评价结果更为客观、准确（严海欧和鲁富宽，2011；李彦平等，2012；杨昆等，2015；昝凯等，2018）。DTOPSIS法统一了各性状间的度量标准，客观全面地评价多个性状对品种（系）优劣产生的影响，评价结果科学合理。

本研究首次应用DTOPSIS法对苹婆各品系进行综合评价，将植株的株高、冠幅、单株产量、蓇葖果荚皮厚、可食率、种子淀粉含量、种子可溶性糖含量、种子可溶性蛋白含量及果荚虫害率共9个性状列入评价指标中，其中将植株株高、冠幅、单株产量、可食率及种子的淀粉、可溶性糖和可溶性蛋白含量共7个指标设定为正向指标，而余本勋等（2010）将水稻的株高定为中性指标，本研究认为因目前苹婆各品系均处于旺盛生长期，故将苹婆株高、冠幅定为正向指标更为合理。通过计算各品系理想解的相对接近度（C_i），筛选出的SK-7、XD-3、SK-8具有植株株型适中、平均单株产量、可食率和种子淀粉含量高，抗虫性强等特点，且3个品系的田间实际观察结果与其优良性状相符。SJ-1、NF-1、SK-2和LH-1综合表现较差，亦符合其田间观察结果。应用DTOPSIS法评价苹婆品系各性状的权重直接关系到综合评价结果，因此在确定各性状权重时，需结合生产实际需求及品种评价的目的并参考育种家的意见（姜永平等，2010），本研究为筛选出单产高、可食率高、抗虫性好的优良品系，综合上述因素，赋予苹婆单株产量的权重值最高，为0.3000，可食率权重值次之，为0.2500，果荚虫害率权重值为0.1500，最终筛选出3个优良品系，即SK 7、XD 3和SK-8。

4 结论

本研究应用DTOPSIS法首次对苹婆21个品系、9个均有显著性差异的性状指标进行综合评价，最终筛选出3个优良品系，即SK-7、XD-3和SK-8，其表现出树形适中、单株产量高、可食率高及种子淀粉、可溶性糖和可溶性蛋白含量高或抗性好等优良特性，与其田间表现一致，适于广西区内种植。

参考文献

[1] 冯文星，徐雪荣，雷新涛．2007．极具开发潜力的热带干果果树资源——苹婆[J]．中国种业，(3)：67-68.[Feng W X, Xu X R, Lei X T. 2007. A kind of tropical dry fruit tree with great development potential—Sterculia nobilis Smith[J]. China Seed Industry, （3）: 67-68.]

[2] 郭伟，孙海燕，于立河，薛盈文．2008．DTOPSIS法在小麦品种区试中应用研究[J]．黑龙江农业科学，（1）：31-33.[Guo W, Sun H Y, Yu L H, Xue Y W. 2008.

Research on wheat varieties tested with application of DTOPSIS method[J].Heilongjiang Agricultural Sciences，（1）：31–33.]

[3] 胡其明，邓伟，党筱兰. 2013. 用 DTOPSIS 法综合评价杂交水稻新品种在黔西南州的适应性 [J]. 种子，32（12）：95–97.[Hu Q M，Deng W，Dang X L. 2013. Comprehensive evaluation of adaptability of new hybrid rice varieties in Qianxinan Autonomous Prefecture by DTOPSIS[J]. Seed，32（12）：95–97.]

[4] 黄丽君，徐健，杨志强，卢艳春，徐冬英，韦优，周婧. 2017. 假苹婆砧木嫁接苹婆试验初报 [J]. 中国南方果树，46（2）：124–126.[Huang L J，Xu J，Yang Z Q，Lu Y C，Xu D Y，Wei Y，Zhou J. 2017. A preliminary report on the experiment of grafting of Sterculia nobilis Smith on root stock of Sterculia lanceolata[J]. South China Fruits，46（2）：124–126.]

[5] 姜永平，刘水东，薛晨霞，朱振华. 2010. DTOPSIS 法和灰色关联度法在番茄品种综合评价中的应用比较 [J]. 中国农学通报，26（22）：259–263.[Jiang Y P，Liu S D，Xue C X，Zhu Z H. 2010. Results comparison of comprehensive evaluation tomato varieties with DTOPSIS and grey related degree[J]. Chinese Agricultural Science Bulletin，26（22）：259–263.]

[6] 李文砚，韦优，孔方南，罗培四，赵静，黄丽君，蒋娟娟，卓福昌，周婧. 2018. DTOPSIS 法在草莓品种综合评价中的应用研究 [J]. 植物生理学报，54（5）：925–930.[Li W Y，Wei Y，Kong F N，Luo P S，Zhao J，Huang L J，Jiang J J，Zhuo F C，Zhou J. 2018. Study on comprehensive evaluation of strawberry varieties by DTOPSIS method[J]. Plant Physiology Journal，54（5）：925–930.]

[7] 李彦平，李淑君，吴娟霞，孟智勇，郭芳阳. 2012. DTOPSIS 法和灰色关联度法在新引烤烟新品种综合评价中的应用比较 [J]. 中国烟草学报，18（4）：35–40.[Li Y P，Li S J，Wu J X，Meng Z Y，Guo F Y. 2012. Application of DTOPSIS and grey relational analysis in evaluating newly introduced flue – cured tobacco varieties[J]. Acta Tabaca –ria Sinica，18（4）：35–40.]

[8] 李一伟，陆玉英，陈香玲，任惠，苏伟强，刘业强，罗瑞鸿. 2012. 苹婆（Sterculia nobilis Smith）种胚营养及保健性评价 [J]. 南方农业学报，43（5）：641–648. [Li Y W，Lu Y Y，Chen X L，Ren H，Su W Q，Liu Y Q，Luo R H. 2012.Nutritional

and health care valuation of seed embryo Sterculia nobilis Smith[J]. Journal of Southern Agriculture，43（5）：641-648.]

[9] 龙腾芳，郭克婷，徐永亮．2004. DTOPSIS 法在综合评价水稻新品种中的初步应用 [J]. 杂交水稻，19（2）：66-69.[Long T F，Guo K T，Xu Y L. 2004. Application of DTOPSIS in appraising new rice varieties［J］. Hybrid Rice，19（2）：66-69.]

[10] 马辉，戴璐，刘燕．2015. 灰色关联度法和 DTOPSIS 法在机采棉品种综合评价中的应用 [J]. 中国棉花，42（6）：27-29.[Ma H，Dai L，Liu Y. 2015. Application and comparison of grey relational analysis and DTOPSIS method in the comprehensive evaluation of machine picking – up cotton varieties[J]. China Cotton，42（6）：27-29.]

[11] 任惠，周婧，李一伟，韦持章，陆玉英，卢艳春，罗瑞鸿．2013. 苹婆种子营养及抗氧化活性 [J]. 植物科学学报，31（2）：203-208.[Ren H，Zhou J，Li Y W，Wei C Z，Lu Y Y，Lu Y C，Luo R H. 2013. Study on nutrition and antioxidant activities of Sterculia nobilis Smith seeds[J]. Plant Science Journal，31（2）：203-208.]

[12] 孙焕，李雪君，马浩波，孙计平，丁燕芳，平文丽．2012. 用 DTOPSIS 法综合评价烤烟区试品种 [J]. 西南农业学报，25（4）：1197-1200.[Sun H，Li X J，Ma H B，Sun J P，Ding Y F，Ping W L. 2012. Comprehensive evaluation of new tobacco varieties with method of DTOPSIS[J]. Southwest China Journal of Agricultural Sciences，25（4）：1197-1200.]

[13] 孙玉勇，钟坤，莫皓蓝，何雪丹，卢景润，蒋明健，陈伟，李家文．2016. 利用 DTOPSIS 法综合评价甘蔗新品种 [J]. 南方农业学报，47（3）：348-352.[Sun Y Y，Zhong K，Mo H L，He D X，Lu J R，Jiang M J，Chen W，Li J W. 2016. Comprehensive evaluation of new sugarcane varieties by DTOPSIS method[J]. Journal of Southern Agriculture，47（3）：348-352.]

[14] 王美珍，季蒙，张文军，王晓江，尚海军．2012. DTOPSIS 法在柠条品系综合评价中的应用 [J]. 内蒙古林业科技，38（4）：19-22.[Wang M Z，Ji M，Zhang W J，Wang X J，Shang H J. 2012. Application of DTOPSIS method in comprehensive evaluation on Caragana[J]. Journal of Inner Mongolia Forestry Science & Technology，38（4）：19-22.]

[15] 王瑞，李加纳，张学昆，唐章林，谌利．2003. DTOPSIS 方法在油菜新品种综合评估中的应用 [J]. 西南农业大学学报（自然科学版），25（4）：325-327.[Wang

R，Li J N，Zhang X K，Tang Z L，Chen L. 2003. Application of DTOPSIS method in assessing new rapeseed varieties[J]. Journal of Southwest Agricultural University（Natural Science），25（4）：325-327.]

[16] 吴嘉琳，胡柔璇，何秀银，修小娟，陈红跃．2016. 干旱胁迫及复水对假苹婆和苹婆光合特性的影响 [J]. 绿色科技，（15）：11-13.[Wu J L，Hu R X，He X Y，Xiu X J，Chen H Y. 2016. A study on physiology effects of drought stress and re-watering on Sterculia lanceolata and Sterculia nobililis [J]. Journal of Green Science and Technology，（15）：11-13.]

[17] 吴志会，白玉龙，董玉武，王淑芳．2005. DTOPSIS 法综合评价冀中北冬小麦新品种的初步研究 [J]. 麦类作物学报，25（6）：108-111.[Wu Z H，Bai Y L，Dong Y W，Wang S F.2005. A preliminary evaluation of new winter wheat varietiesof middle-north Hebei with DTOPSIS method[J].Journal of Triticeae Crops，25（6）：108-111.]

[18] 燕飞，赵湛，李闪闪，曹新川．2017. 用 DTOPSIS 法综合评价陆地棉 23 个品系 [J]. 棉花科学，39（4）：22-27.[Yan F，Zhao Z，Li S S，Cao X C. 2017. Comprehensive evaluation of 23 strains of upland cotton by DTOPSIS method[J]. Cotton Science，39（4）：22-27.]

[19] 严海欧，鲁富宽．2011. DTOPSIS 法在番茄品种综合评价中的应用 [J]. 内蒙古农业大学学报，32（3）：175-177.[Yan H O，Lu F K. 2011. Application of DTOPSIS in integrative evaluation of tomato varieties[J]. Journal of Inner Mongolia Agricultural Universi ty，32（3）：175-177.]

[20] 杨昆，吴才文，覃伟，赵培方，刘家勇，蔡青．2015. DTOPSIS 法和灰色关联度法在甘蔗新品种综合评价中的应用比较 [J]. 西南农业学报，28（4）：1542-1547.[Yang K，Wu C W，Qin W，Zhao P F，Liu J Y，Cai Q. 2015. Comparison of comprehensive evaluation sugarcane new varieties with DTOPSIS and grey related degree[J]. Southwest China Journal of Agricultural Sciences，28（4）：1542-1547.]

[21] 杨志强，周婧，徐健，孔方南，黄丽君，韦优，卢艳春．2016. 不同接穗材料对苹婆嫁接的影响 [J]. 中国南方果树，45（1）：77-78.[Yang Z Q，Zhou J，Xu J，Kong F N，Huang L J，Wei Y，Lu Y C. 2016. The effects of different scion materials on the grafting of Sterculia nobilis Smith[J]. South China Fruits，45（1）：77-78.]

[22] 余本勋，张时龙，何友勋，卢惠．2010. DTOPSIS 法在水稻区试品种综合评价中

的应用研究 [J]. 现代农业科技，（5）：37–38.[Yu B X，Zhang S L，He Y X，Lu H. 2010. Study on application of DTOPSIS method on comprehensive evaluation of rice varieties in regional testing[J]. Modern Agricultural Science and Technology，（5）：37–38.]

[23] 俞华先，杨李和，周清明，孙有芳，安汝东，桃联安，董立华，郎荣斌，冯蔚，边芯，朱建荣，经艳芬 . 2013. 国家第八轮区试甘蔗新品系在云南瑞丽点表现的 DTOPSIS 法评价 [J]. 南方农业学报，44（10）：1613–1617.[Yu X H，Yang L H，Zhou Q M，Sun Y F，An R D，Tao L A，Dong L H，Lang R B，Feng W，Bian X，Zhu J R，Jing Y F. 2013.DTOPSIS evaluation of the eighth national sugarcane regional trail in Ruili Site of Yunnan[J]. Journal of Sou –thern Agriculture，44（10）：1613–1617.]

[24] 昝凯，周青，张志民，郑丽敏，王凤菊，陈亚光，李明军，徐淑霞 . 2018. 灰色关联度和 DTOPSIS 法综合分析河南区域试验中大豆新品种（系）的农艺性状表现 [J]. 大豆科学，37（5）：664–671.[Zan K，Zhou Q，Zhang Z M，Zheng LM，Wang F J，Chen Y G，Li M J，Xu S X. 2018. Gray correlation analysis and DTOPSIS method for comprehensive agronomic performance analysis of new soybean varieties （lines）in Henan regional test[J]. Soybean Science，37（5）：664–671.]

[25] 赵明，罗瑞鸿，李一伟 . 2012. 苹婆树的经济价值及发展前景 [J]. 农业研究与应用，（5）：72–74.[Zhao M，Luo R H，Li Y W. 2012. The economic value and development prospect of Sterculia nobilis Smith[J]. Agricultural Research and Application，（5）：72–74.]

[26] 周新仁，孔祥丽 . 2005. 用 DTOPSIS 法综合评价玉米区试品种 [J]. 玉米科学，13（S）：32–33.[Zhou X R，Kong X L. 2005.Comprehensive evaluation of maize trial varieties by DTOPSIS[J]. Journal of Maize Sciences，13（S）：32–33.]

[27] 周勇，周冀衡，邓小华，赵文涛 . 2012. DTOPSIS 法在综合评价烤烟品种上的应用 [J]. 中国烟草科学，33（2）：38–41.[Zhou Y，Zhou J H，Deng X H，Zhao W T. 2012. Application of DTOPSIS in comprehensive evaluation of fluecured tobacco varieties[J]. Chinese Tobacco Science，33（2）：38–41.]

[28] 周袁慧子，黄大安，滕维超，王艺锦，胡厚臻 . 2016. 不同光照条件对苹婆生长特性的影响 [J]. 广东农业科学，43(8)：45–50.[Zhou Y H Z，Huang D A，Teng W C，Wang Y J，Hu H Z. 2016. Effects of different light conditions ongrowth characteristics

of Sterculia nobilis Smith seedings[J]. Guangdong Agricultural Sciences，43（8）：45-50.]

[29] 邹琦．2000. 植物生理学实验指导 [M]. 北京：中国农业出版社：110-130. [Zou Q. 2000. Experimental instruction in plant physiology[M]. Beijing：China Agriculture Press：110-130.]

第四篇　基因与资源

渣还田和减量施肥对甘蔗农艺性状和品质的影响

郭强[1]，莫勇武[2]，唐利球[1]，谭宏伟[3]，马文清[1]，秦昌鲜[1]，何为中[3]，

闭德金[1]，彭崇[1]，施泽升[1]，何洪良[1]，陈海生[1]

（1.广西南亚热带农业科学研究所，广西崇左 532415；2.广西凤糖生化股份有限公司，广西柳州 545002；3.广西壮族自治区农业科学院甘蔗研究所，广西南宁 530007）

摘要：在大田栽培条件下，研究蔗渣还田和减量施肥对甘蔗产量、主要农艺性状和甘蔗品质的影响。结果表明：蔗渣还田对甘蔗株高、茎径、有效茎数、甘蔗产量和宿根发株率均呈现出正相关效应；而减量施肥对甘蔗株高呈现出负相关效应，对茎径、有效茎数、产量的影响规律不明显；蔗渣还田和减量施肥对甘蔗糖分、甘蔗纤维分、蔗汁重力纯度和甘蔗转光度的影响规律均不明显。由此可见，蔗渣还田对甘蔗产量和主要农艺性状呈现正相关效应，对甘蔗品质的影响规律不明显；减量施肥对甘蔗产量、主要农艺性状以及甘蔗品质的影响规律均不明显。

关键词：甘蔗；蔗渣还田；减量施肥；产量；品质

中图分类号：S566.1　文献标识码：B

0 引言

我国是世界第三大甘蔗生产国，种植面积仅次于巴西和印度。广西是我国最大的甘蔗种植基地，种植面积、蔗糖产量已连续 9 年占全国 60% 以上，带动了广西 2000 多万蔗农脱贫致富[1]。然而，在甘蔗生产中大量施用化肥、肥料利用率低，导致土壤酸化、板结、有毒物质积累、肥力下降等问题，直接制约了甘蔗产业化发展[2]。因此，通过多种途径提高土壤肥力，改善土壤理化性质，减少甘蔗生产中化肥投入量，提高化肥利用率，将成为我国甘蔗产业未来发展的重要举措。

甘蔗渣是甘蔗制糖工业的主要副产品，属于农业固体废弃物中的一种[3]。目前，甘蔗渣普遍用于锅炉燃料，也可以用于造纸，也有一些乱堆乱放，无任何利用价值，甚至还会造成环境污染[4]。蔗渣的主要成分包括纤维素、半纤维素、木质素和灰分，其中纤维素占 32%~48%，木质素占 23%~32%[3]；据魏阳等[4]研究表明，甘蔗渣中的

木质素和纤维素能够有效地降解为作物可利用的有机质，改善土壤的理化性质，增强土壤贮存水分和养分的能力，是一种丰富的可再生资源。

因此，推广蔗渣还田技术，实施用地养地相结合的耕作制度，以期改善土壤的理化性质，增加土壤有机质含量，提高土壤贮存水分和养分的能力，减少甘蔗生产中化肥的使用量，提高化肥使用效率，从而影响甘蔗农艺性状、产量以及品质。前人对蔗叶还田技术有大量的研究报道，但对蔗渣还田的相关报道较少。本试验从蔗渣还田和减量施肥对甘蔗农艺性状、产量和品质的影响进行系统的研究，为推广蔗渣还田技术以及减量施肥技术提供科学依据。

1 材料与方法

1.1 试验材料

试验地选择在广西省崇左市龙州县广西南亚所基地，地块平整、无灌溉条件、常年种植甘蔗的旱地。

供试甘蔗品种为广西大学选育的优良新品种——中蔗 9 号，该品种为大茎种，具有高产，宿根性好，成茎率高，高抗黑穗病，抗倒伏，极易脱叶，耐旱耐寒等优点[5]。

1.2 试验方法

本试验采用种植模式和减量施肥二因素设计，两种种植模式，3 种施肥水平，共设 6 个处理，见表 1。

参考当地施肥水平，设常规施肥水平为复合肥 1125kg/hm²，75% 施肥水平为复合肥 825kg/hm²，50% 施肥水平为复合肥 825kg/hm²。采用随机区组试验设计，3 次重复，甘蔗种植行距为 1.2m，每小区 5 行，小区行长 7m，宽 6m，小区面积为 42m²，按 12 芽 /m 的下种量种植，每小区需要蔗种 210 段双芽段。每 666.67m² 覆盖蔗渣 600kg，让蔗渣自然腐烂还田，不覆盖蔗渣为对照处理。

表 1 田间试验设计

处理	施肥水平	种植模式
A₁B₁	常规施肥	覆盖蔗渣
A₂B₁	75% 施肥	覆盖蔗渣
A₃B₁	50% 施肥	覆盖蔗渣
A₁B₂(CK)	常规施肥	不覆盖蔗渣
A₂B₂	75% 施肥	不覆盖蔗渣
A₃B₂	50% 施肥	不覆盖蔗渣

田间试验于 2018 年 1 月 28 日种植甘蔗，常规施肥处理施基肥 1125kg/hm² 复合肥（N：P：K=15：15：15），75% 施肥处理施基肥 825kg/hm² 复合肥，50% 施肥处理施基肥 525kg/hm² 复合肥，盖土盖膜，覆盖蔗渣处理按每小区覆盖 38kg 蔗渣于植蔗沟内。6 月 6 日追施攻茎肥，常规施肥处理追施 1125kg/hm² 复合肥，75% 施肥处理追施 825kg/hm² 复合肥，50% 施肥处理追施 525kg/hm² 复合肥，施肥后中耕培土。2019 年 2 月 21 日砍收甘蔗，实测产量。

1.3 数据收集与分析

甘蔗收获时调查 10 株甘蔗的茎径、株高，调查小区有效茎数，实测小区产量。随机抽取 6 株甘蔗带回广西南亚所实验室进行品质分析，测定项目包括甘蔗蔗糖分、甘蔗纤维分、蔗汁重力纯度、甘蔗转光度等。宿根出苗后调查发株率。获得的实验数据运用 Excel 进行统计分析，运用 SPSS13.0 分析软件进行方差分析。

2 结果与分析

2.1 对甘蔗农艺性状的影响

不同种植模式和施肥水平对甘蔗农艺性状的影响，见表 2。

2.1.1 对甘蔗株高的影响

由表 2 可见，常规施肥 + 覆盖蔗渣处理的株高最高，平均株高达到了 326.63cm，与对照处理（CK）相比高 16.13cm，达到了显著水平；其次是 75% 施肥 + 覆盖蔗渣处理，平均株高为 320.40cm，与对照处理（CK）相比高 9.90cm，差异不显著；其他处理与对照处理（CK）相差不大，差异不显著。此外，覆盖蔗渣处理均比不覆盖蔗渣处理的株高要高，施肥水平随着施肥量的下降，株高也呈现出下降的趋势，说明蔗渣覆盖对甘蔗株高有一定的正效应；而减量施肥在一定程度上呈现出负效应。

表 2 不同种植模式和施肥水平对甘蔗农艺性状的影响

处理	株高 (cm)	茎径 (mm)	亩有效茎数 (株)	产量 (kg/亩)
A₁B₁	326.63 a	28.17 a	3703.72 a	6285.75 a
A₂B₁	320.40 ab	28.14 a	3518.54 a	5820.13 ab
A₃B₁	314.47 ab	28.10 a	3730.18 a	5957.70 ab
A₁B₂(CK)	310.50 b	26.25 a	3121.71 ab	5513.26 ab
A₂B₂	306.27 b	26.86 a	2486.78 b	5243.41 b
A₃B₂	313.30 ab	26.61 a	2962.98 ab	5116.43 b

2.1.2 对甘蔗茎径的影响

由表 2 可见，各处理之间茎径的差异不显著，但覆盖蔗渣处理均要比不覆盖蔗渣处理要大 1mm 以上；由此说明，蔗渣覆盖对甘蔗茎径有一定的正效应；而减量施肥对甘蔗茎径没有明显的促进作用。

2.1.3 对甘蔗亩有效茎数的影响

由表 2 可见，亩有效茎数最多的是 50% 施肥＋覆盖蔗渣，平均亩有效茎数为 3730.18 株，比对照处理（CK）多 608.47 株；其次是常规施肥＋覆盖蔗渣处理，平均亩有效茎数为 3703.72 株，比对照处理（CK）多 582.01 株；第三是 75% 施肥＋覆盖蔗渣处理，平均亩有效茎数为 3518.54 株，比对照处理（CK）多 396.83 株；亩有效茎数最少的是 75% 施肥＋不覆盖蔗渣处理，平均亩有效茎数为 2486.78 株，比对照处理（CK）少 634.93 株。此外，覆盖蔗渣处理均比不覆盖蔗渣处理的亩有效茎数要多，说明蔗渣覆盖对亩有效茎数呈现出正相关效应，而减量施肥对亩有效茎数的影响规律不明显。

2.1.4 对甘蔗产量的影响

由表 2 可见，产量最高的是常规施肥＋覆盖蔗渣，平均亩产为 6285.75kg，比对照处理（CK）高 772.49kg；其次是 50% 施肥＋覆盖蔗渣处理，平均亩产为 5957.70kg，比对照处理（CK）高 444.44kg；第三是 75% 施肥＋覆盖蔗渣处理，平均亩产为 5820.13kg，比对照处理（CK）高 306.87kg；亩产最低的是 50% 施肥＋不覆盖蔗渣处理，平均亩产为 5116.43kg，比对照处理（CK）低 396.83kg。此外，覆盖蔗渣处理均比不覆盖蔗渣处理的亩产要高，说明蔗渣覆盖对甘蔗产量呈现出正相关效应，而减量施肥对甘蔗产量的影响规律不明显。

2.1.5 对甘蔗宿根发株的影响

由图 1 可见，宿根发株率最高的是 75% 施肥＋覆盖蔗渣处理，发株率为 133.85%，比对照处理要高 54.82 个百分点；其次是常规施肥＋覆盖蔗渣处理，发株率为 99.41%，比对照处理要高 20.39 个百分点；发株率最低的是 50% 施肥＋不覆盖蔗渣处理，发株率仅有 72%，比对照处理要低 7.02 个百分点。此外，覆盖蔗渣处理均要比不覆盖蔗渣处理的发株率要高，说明蔗渣覆盖对宿根发株率呈现出正相关效应，而 75% 施肥处理发株率均要比其他处理的发株率要高，说明 75% 施肥处理对宿根发株率有促进作用。

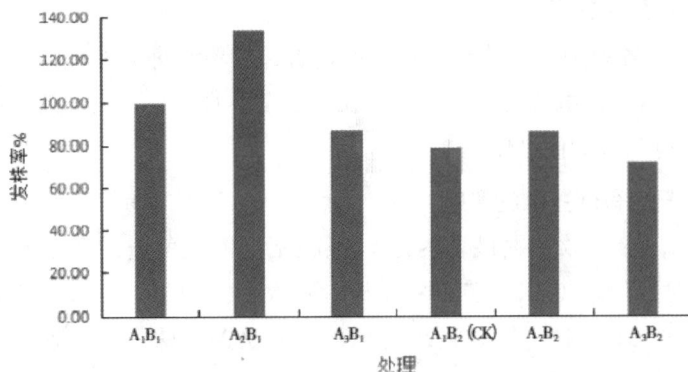

图 1   不同种植模式和施肥水平对甘蔗宿根发株率的影响

2.2 对甘蔗品质的影响

2.2.1 对甘蔗蔗糖分的影响

由表 3 可见，甘蔗蔗糖分最高的是 50% 施肥 + 蔗渣覆盖处理，蔗糖分为 13.88%；其次是 75% 施肥 + 不覆盖蔗渣处理，蔗糖分为 13.47%；最低的是 75% 施肥 + 覆盖蔗渣处理，蔗糖分为 12.68%。实验结果表明，蔗渣覆盖和减量施肥对甘蔗蔗糖分没有明显的促进作用。

2.2.2 对蔗汁重力纯度的影响

由表 3 可见，蔗汁重力纯度最高的是 50% 施肥 + 蔗渣覆盖处理，重力纯度为 85.03%；其次是 50% 施肥 + 不覆盖蔗渣处理，重力纯度为 84.91%；最低的是常规施肥 + 覆盖蔗渣处理，重力纯度为 82.24%。实验结果表明，蔗渣覆盖和减量施肥对蔗汁重力纯度没有明显的改善。

表 3   不同种植模式和施肥水平对甘蔗品质的影响

处理	甘蔗蔗糖分 (%)	蔗汁重力纯度 (%)	甘蔗纤维分 (%)	甘蔗转光度 (%)
A_1B_1	13.02	82.24	11.50	43.27
A_2B_1	12.68	83.16	12.35	44.19
A_3B_1	13.88	85.03	11.45	46.65
A_1B_2(CK)	13.07	84.32	12.10	46.16
A_2B_2	13.47	83.66	10.73	45.68
A_3B_2	13.19	84.91	10.03	45.43

2.2.3 对甘蔗纤维分的影响

由表 3 可见，甘蔗纤维分最高的是 75% 施肥 + 蔗渣覆盖处理，甘蔗纤维分为 12.35%；其次是对照处理（常规施肥 + 不覆盖蔗渣），甘蔗纤维分为 12.10%；最低的是 50% 施肥 + 不覆盖蔗渣处理，甘蔗纤维分为 10.03%。实验结果表明，蔗渣覆盖和减量施肥对甘蔗纤维分影响规律不明显。

2.2.4 对甘蔗转光度的影响

由表 3 可见，甘蔗转光度最高的是 50% 施肥 + 蔗渣覆盖处理，转光度为 46.65%；其次是对照处理（常规施肥 + 不覆盖蔗渣），转光度为 46.16%；转光度最低的是常规施肥 + 蔗渣覆盖处理，转光度为 43.27%。实验结果表明，蔗渣覆盖和减量施肥对甘蔗转光度影响规律不明显。

3 讨论

蔗渣覆盖能够较好的保持土壤的水分和温度，一定程度上促进了甘蔗萌芽、分蘖以及宿根发株，同时减少雨水的冲刷，能够很好的保持土壤的团粒结构，使土壤保持疏松，有利于甘蔗根系生长，增强了甘蔗抗倒伏能力，促进甘蔗快速生长，提高产量。蔗渣覆盖主要在甘蔗生长期起作用，而在工艺成熟期，蔗渣已经完成腐烂分解，此时对甘蔗蔗糖分的积累影响甚小，因此蔗渣覆盖对甘蔗品质的影响不明显。

本研究结果与陈寿宏等 [6] 对蔗叶覆盖还田的研究结果相一致，说明蔗渣覆盖还田与蔗叶覆盖还田的效果一样。但蔗叶携带了大量的虫卵，直接还田可能导致虫害的大面积爆发，同时蔗叶直接还田也不利于农事操作，因此大部分蔗农还是选择焚烧蔗叶清园；从这一方面考虑蔗渣还田比蔗叶还田效果更佳。

本研究结果表明，减量施肥对甘蔗株高、茎径、亩有效茎数和甘蔗产量等农艺性状没有明显的影响，说明减量施肥并没有显著影响土壤养分含量，这与杨文亭等 [7] 研究结果一致。减量施肥对甘蔗品质没有显著影响，说明氮肥对提高甘蔗蔗糖分没有显著作用；据赵炳华 [8] 研究结果表明，钾、硫、镁肥能够提高甘蔗蔗糖分，因此，多施钾、硫、镁肥，少施氮肥对甘蔗品质有促进作用。

参考文献

[1] 李伟伟，赵四东，黄璐.广西甘蔗糖业发展态势分析及其升级转型对策研究 [J]. 热带农业科学，2017.31（11）：122–128.

[2] 谢金兰，李长宁，何为中，等.甘蔗化肥减量增效的栽培技术 [J]. 中国糖料，2017，39（1）：38–41.

[3] 周林，郭祀远，蔡妙颜.蔗渣的生物利用 [J]. 中国糖料，2004，2：40–42.

[4] 魏阳，彭勃，汪元南，等.利用复合菌系处理甘蔗渣及城市污泥堆肥效果 [J]. 科

学技术与工程，2019，19（7）：316–320.

[5] 张珊珊，张沛然，兰仙软，等 . 中蔗系列甘蔗品种的黑穗病抗性鉴定 [J]. 中国糖料，2019.41（1）：37–40.

[6] 陈寿宏，杨清辉，郭兆建，等 . 蔗叶覆盖还田系列研究 I . 对甘蔗工、农艺性状的影响 [J]. 中国糖料，2016，38（4）：10–13.

[7] 杨文亭，李志贤，赖健宁，等 . 甘蔗 – 大豆间作和减量施氮对甘蔗产量和主要农艺性状的影响 [J]. 作物学报，2014，40（3）：556–562.

[8] 赵炳华 . 甘蔗平衡施肥技术研究 [J]. 甘蔗，1998.5（1）：31–33.

不同原辅料澳洲坚果露酒的挥发性香气成分分析及比较研究

陈海生，张涛，宋海云，贺鹏，许鹏，韦嫒荣，莫庆道，郑树芳，王文林，覃振师

（广西南亚热带农业科学研究所 广西龙州 532415）

摘　要：以广西龙州本地 50%（v/v）度米酒为酒基，以澳洲坚果的壳果、果壳及果仁为原辅料，按照广西龙州当地传统露酒方法进行泡制得到 3 种澳洲坚果露酒，然后采用顶空固相微萃取（HS-SPME）方法结合气相色谱质谱法（GC-MS）对 3 种露酒的挥发性香气成分进行分析、鉴定和比较。研究表明，采用澳洲坚果壳果的露酒相较于其他两者对原酒的增香提质效果不明显。澳洲坚果果壳和果仁露酒两者进一步比较，果壳露酒效果更佳。考虑到果仁是澳洲坚果的最佳食用部分，果壳是在果仁加工过程中需要去掉的部分，可以采用果壳作为主要的露酒原料，再辅以果仁加工过程中的下脚料，这样既可以达到将果壳废物利用，又能增加果仁利用率的目的。

关键词：澳洲坚果露酒；挥发性香气成分；顶空固相微萃取（HS-SPME）；气相色谱质谱（GC-MS）

Analysis and Comparative Study on Volatile Aroma Components of Macadamia Wine with Different Raw Materials

CHEN Haisheng, ZHANG Tao, SONG Haiyun, HE Peng, XU Peng, WEl Yuanrong, MO Qingdao, ZHENG Shufang, WANG Wenlin, QIN Zhenshi

(Guangxi South Subtropical Agricultural Science Research Institute, Longzhou 532415, Guangxi)

Abstract: Three kind of wines were made in 1ocal traditional method, with the local 50% (v/v) nice wine ofGuangxi Longzhou was used as the base wine, and Macadamia caryopsis, shells and nutlets were used as raw material.Then analysis, appraisal and comparison of volatile aroma components were carried out by using headspace solid phasemicroextraction (HS -SPME) method combined with gas chromatography mass spectrometry (GC-MS). The researchshowed that compared with the other two kinds, the effect of wine made of Macadamia caryopsis was not obviouson aggrandizing fragrance and enhancing quality. With fiurther comparison between the wine of macadamia shell andnutlet, the effect of macadamia shells was better. And the nutlet was the best edible part of Macadamia nuts, while theshell was the part that needed to be removed in the processing. Thus the shells could be used as the main infusing rawmaterials, combinded with offcut in the processing. In this way, it could not only makegood use of shells, but alsoincrease the utilization rate of nutlet.

Key words: Macadamia wine; Volatile aroma components; Headspace solid phase Microextraction (HS- SPME);Gas chromatography- -mass spectrometry (GC-MS)

澳洲坚果 (*Macadamia spp.*)，又名夏威夷果、昆士兰坚果等，为山龙眼科 (*Proteaceae*) 澳洲坚果属 (*Macadamia F. Muell*) 热带、亚热带常见多年生的常绿乔木果树。澳洲坚果原产澳大利亚，其果仁营养丰富，香脆可口，炒食、生食均可，被誉为世界上最佳的食用坚果。有研究表明，澳洲坚果有助于降低血液总胆固醇，预防动脉粥样硬化，降低血小板的粘度，降低心脏病、心肌梗塞等心血管疾病的发生。因此，澳洲坚果在国际市场上备受青睐[1-3]。

目前我国是世界上澳洲坚果种植面积最大、产量增长最快的国家，但对于澳洲坚果主要以初级加工为主，如开口壳果、果仁、澳洲坚果油等[14]。近年来有研究者以澳洲坚果带皮鲜果为主要原料，采用脱果皮、筛选分级、干燥、脱壳、果仁分选、果仁干燥和焙炒等工序，加工成澳洲坚果果仁[5]；还有以带壳澳洲坚果为主要原料，采用筛选分级、水洗、开口、浸泡、干燥、焙烤和冷却等工序，加工成调味开口带壳澳洲坚果问。随着种植面积的扩大和产量的提高，深加工和相关副产物的利用势在必行。

本研究以广西龙州本地 50%（v/v）米酒为酒基，以澳洲坚果的带壳果、果壳及果仁为原辅料，按照广西龙州当地传统方法进行泡制得到 3 种露酒，然后采用固相微萃取 (Head Space Solid– Phase Micro–Extractions, HS–SPME) 方法结合气相色谱质谱法 (Gas Chromatography Mass Spectrometry, GC–MS) 对 3 种露酒的挥发性香气成分进行分析、鉴定和比较研究，确定最适合制作露酒的原辅料，以期为进一步拓宽澳洲坚果的综合利用途径提供参考。

1 材料与方法

1.1 材料与试剂

澳洲坚果露酒的制备：广西龙州本地米酒；洗净烘干的带壳果、果壳、果仁，其中果壳、果仁破碎成块状；按照料液比 1 ： 2.2 的配比加入酒瓶中，密封，置于常温阴凉条件下浸泡一年备用。

1.2 仪器与设备

SHIMADZU QP–2010 Plus 型气相色谱 – 质谱联用仪（日本岛津公司）；PAL System 三合一自动进样器（瑞士 CTC 公司）；100 μm SPME 萃取头（美国 Supelco 公司）；ABT220—5DM 分析天平（德国 KERN 公司）；微量移液器（上海热电仪器有限公司）。

1.3 试验方法

1.3.1 挥发性香气成分的检测

1.3.1.1 香气成分的采集 [7-12]

利用顶空固相微萃取（HS–SPME）富集样品的香气，即取一个 20 mL 顶空瓶，用无菌移液管加入待分析的样品 1mL，然后将样品置于固相动态萃取单元下于 65 ℃ 平衡 5 min，再将 100 μm SPME 探针穿过封垫置入顶空瓶的上部顶空中萃取 30 min，转速 250 rpm，萃取结束后直接入 GC—MS 进样口，解析温度 250 ℃，时间 5 min。

1.3.1.2 气相色谱 – 质谱分析条件 [12-14]

气相色谱条件：色谱柱为 VF–WAX ms 毛细管柱（30 m × 0.25 mm，0.25 mm，美国 Varian 公司），载气为高纯度氦气（> 99.999%）；升温程序：起始温度 60 ℃，保持 2 min，然后以 8 ℃ /min 的速度升至 230 ℃，保持 2 min，再以 20 ℃ /min 的速度升至 250 ℃，保持 2 min；载气（He）流速 1.0 mL/min，不分流模式进样，进样口温度 250 ℃，进样量 0.5 mL，进样时间 1 min。质谱条件：电子轰击（EI）离子源，电子能量 70 eV；离子源温度 230 ℃，接口温度 250 ℃；质量扫描（Scan）范围为 50 m/z ~ 550 m/z。

1.3.2 香气成分的定性与定量分析 [15-18]

定性分析：质谱结果经 Wiley.lib 数据库和美国国家标准技术研究所（national institute of standards and technology，NIST）14.lib 谱库检索，并结合有关文献及标准谱图对机检结果进行核对，仅对匹配值（similarity index，SI）>80（最大匹配值为 100）的鉴定结果予以确认。

定量分析：采用峰面积归一化法计算各挥发性成分的相对含量。香气物质相对含量为样品中各种香气物质占总出峰面积的百分数，而总含量为每种样品中所有香气物质占总出峰面积的总百分数。

2 结果与分析

2.1 组分的分离与定性

图1、图2、图3分别为壳果露酒、果壳露酒和果仁露酒香气成分GC/MS总离子图。各组分质谱经计算机谱库检索及资料分析，检出的香气成分如表1、表2、表3所示。从壳果露酒中共鉴定出15种香气成分，如表1所示，包括有酯类、烃类和醛酮类三大类；从果壳露酒中共鉴定出22种香气成分，如表2所示，包括有酯类、酸类、烃类、醇类和醛酮类五大类；从果仁露酒中共鉴定出29种香气成分，如表3所示，包括有酯类酸类、烃类、醇类、醛酮类和醚类六大类。

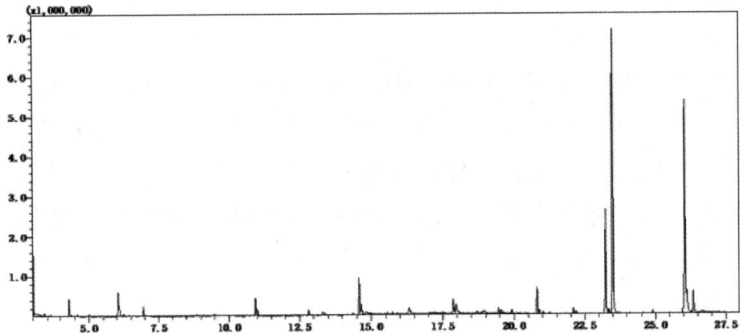

图1　壳露酒香气成分的GC/MS总离子流色图谱

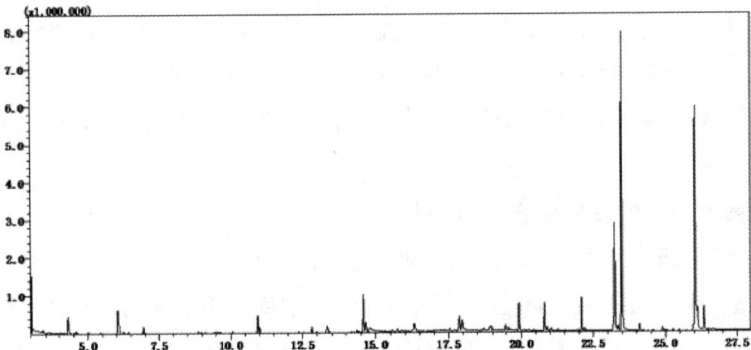

图2　果壳露香气成分的GC/MS总离子流色图谱

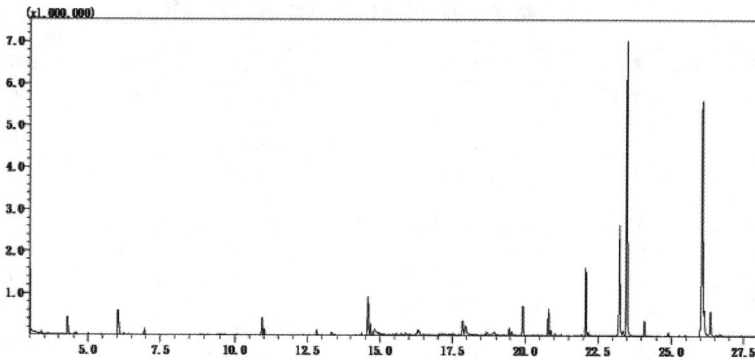

图 3 果仁露酒香气成分的 GC/MS 总离子流色图谱

2.2 香气成分的组成与分析

由表 1、表 2、表 3 可以看出，壳果露酒中挥发性香气成分的种类最少，含量也低，只有三大类 15 种，共 6.76%，其中酯类 1.49%，烃类 3.21%，醛酮类 2.06%；果壳露酒虽只有五大类 22 种，但总含量最高，共 69.10%，其中酯类 62.13%，酸类 0.44%，烃类 4.76%，醇类 0.04%，醛酮类 1.73%；果仁露酒中虽含有六大类 29 种，但总含量低于果壳露酒，共 66.38%，其中酯类 58.96%，酸类 0.42%，烃类 3.25%，醇类 0.42%，醛酮类 3.08%，醚类 0.25%。

表 1 果露酒香气成分 GC/MS 的分析结果

类别编号	保留时间/min	化合物名称	分子式	匹配度/%	相对含量/%
酯类					1.49
1	3.26	甲酸异戊酯	$C_6H_{12}O_2$	84	0.12
2	3.392	丁酸乙酯	$C_6H_{12}O_2$	92	0.34
3	4.585	乙酸异戊酯	$C_7H_{14}O_2$	96	0.17
4	4.63	2-甲基丁基乙酸酯	$C_7H_{14}O_2$	84	0.03
5	6.945	正己酸乙酯	$C_8H_{16}O_2$	95	0.83
烃类					3.21
1	6.036	1,1-二乙氧基-3-甲基丁烷	$C_9H_{20}O_2$	90	2.90
2	8.556	1,1,3-三乙氧基丙烷	$C_9H_{20}O_3$	86	0.03
3	8.861	1,1-二乙基己烷	$C_{10}H_{22}O_2$	88	0.13
4	10.786	1,1-二乙氧基庚烷	$C_{11}H_{24}O_2$	85	0.03
5	12.624	1,1-二乙氧基辛烷	$C_{12}H_{26}O_2$	86	0.05
6	17.155	2,4-二甲基庚烷	C_9H_{20}	84	0.07
醛酮类					2.06
1	4.3	异丁醛二乙缩醛	$C_6H_{18}O_2$	94	1.62
2	6.241	苯甲醛	C_7H_6O	95	0.17
3	9.111	壬醛	$C_9H_{18}O$	92	0.10
4	14.376	壬醛二乙缩醛	$C_{13}H_{28}O_2$	91	0.17

表 2　壳露酒香气成分 GC/MS 的分析结果

类别编号	保留时间/min	化合物名称	分子式	匹配度/%	相对含量/%
酯类					62.13
1	3.265	甲酸异戊酯	$C_6H_{12}O_2$	80	0.22
2	3.399	丁酸乙酯	$C_6H_{12}O_2$	91	0.37
3	4.591	乙酸异戊酯	$C_7H_{14}O_2$	97	0.15
4	6.949	正己酸乙酯	$C_8H_{16}O_2$	95	0.53
5	17.155	二氢猕猴桃内酯	$C_{11}H_{16}O_2$	80	0.1
6	18.918	柠檬酸三乙酯	$C_{12}H_{20}O_7$	86	0.39
7	22.175	十五酸乙酯	$C_{17}H_{34}O_2$	91	0.29
8	23.239	9-十六碳烯酸乙酯	$C_{18}H_{34}O_2$	88	10.35
9	23.491	棕榈酸乙酯	$C_{18}H_{36}O_2$	95	26.95
10	24.908	十七酸乙酯	$C_{19}H_{38}O_2$	92	0.36
11	26.048	油酸乙酯	$C_{20}H_{38}O_2$	92	22.42
酸类					0.44
1	23.361	棕榈油酸	$C_{16}H_{30}O_2$	85	0.44
烃类					4.76
1	6.041	1,1-二乙氧基-3-甲基丁烷	$C_9H_{20}O_2$	90	2.62
2	8.864	1,1-二乙氧基乙烷	$C_{10}H_{22}O_2$	88	0.12
3	10.786	1,1-二乙氧基庚烷	$C_{11}H_{24}O_2$	85	0.03
4	12.624	1,1-二乙氧基辛烷	$C_{12}H_{26}O_2$	85	0.04
5	17.953	正十六烷	$C_{16}H_{34}$	95	1.52
6	19.55	2,6,10,14-四甲基十五烷	$C_{19}H_{40}$	95	0.43
醇类					0.04
1	21.814	1-十六烷醇	$C_{16}H_{34}O$	80	0.04
醛酮类					1.73
1	4.305	异丁醛二乙缩醛	$C_8H_{18}O_2$	94	1.48
2	9.114	壬醛	$C_9H_{18}O$	93	0.09
3	14.377	壬醛二乙缩醛	$C_{13}H_{28}O_2$	90	0.16

　　壳果露酒的挥发性成分种类少，含量低；果壳露酒与果仁露酒的挥发性成分种类、含量相差不大，但明显高于壳果露酒。酯类是果壳露酒与果仁露酒中主要的挥发性香气成分，其中果壳露酒中的酯类占总相对含量的 89.91%，果仁露酒中的酯类占总相对含量的 88.82%。有 4 种是 3 种露酒中都含有的，而且含量上相差不大，分别为甲酸异戊酯、丁酸乙酯、乙酸异戊酯及正己酸乙酯；有 6 种酯类是果壳和果仁露酒中才有的，分别为二氢猕猴桃内酯、十五酸乙酯、9-十六碳烯酸乙酯、棕榈酸乙酯、十七酸乙酯、油酸乙酯，其中棕榈酸乙酯和油酸乙酯含量高，果壳露酒中棕榈酸乙酯和油酸乙酯含量分别为 26.95%、22.42%；果仁露酒中棕榈酸乙酯和油酸乙酯含量分别为 25.2%、22%。相关研究也表明澳洲坚果果仁和果壳中含有丰富的油酸、亚油酸、棕榈油酸以及棕榈酸等挥发性成分 [20-22]，选取的广西龙州本地 50%（v/v）米酒，为高度白酒，乙醇含量高，在泡制过程中，棕榈酸、油酸与乙醇发生酯化反应而生成了大量的棕榈酸乙酯和油酸乙酯，正因为高浓度的乙醇使得棕榈酸乙酯、油酸乙酯

等不会聚集形成颗粒细小的浑浊物，而是充分溶解于酒液中，大大提升了原酒的风味。同时由于露酒中乙醇占总挥发性化合物的相对含量较高，引起其他挥发性组成相对含量较低，与样品的实际风味有一定差别。因此，本研究未将乙醇在挥发性成分中统计[19]（表4）。

表3　果仁露酒香气成分 GC/MS 的分析结果

类别编号	保留时间/min	化合物名称	分子式	匹配度/%	相对含量/%
酯类					58.96
1	3.265	甲酸异戊酯	$C_6H_{12}O_2$	82	0.13
2	3.392	丁酸乙酯	$C_6H_{12}O_2$	90	0.28
3	4.588	乙酸异戊酯	$C_7H_{14}O_2$	96	0.15
4	4.635	2-甲基丁基乙酸酯	$C_7H_{14}O_2$	83	0.03
5	6.947	正己酸乙酯	$C_8H_{16}O_2$	95	0.54
6	17.146	二氢猕猴桃内酯	$C_{11}H_{16}O_2$	80	0.10
7	22.173	十五酸乙酯	$C_{17}H_{34}O_2$	91	0.26
8	23.236	9-十六碳烯酸乙酯	$C_{18}H_{34}O_2$	88	9.94
9	23.488	棕榈酸乙酯	$C_{18}H_{36}O_2$	95	25.20
10	24.903	十七酸乙酯	$C_{19}H_{38}O_2$	92	0.33
11	26.046	油酸乙酯	$C_{20}H_{38}O_2$	92	22
酸类					0.42
1	23.36	棕榈油酸	$C_{16}H_{30}O_2$	85	0.42
烃类					3.25
1	6.038	1,1-二乙氧基-3-甲基丁烷	$C_9H_{20}O_2$	90	2.57
2	6.805	2,2,3-三甲基丁烷	C_7H_{16}	94	0.04
3	8.558	1,1,3-三乙氧基丙烷	$C_9H_{20}O_3$	90	0.02
4	8.863	1,1-二乙基己烷	$C_{10}H_{22}O_2$	87	0.11
5	10.788	1,1-二乙氧基庚烷	$C_{11}H_{24}O_2$	85	0.03
6	12.623	1,1-二乙氧基辛烷	$C_{12}H_{26}O_2$	87	0.04
7	17.421	3,4-二甲基庚烷	C_9H_{20}	85	0.06
8	19.547	2,6,10,14-四甲基十五烷	$C_{19}H_{40}$	94	0.30
9	19.653	3-乙基-3-甲基庚烷	$C_{10}H_{22}$	87	0.04
10	22.961	2,3-二甲基辛烷	$C_{10}H_{22}$	85	0.03
醇类					0.42
1	3.055	2,2-二甲基-1,3-丙二醇	$C_5H_{12}O_2$	86	0.42
醛酮类					3.08
1	4.30	异丁醛二乙缩醛	$C_8H_{18}O_2$	93	1.47
2	9.112	壬醛	$C_9H_{18}O$	92	0.09
3	10.835	二氢-4,4-二甲基-2,3-呋喃二酮	$C_6H_8O_3$	84	0.01
4	14.375	壬醛二乙缩醛	$C_{13}H_{28}O_2$	90	0.15
5	14.812	4-羟基-2-甲氧基苯甲醛	$C_8H_8O_3$	87	1.36
醚类					0.25
1	15.882	香草醇乙醚	$C_{10}H_{14}O_3$	80	0.25

表4　3种露酒香气成分GC/MS分析结果的对比单位：%

序号	物质名称	壳果露酒		果壳露酒		果仁露酒	
		匹配度	相对含量	匹配度	相对含量	匹配度	相对含量
1	甲酸异戊酯	84	0.12	80	0.22	82	0.13
2	丁酸乙酯	92	0.34	91	0.37	90	0.28
3	乙酸异戊酯	96	0.17	97	0.15	96	0.15
4	2-甲基丁基乙酸酯	84	0.03			83	0.03
5	正己酸乙酯	95	0.83	95	0.53	95	0.54
6	二氢猕猴桃内酯			80	0.10	80	0.10
7	柠檬酸三乙酯			86	0.39		
8	十五酸乙酯			91	0.29	91	0.26
9	9-十六碳烯酸乙酯			88	10.35	88	9.94
10	棕榈酸乙酯			95	26.95	95	25.2
11	十七酸乙酯			92	0.36	92	0.33
12	油酸乙酯			92	22.42	92	22.00
13	棕榈油酸			85	0.44	85	0.42
14	1,1-二乙氧基-3-甲基丁烷	90	2.90	90	2.62	90	2.57
15	1,1,3-三乙氧基丙烷	86	0.03			90	0.02
16	1,1-二乙基己烷	88	0.13	88	0.12	87	0.11
17	1,1-二乙氧基庚烷	85	0.03	85	0.03	85	0.03
18	1,1-二乙氧基辛烷	86	0.05	85	0.04	87	0.04
19	2,4-二甲基庚烷	84	0.07				
20	正十六烷			95	1.52		
21	2,6,10,14-四甲基十五烷			95	0.43	94	0.30
22	2,2,3-三甲基丁烷					94	0.04
23	3,4-二甲基庚烷					85	0.06
24	3-乙基-3-甲基庚烷					87	0.05
25	2,3-二甲基辛烷					85	0.03
26	2,2-二甲基-1,3-丙二醇					86	0.42
27	1-十六烷醇			80	0.04		
28	异丁醛二乙缩醛	94	1.62	94	1.48	93	1.47
29	苯甲醛	95	0.17				
30	壬醛	92	0.10	93	0.09	92	0.09
31	壬醛二乙缩醛	91	0.17	90	0.16	90	0.15
32	二氢-4,4-二甲基-2,3-呋喃二酮					84	0.01
33	4-羟基-2-甲氧基苯甲醛					87	1.36
34	香草醛乙醚					80	0.25

3 讨 论

　　蒸馏酒中的酯类物质主要来源于发酵过程中酵母菌的代谢活动以及贮存过程中的酯化反应，也有少部分是原料中的天然酯类[19]。而露酒是以蒸馏酒、发酵酒或食用酒精为酒基，加入可食用或药食两用（或符合相关规定）的辅料或食品添加剂，进行调配、混合或再加工制成的，已改变了其原酒基风格的饮料酒[23]。因此，对于露酒来说，酯类的主要来源是泡制过程中的酯化反应以及原料中的天然酯类。

澳洲坚果露酒是以广西龙州本地 50%（v/v）米酒为酒基，以澳洲坚果的壳果、果壳及果仁为原辅料，按一定的比例进行泡制而成，其中包含了澳洲坚果的独特风味。本研究中澳洲坚果壳果露酒的挥发性成分种类少、含量低，可能是由于澳洲坚果的果壳坚硬，质地致密，内含物质不能很好地溶出，自然溶出的酯类和酒中的物质发生酯化反应生成的酯类也少。由此可见，依照龙州当地传统的采用完整壳果露酒的方法不可取，应将完整壳果破碎或者粉碎成小的颗粒，以便于内含物的溶出。果壳露酒和果仁露酒的酯类挥发性成分含量高，可能由于两个方面的原因引起：一方面可能是果壳与果仁已经破碎成块状，在泡制的过程中，果壳、果仁中的本身含有的酯类挥发性成分大量溶出；另一方面就是果壳、果仁中溶出的醇类和酸类物质与原酒中的醇类和酸类物质彼此间发生酯化反应而生成了大量的酯类物质。由棕榈酸乙酯、油酸乙酯的高含量，也可以证明澳洲坚果果仁和果壳中含有丰富的棕榈酸、油酸等挥发性成分。

4 结论

香气成分的种类和含量是衡量酒品质好坏的重要指标之一。从本研究的结果分析来看，采用澳洲坚果壳果露酒在增加原酒的风味，提高原酒的品质上增效不明显，而采用果壳和果仁露酒无论是从香气成分的种类还是含量上都增效明显。两者进一步比较，果壳露酒效果更佳，但是果仁是澳洲坚果的最佳食用部分，果壳是在果仁加工过程中需要去掉的部分。综合考虑这两个方面，可以采用果壳为主要的露酒原辅料，再辅以果仁加工过程中的下脚料，这既可以将果壳废物利用，又能提高果仁的利用率，对拓宽澳洲坚果的综合利用途径非常有利。当然为了达到最佳的效果，果壳与果仁加工下脚料的破碎程度及如何配比还需要进一步的研究。

参考文献

[1] 贺照勇，倪书邦.世界澳洲坚果种质资源与育种概况 [D].中国南方果树，2008.37(2)：34-38.

[2] 陆超忠.澳洲坚果优质高效栽培技术 [M].北京：中国农业 出版社，2000，9.

[3] Yang J. Brazil nuts and associated health benefits：A review[J].Food Science and Technology 2009，42：1573-1580.

[4] 贺熙勇，陶亮，柳观.等.我国澳洲坚果产业概况及发展 趋势 D].热带农业科技，2015，38(03)：12-16.

[5] 邹建云，郭刚军．澳洲坚果果仁加工工艺条件研究 [J]. 热带作物学报 .2013，34(11)：2295-2300.

[6] 郭刚军，邹建云，徐荣，等 . 调味开口带壳澳洲坚果工工艺条件研究 [D]. 热带作物学报 2012，33(11)：2054-2059.

[7] 王晨，吕世懂，廉明，等 . 顶空固相微萃取结合 GC/MS 分析普洱大叶种乔木茶花香气成分 [D]. 茶叶科学，2016，36(2);175-183.

[8] 廖永红，赵爽，张毅斌，等 . LLE.SDE，SPME 和 GC-MS 结合保留指数法分析二锅头酒中的风味物质 [D]. 中国食品学报， 2014，14(6)：220-228.

[9] 舒杰，徐玉亭，徐娟娣，等 . 酒中挥发性物质提取技术的研究进展 [D]. 食品工业科技 .2012.33(16)：377-382.

[10] Jung H，Lee SJ.Lim JH.et al.Chemical and sensory profles of make geoll，Korean commercial rice wine，from descriptive，chemical， and volatile compound analyses[J]. Food Chemistry，2014.152：624-632.

[11] Revi M，Badeka A.Kontakos et al. Efect of packaging material on enological parameters and volatile compounds of dry white wine[J]. Food Chemistry ，2014，152：331-339.

[12] 静玮，苏子鹏，林丽静 . 澳洲坚果焙烤过程中挥发性成分的特征分析 [D]. 热带作物学报 2016.37(6)：1224-1231.

[13] Pateizia R，Rocchina P，Rossana R，et al.Impact of yeast starter formulations on the production of volatile compounds during wine fermentation[J]. Yeast，2015，32(1)：245-256.

[14] 符祯华，陈华勇，王永华 . 菠萝果醋风味咸分的 GC-MS 分析 [D]. 中国酿造 2009(2)：119-121.

[15] 殷俊伟，龚霄，王晓芳，等 . 红心火龙果果酒挥发性成分分析 [D]. 中国酿造 2016，35(9)：159-162.

[16] 何坚，孙宝国 . 香料化学与工艺学 [M]. 北京：化学工业出版社，1995.

[17] 中国质谱学会有机专业委员会 . 香料质谱图集 [M]. 北京：科学出版社，1992.

[18] 刘树文合成香料技术手册 [M]. 北京：中国轻工业出版社， 2000.

[19] 邓星星，江英，马越，等 . 无花果及其果酒挥发性成分的研究 [D]. 中国酿造，2016.，35(3)：98-103.

[20] 杜丽清，邹明宏，曾辉，等 . 澳洲坚果果仁营养成分分析 [D]. 营养学报，2010，32(1)：95-96.

[21] 王文林，赵静，秦斌华，等 . 澳洲坚果脂肪酸成分分析 [D]. 热带农业工程，2013，37(1);：1-3.

[22] 芦燕玲，李亮星，魏杰，等 . 气质联用法分析澳洲坚果壳的挥发性成分 [D]. 化学研究与应用 .2012，24(3)：433-436.

[23] 全国酿酒标准化技术委员会 (SAC/TC471). 露酒：GB/T 27588- -2011[S]. 北京：中国标准出版社，2011：1-2.

外源铝对茶叶铝含量及其化学品质的影响

农玉琴，覃潇敏，李金婷，陈远权，陆金梅，韦持章，韦锦坚 *

（广西南亚热带农业科学研究所，广西龙州 532415）

摘要 [目的] 研究外源铝对茶叶铝含量及其化学品质的影响。[方法] 通过盆栽试验，研究了不同铝浓度处理对茶叶化学品质及其铝含量的影响。[结果] 土壤施铝能有效提高了春茶和夏茶的化学品质及其铝含量；随着铝浓度的增加，茶叶品质的化学成分均呈先增加后降低的趋势，且在 0.5 或 1.0 mg /kg 处理时效果最佳，而茶叶中铝含量则呈递增的趋势。此外，施用铝肥对春茶品质改善及其铝含量的提高的效应大于夏茶。[结论] 适宜浓度的铝对改善茶叶品质具有明显的促进作用，且根施铝浓度以 0.5 mg /kg ~ 1.0 mg /kg 为宜。

关键词 外源铝；茶叶；铝含量；化学品质

中图分类号 S 571. 1　文献标识码 A　文章编号 0517 — 6611(2018) 20 — 0029 — 03

Effects of Aluminum Application on Chemical Quality of Tea and Its Aluminum Content

NONG Yu-qin, QIN Xiao-min, LI Jing-ting et al

(Guangxi South Subtropical Agricultural Science Research Institute, Longzhou, Guangxi 532415)

Abstract [Objective] To research the effects of aluminum application on chemical quality of tea and its aluminum content. [Method] A pot experiment was carried out to investigate the effects of different aluminum fertilizer treatments on the tea chemical quality and its aluminum content. [Result]The application of aluminum fertilizer could effectively improve the chemical quality and of spring and summer teas and their aluminum contents, and the chemical quality compositions of spring and summer teas were increased and then decreased with the increase of $Na_2 SeO_3$ and reached the peak at 0.5 or 1 .0 mg/kg treatment, while their aluminum contents still increased. In addition, the role of aluminum fertilizer on chemical quality of spring tea and its aluminum content was better than That of summer tea. [Conclusion]The rational application of aluminum fertilizer could promote the Chemical quality of tea, and the proper range was 0.5–1.0 mg/kg.

Key words　Exogenous aluminum ;Tea; Aluminum content ;Chemical qualities

茶叶是一种天然的植物饮料，具有低糖分、多种营养价值和保健功能等优势，在中国和世界已有几千年的栽种和饮用历史。喝茶不仅能生津解渴，而且有益健康。国内外大量研究证明，饮用茶能健齿防龋、增强免疫机能、杀菌抗病毒、防止动脉粥样硬化、降血糖、降压降脂、防止心血管疾病和多种癌症等[1-2]。随着我国国民经济的发展和人民生活水平的提高，茶叶的安全及优质已成为关注的焦点。

铝是地壳中含量最丰富的元素之一，也是组成土壤无机矿物的主要元素，活性铝对植物生长、土壤微生物的活动、水生物以及人体健康都有不利影响[3]。研究表明，适宜浓度的铝能够促进茶树的生长发育，增加茶树对矿质营养元素的吸收，提高茶树的生理活性和抗性，有效改善茶叶的品质。但高浓度的铝会抑制茶树生长，造成铝胁迫[4-7]。因此，茶园土壤中的铝化学行为及对茶树的毒害受到了广泛的关注。鉴于此，笔者以2年生"乌牛早"茶树为对象，探讨不同外源铝浓度平对其茶叶品质和铝含量的影响，以期为更加深入地了解铝与茶叶品质的关系提供一定的依据。

1 材料与方法

1.1 试验地概况

试验于2016年10月在广西南亚热带农业科学研究所温室大棚内进行，该区属典型的南亚热带季风气候，海拔125 m左右，年平均温度在22 ℃以上，年降雨量在1 273.6 mm以上。土壤为酸性红壤，土层深厚，地势平坦，排灌良好，是茶树较适宜的生长的地区。该地土壤理化性状为pH 5.73，有机质10.44g /kg，碱解氮77.5 mg /kg，速效磷13.6 mg /kg，速效钾111.5 mg /kg。

1.2 试验材料

供试茶树品种为2年生的标准"乌牛早"品种茶苗（施肥试验前茶树已经在盆中栽植1年），是广西区的主栽品种。供试肥料：铝肥为$Al_2(SO_4)_3 \cdot 18H_2O$（含$Al_2O_3$15.3%），为分析纯试剂；尿素（46%N）、普通过磷酸钙（16%P_2O_5）、硫酸钾（50%K_2O）。

1.3 试验方法

试验设置4个铝浓度：T0(CK，0)，T1(0.5mg /kg)，T2(1.0 mg /kg)，T3(2.0 mg /kg)，每个处理3次重复，共12盆。试验所用盆体为400 mm×280 mm，每盆装16 kg土，装完土后浇水沉实，每盆种植3株茶苗。整个生育期按常规管理，不使用农药、杀虫剂和杀菌剂，并定期调换盆的位置。

每盆施用等量的尿素、过磷酸钙和硫酸钾，施肥比例：$N : P_2O_5 : K_2O = 1 : 1 : 1$，肥料按每千克土含 0.5 g N 的纯养分来换算。其中，氮肥用量按基肥、春及夏茶追肥40%、30%、30%的比例在各茶季结束后分配施用，铝肥、P 肥和 K 肥作为基肥 1 次施入。

每个处理于 2017 年 4 月（春茶）、6 月（夏茶）分别采摘茶树萌发的标准一芽二叶，将茶叶样品用清水冲洗干净并擦干，置于烘箱中 120 ℃ 杀青 2 min ~ 3 min，80 ℃ 烘干、磨碎，过 1 mm 筛，供化学品质分析使用。

1.4 测定方法

茶叶各品质指标的测定：茶多酚采用酒石酸铁比色法（GB/T8313 — 2002）测定 [8]；氨基酸采用茚三酮比色法（GB/T8314 — 2002）测定 [9]；咖啡碱采用紫外分光光度法（GB/T8312–2002）测定 [8]；可溶性糖采用蒽酮比色法测定 [8]；铝含量采用水杨基荧光酮（SAF）分光光度法测定 [10]。

1.5 数据统计分析

采用 Microsoft Excel 2016 进行数据初处理及制图，采用 SPSS19.0 软件包进行统计方差分析。试验数据采用"平均值 ± 标准差"表示。

2 结果与分析

2.1 外源铝肥对茶叶铝含量的影响

施用铝肥可以显著增加茶叶中铝的含量，且春茶的铝含量高于夏茶。在春茶和夏茶采摘期，随着铝肥施用量的增加，茶叶铝含量均呈递增的趋势，且在 T3 处理含量最高。与不施铝肥（T0 处理）相比，T1、T2、T3 处理的茶叶铝含量在春茶采摘期分别显著提高了 17.01%、53.94% 和 70.12%，在夏茶采摘期也分别显著提高了 18.82%、50.09% 和 66.42%。因此，适宜的外源施铝肥可以提高茶叶中铝的含量。

2.2 外源铝肥对茶叶化学品质的影响

土壤施铝肥对春茶的品质（茶多酚、水浸出物、可溶性糖）改善效应较为明显，但春茶氨基酸、咖啡碱的含量则比夏茶略低。土壤施铝肥能有效提高了春茶和夏茶的品质。随着铝肥施用量的增加，茶叶品质的化学成分（茶多酚、氨基酸、咖啡碱、水浸出物、可溶性糖）均呈先增加后降低的趋势。其中，春茶的茶多酚、水浸出物含量在铝肥浓度为 1.0 mg /kg（T2 处理）时分别明显比对照（T0 处理）提高了 18.41%、6.33%；同时氨基酸、咖啡碱、可溶性糖含量均在铝肥浓度为 0.5 mg /kg（T1 处理）时比对照增加了 4.48%、8.24% 和 7.69%，而仅有可溶性糖达到差异显著性。在夏茶采摘期，土壤施铝肥也有效地改善了夏茶的品质，其中在铝肥浓度为 0.5mg /kg（T1 处理）时，茶叶中氨基酸、咖啡碱、可溶性糖的含量分别比对照（T0 处理）含量显著提高了 14.06%、16.47% 和 8.92%，同时茶多酚、水浸出物的含量则在铝肥浓度为 1.0 mg /kg(T2 处理) 时分别比对照（T0 处理）显著增加了 17.62%、5.36%。由此说明，在一定浓度范围内，土壤施铝肥能有效改善茶叶的化学品质。

3 结论与讨论

3.1 外源铝肥与茶叶化学品质

茶树茶叶中茶多酚、咖啡碱、氨基酸含量是评价茶叶品质的重要指标。茶树是典型的嗜铝植物，适宜浓度的外源铝在一定程度上可以促进茶树的生长发育，但高浓度的铝则会影响其生长和茶叶品质。马小雪等 [11] 研究发现，根施铝浓度为 0.5 g/kg 时可以提高茶叶中茶多酚、氨基酸和咖啡碱的含量。杨凌云等 [12] 研究亦发现，土壤适宜施铝可显著提高茶叶中氨基酸、茶多酚、咖啡碱和可溶性糖的含量。该研究也发现，土壤施铝肥能有效改善春、夏茶的品质，且对春茶品质的改善作用较为显著；随着铝肥施用量的增加，茶多酚、氨基酸、咖啡碱、水浸出物、可溶性糖的质量分数均呈先增加后降低的趋势，在 0.5 或 1.0 mg /kg 达到最大值。但是在茶叶实际生产中，应根据产品定位合理把握使用量，综合考虑铝的毒性和品质优良的平衡。

3.2 外源铝肥与茶叶铝含量

茶树是典型的聚铝植物，已有研究发现适量的铝对茶树生长有诸多益处，对维持茶树良好的生长发育具有重要作用。马小雪等 [11] 研究表明，根施外源铝可以显著提高茶叶中的铝含量，且随着铝施用量的增高而增大。该研究也发现，随着铝肥浓度的递增，茶叶铝含量呈递增的趋势，且在施铝浓度为 2.0 mg /kg 时其含量最高。铝通常被认为是一种对人健康有毒害作用的元素，因此饮茶中的铝是否危害人体健康一直倍受关注。WHO 规定，一个正常成年人每日摄入的铝许可量是 5 mg[13]。一般茶叶的铝浸出率为 4%，该试验中茶叶铝含量最高为 0.451 mg/g，即每天饮用 1 L 茶水（约 10 g 茶叶），摄入的铝仅为 0.18 mg，所以该试验的施铝浓度条件不会对人体健康造成危害。但在实际生产中应兼顾品质的因素，根据产品定位合理把握施用浓度，以期达到最佳的生产效果。

参考文献

[1] FLATEN T P. Aluminium in tea：Concentrations，speciation and bioavailability[J]. Coordination chemistry reviews，2002，228(2)：385 – 395.

[2] RENGEL Z. Aluminium cycling in the soil–plant–animal–human continuum[J]. Biometals，2004，17(6)：669 – 689.

[3] HUANG P M，WANG M K，KAMPF N，et al. Aluminum hydroxides[M//DIXON J B，SCHULZE D G. Soil mineralogy with environmental applications. Madison，Wisconsin：Soil Sci Soc Am，2002：261 – 289.

[4] 郑功宇，陈寿松，苏培凌，等. 铝对茶叶主要化学品质影响的研究进展 [J]. 茶叶科学技术，2013(3)：1–5，10.

[5] 林郑和，陈荣冰. 铝对茶树叶片抗氧化系统的影响 [J]. 热带作物学报，2009，30(5)：598–602.

[6] 罗亮，谢忠雷，刘鹏，等. 茶树对铝毒生理响应的研究 [J]. 农业环境科学学报，2006，25(2)：305–308.

[7] 李海生，张志权. 不同铝水平下茶对铝及矿质养分的吸收与累积 [J]. 生态环境，2007，16(1)：186–190.

[8] 黄意欢. 茶学实验技术 [M]. 北京：中国农业出版社，1997.

[9] 中华全国供销合作总社杭州茶叶研究院. 游离氨基酸总量测定：GB/T8314–2002[S]. 北京：中国标准出版社，2002.

[10] 张捷莉，工春光，苑蕾，等. 几种茶叶中铝含量的测定 [J]. 食品科学，2006，27(12)：688 – 690.

[11] 马小雪，肖斌，闫列娟，等. 不同酸度下外源铝对茶叶铝含量及品质的影响 [J]. 西北农林科技大学学报 (自然科学版)，2012，40(11)：187 – 191，196.

[12] 杨凌云，夏建国，李海霞，等. 硅铝配施对川西蒙山茶叶品质的影响 [J]. 农业环境科学学报，2007，26(S1)：157–160.

[13] WONG M H，FUNG K F，CA R R H P. Aluminum and fluoride contents of tea，with emphasis on brick tea and their health implications[J]. Toxicology letters，2003，137(1/2)：111–120.

"桂热 2 号"红茶香气组成研究

阳景阳，李子平，冯红钰，梁光志，罗莲凤，莫小燕，刘汉焱

（广西南亚热带农业科学研究所，广西崇左 532415）

摘要 [目的] 研究"桂热 2 号"红茶香气成分构成，为"桂热 2 号"红茶的进一步研发提供数据参考。[方法] 采用传统红茶工艺（CT）、新红茶工艺（XG）将"桂热 2 号"茶树鲜叶制成红茶，进行感官审评，并通过固相微萃取（SPME）结合气相色谱－质谱（GC–MS）联用技术鉴定香气成分，分析香气特征。[结果]"桂热 2 号"红茶主要香气成分有咖啡因、芳樟醇、苯甲醇、苯甲醛、苯乙醇、2- 甲基丁醛、水杨酸甲酯、橙花醇等。"桂热 2 号"红茶香气主要表现为甜毫香和花果香，XG 能将工夫红茶香气特性从花果香到甜香转化，且持久性更好。[结论] 新工艺（XG）能影响桂热 2 号红茶的香气及综合品质。

关键词 桂热 2 号；工夫红茶；固相微萃取；气相色谱－质谱法；香气组成

中图分类号 TS 272. 5+ 2　文献标识码 A　文章编号 0517 － 6611(2019) 19 － 0216 － 04doi: 10. 3969/j. issn. 0517 － 6611.2019.19.063

Study of Aroma Components of Guire 2 Black Tea YANG Jing-yang, LI Zi-ping,FENG Hong-yu et al

(Guangxi South Subtropical Agricultural Science Research Institute，Chongzuo，Guangxi 532415)

Abstract [Objective]The research aimed to study the composition of the aroma components of "Guire 2" black tea，and provide data reference for the further development of"Guire 2"black tea. [Method]Using the traditional black tea technology and new black tea technology to make"Guire 2"black tea. Apply sensory quality evaluation and solid-phase micro extraction /gas chromatography-mass spectrometry technology to measure the aroma characters and components. [Result] The main aroma components of"Guijia 2"black tea were caffeine，linalool，benzylalcoho，benzaldehyde，phenylethyl alcohol，2-methylbutanal，methyl salicylate，nerol and so on. The aroma characteristics of "Guire 2" black tea was sweet fragrance and floral or fruity fragrance，XG made aroma characteristics convert floral or fruity fragrance to sweet fragrance，meanwhile，the aroma lasts longer．[Conclusion]The new technology(XG) can affect Guire2 black tea quality and aroma components.

Key words Guire 2; Congou black tea; SPME; GC-MS; Aroma component

红茶是国内外茶叶市场主销茶类，据统计，2017 年世界红茶产量 379.4 万 t，且呈逐年上升趋势，世界红茶出口 140.3 万 t，占出口总量的 78.3%，位居所有茶类第一位 [1]。但我国红茶在国际市场上竞争力逐年下降，主要原因是我国出口红茶品质在国际上处于中下水平。"桂热 2 号"茶树品种 [(桂) 登 (茶) 2006010] 是广西南亚热带农业科学研究所选育的优良品种，其芽叶肥壮、持嫩性好、芽毛特多、内含物丰富、适制性广，适合用来制作红茶，所创制的金毫红茶以其持久的甜毫香气深受消费者喜爱。

按感官上把红茶香气初步分为花香、果香、花果香、甜香等，这种分类方式过于笼统主观，不能客观体现红茶的呈香特点，茶叶中香气物质是由性质不同、含量差异悬殊的多种物质组合而成的，只占干物质的 0.01% ～ 0.05%，却是决定茶叶品质的重要因子之一 [2]，香气成分分析相比于传统的感官审评更为客观详细。固相微萃取 (solid — phase micro extraction，SPME) 是一种样品前处理技术，对于提取茶叶挥发性成分有良好的表现，再通过气相色谱—质谱技术 (gas chromatography — mass spectrometry，GC — MS) 检测，现已从红茶中分离出几百种香气成分 [3]。任洪涛等 [4] 对云大种红茶进行多种方式相结合萎凋加工，挥发油含量从 0.012% 增加至 0.023%，芳樟醇、芳樟醇氧化物、苯乙醛、水杨酸甲酯等显著增加，青叶醇、青叶醛等显著减少；阳景阳等 [5] 对花香型黄观音红茶的研究发现，新工艺较传统工艺红茶 (E) —呋喃芳樟醇氧化物、顺 - α，α-5- 三甲基 -5- 乙烯基四氢化呋喃 -2- 甲醇、苯乙醇及香叶醇的含量均有所提升，花香更明显；学者们对"桂热 2 号"的红茶 [6]、白茶 [7]、黄茶 [8] 适制性及工艺参数进行了研究，已初步建立工艺流程，但并未针对香气成分进行分析。"桂热 2 号"作为优良的茶树品种，系统研究还较少，通过 GC-MS 香气成分分析来指导"桂热 2 号"的加工生产是一次新的尝试。该研究运用固相微萃取 (SPME) 结合气相色谱 - 质谱 (GC-MS) 联用技术鉴定"桂热 2 号"红茶香气成分组成，确定呈香物质，为改进"桂热 2 号"工夫红茶制茶工艺提供数据参考。

1 材料与方法

1.1 试验材料

试验材料为广西南亚热带农业科学研究所名优茶叶种植基地的"桂热 2 号"单芽、一芽一叶鲜叶，试验于 2018 年 9—10 月在广西南亚热带农业科学研究所名优茶厂进行。制茶阶段主要仪器设备有热风萎凋槽、6CR-35 型揉捻机、YX-6CFJ-10B 型全自动红茶发酵机、6CTH-9 型茶叶烘焙提香机、簸箕、包茶布。检测阶段主要仪器设备有气相 – 质谱联用仪、全自动化学分析仪、茶叶感官审评专业用具。

1.2 试验方法

1.2.1 制样方法

秋季采摘"桂热 2 号"单芽、一芽一叶鲜叶备用。传统方法 (CT)：鲜叶→萎凋→揉捻→发酵→做形→烘干→精制→成品茶。新工艺 (XG)：鲜叶→晒青→萎凋→揉捻→发酵→做形→毛火→摊凉→足火→精制→成品茶。CT1："桂热 2 号"单芽，传统方法制红茶。XG1："桂热 2 号"单芽，新工艺制红茶。XG2："桂热 2 号"一芽一叶，新工艺制红茶。CT2：云南种一芽一叶，传统工艺制红茶。

1.2.2 SPME 参数

采用固相微萃取 (SPME) 方法提取茶叶香气物质，根据 GB/T 8303—2013《茶磨碎试样的制备及其干物质含量测定》[9] 中的紧压茶试样制备法，取出粉末茶样，混匀、磨碎，然后称取 1 g 茶样放入萃取瓶中，萃取温度 120 ℃，保温 20 min，吸附时间 3 min。SPME 进样针：50/30 μm DVB/CAR/PDMS (Dibinylbenzene / Carboxen / polydimethylsiloxane)。

1.2.3 GC – MS 分析条件

色谱条件：色谱柱 Agilent (60 m × 250 μm × 0. 25 μm)；进样口温度 270 ℃；升温程序：40 ℃ (保持 5 min)，以 15 ℃ /min 升温至 280 ℃ (保持 5 min)，以 15 ℃ /min 升温至 305 ℃ (保持 5 min)；分流比 10：1，流速 2.0 mL/min。质谱条件：SCAN 扫描范围 29 m/z ～ 550 m/z。

1.2.4 GC – MS 分析

由 GC — MS 分析得到的质谱数据经计算机在 NIST 标准谱库的检索，依据相关资料对各峰加以确认，鉴定样品中的挥发性香气成分，用峰面积归一法分析各组成分相对含量。

1.2.5 感官审评

参照 GB/T 23776—2018 茶叶感官审评方法 [10] 进行密码审评。

2 结果与分析

2.1 感官审评

工夫红茶品质因子为外形 (25%)、汤色 (10%)、香气 (25%)、滋味 (30%)、叶底（10%），综合得分 XG1 > XG2 > CT1 > CT2。XG1 总体评分最高（92 分），在外形（92 分）、香气（94 分）、滋味（92 分）方面表现较好，但叶底肥嫩尚红亮，叶底表现不如 CT1。香气方面，XG1、XG2 都表现为甜香、花果香持久，CT1 表现为花果香明显，CT2 为花果香，表明"桂热 2 号"红茶香气主要为甜香和花果香，新工艺能将"桂热 2 号"红茶香气特性从花果香到甜香转化，且持久性更好。

表 1　感官审评品质评语与得分

Table 1　Sensory review quality reviews and scores

红茶样品 Black tea samples	外形 Appearance （25%）	汤色 Liquor color （10%）	香气 Aroma （25%）	滋味 Taste （30%）	叶底 Infused leaf （10%）	总分 Total score （100%）
CT1	状结、显金毫(92)	红明亮(90)	花果香明显(91)	醇厚甘甜(88)	肥嫩红明(91)	90.3
XG1	状结、显金毫(92)	橙红明亮(90)	甜香、花果香持久(94)	甘醇鲜爽(92)	肥嫩红尚亮(89)	92.0
XG2	紧结、显金毫(90)	红、稍暗(88)	甜香、花果香持久(94)	醇厚鲜爽(93)	红尚亮(88)	91.5
CT2	紧结、露毫(90)	红亮(90)	花果香(90)	醇和(89)	红尚亮(88)	89.5

2.2 茶样 GC –MS 结果分析

从表 2 可以看出，4 种茶样共检出 58 种香气物质，其中醇类 18 种、醛类 12 种、酮类 3 种、酯类 1 种、碳氢化合物 8 种、酸类 2 种、其他类 14 种，含量从大到小依次为醇类、咖啡因、醛类、酯类、其他类、酸类、碳氢化合物、酮类。CT1、XG1、XG2、CT2 可鉴定峰面积分别占总峰面积的 90.45%、88.75%、92.74%、89.98%。CT1 相对含量较高的香气成分有咖啡因 (28.691%)、芳樟醇 (17.477%)、苯乙醇 (8.027%)、橙花醇 (7.106%)、水杨酸甲酯 (5.598%)、苯甲醇 (2.676%) 等；XG1 相对含量较高的香气成分有咖啡因 (27.984%)、芳樟醇 (20.998%)、苯乙醇 (9.343%)、水杨酸甲酯 (4.138%)、2- 甲基丁醛 (2.555%)、异戊醛 (2.209%) 等；XG2 相对含量较高的香气成分有咖啡因 (34.975%)、苯乙醇 (9.882%)、水杨酸甲酯 (6.905%)、芳樟醇 (5.724%)、苯甲醇 (4.158%)、冰醋酸 (3.748%)、橙花醇 (3.268%)、苯乙醛 (2.979%) 等；CT2 相对含量较高的香气成分有咖啡因 (37.940%)、芳樟醇 (6.792%)、糠醇 (4.767%)、2,2,6- 三甲基 –6- 乙烯基四氢 –2H —呋喃 –3- 醇 (4.212%)、苯乙醛 (4.003%)、水杨酸甲酯 (3.152%)、顺 –α,α –5- 三甲基 –5- 乙烯基四氢化呋喃 –2- 甲醇 (2.929%)、2- 甲基丁醛 (2.301%)、2- 甲基吡嗪 (2.301%) 等。

表2　香气成分名称及相对含量

Table 2　Name and relative content of aroma component

编号 No.	CAS 号 CAS No.	香气成分名称 Name of aroma component	相对含量 Relative content∥%			
			CT1	XG1	XG2	CT2
1	67-56-1	甲醇	0.806	—	—	1.713
2	67-64-1	丙酮	0.802	—	—	0.675
3	75-18-3	二甲基硫	—	1.963	1.590	0.334
4	78-84-2	异丁醛	0.613	0.896	0.424	1.203
5	64-19-7	冰醋酸	0.940	0.971	3.748	1.517
6	590-86-3	异戊醛	1.260	2.209	0.818	1.404
7	96-17-3	2-甲基丁醛	1.239	2.555	0.899	2.301
8	3208-16-0	2-乙基呋喃	—	0.235	—	0.117
9	98-00-0	糠醇	—	—	—	4.767
10	1998-1-1	糠醛	0.309	0.152	1.312	1.001
11	497-23-4	2(5H)-呋喃酮	—	—	—	1.398
12	1066-42-8	二甲基硅烷二醇	—	—	0.249	—
13	1576-95-0	顺-2-戊烯醇	0.245	0.126	0.284	—
14	66-25-1	正己醛	0.169	0.489	0.241	
15	109-08-0	2-甲基吡嗪	0.295	—	0.425	2.301
16	6728-26-3	2-己烯醛	—	—	0.926	
17	544-12-7	反式-3-己烯-1-醇	1.111	—	0.588	
18	928-95-0	反式-2-己烯-1-醇	0.168	0.143	0.275	
19	66-25-1	正己醇	—	0.192	0.128	
20	71228-22-3	5-(benzylamino)-2-(4-tert-butylphenyl)-1,3-oxazole-4-carbonitrile	0.229	0.372		
21	2415-72-7	Propylcyclopropane	0.255			
22	543-49-7	(S)-(+)-2-庚醇	0.280	0.507		
23	1192-62-7	2-乙酰基呋喃	0.268	—	0.401	
24	108-50-9	2,6-二甲基吡嗪	0.226	—	0.244	0.114
25	620-02-0	5-甲基呋喃醛	0.109	—	0.357	0.213
26	100-52-7	苯甲醛	0.537	0.666	1.781	1.241
27	2314-78-5	N-乙基马来酰亚胺	—	—	0.438	
28	3777-69-3	2-正戊基呋喃	—	1.229	0.598	0.100
29	127-91-3	beta-蒎烯	0.352			
30	4030-22-2	3,4-DIMETHYL-2,5-DIHYDRO-1H-PYRROL-2-ONE	1.674	—	0.851	0.413
31	5989-27-5	(+)-柠檬烯	—	—	—	0.834
32	1003-29-8	2-吡咯甲醛	—	—	0.121	0.249
33	100-51-6	苯甲醇	2.676	3.901	4.158	0.980
34	3338-55-4	罗勒烯异构体混合物	0.187	—	0.212	0.172
35	122-78-1	苯乙醛	1.415	1.569	2.979	4.003
36	2167-14-8	1-Ethyl-1H-pyrrole-2-carbaldehyde	1.688	1.366	1.468	1.877
37	1072-82-8	3-乙酰基吡咯	0.726	—	0.821	
38	5989-33-3	顺-α,α-5-三甲基-5-乙烯基四氢化呋喃-2-甲醇	0.442	0.329	—	2.929
39	78-70-6	芳樟醇	17.477	20.998	5.724	6.792
40	13741-21-4	(E)-2,6-Dimethyl-3,7-octadiene-2,6-diol	1.117	—	1.654	—
41	1960-12-8	苯乙醇	8.027	9.343	9.882	1.591
42	2314-78-5	N-乙基琥珀酰亚胺	0.425	0.215	0.471	1.711
43	14049-11-7	2,2,6-三甲基-6-乙烯基四氢-2H-呋喃-3-醇	0.678	0.329	0.561	4.212
44	119-36-8	水杨酸甲酯	5.598	4.138	6.905	3.152
45	496-16-2	2,3-二氢苯并呋喃	0.338	0.497	0.447	
46	106-25-2	橙花醇	7.106	1.721	3.268	1.211
47	31295-56-4	2,6,11-TRIMETHYLDODECANE	—	0.645	0.154	—
48	4411-89-6	α-亚乙基-苯乙醛	—	—	0.138	0.265
49	128-37-0	抗氧剂264	—	—	—	0.281
50	488-10-8	茉莉酮	0.185	0.248	0.120	
51	29873-99-2	(-)-γ1-ethenyl-1-methyl-2-(1-methylethenyl)-4-(1-methylethylidene)-cyclohexane,γ-elemene	—	0.377	0.255	
52	483-76-1	(+)-DELTA-CADINENE	—	—	0.133	0.313
53	7212-44-4	橙花叔醇	1.116	1.117	0.798	
54	629-78-7	正十七烷	—	0.521	0.257	
55	102608-53-7	3,7,11,15-四甲基十六烯-1-醇(叶绿醇)	0.856	0.396	0.209	0.081
56	1958-8-2	咖啡因	28.691	27.984	34.975	37.940
57	1957-10-3	棕榈酸	0.099	0.217	—	0.605
58	150-86-7	植物醇	—	—	0.277	0.286

注：“—”代表未检出

Note:“—” means not detected

CT1、XG1、XG2 共有的香气物质 23 种，分别占 81.76%、82.03%、81.75%，其中苯甲醇（芳香）、苯甲醛（杏仁味）、苯乙醇（玫瑰花香）、2-甲基丁醛、水杨酸甲酯（薄荷香味）、橙花醇（柑橘香）、咖啡因、芳樟醇（玉兰花香）的含量较高，这些物质奠定了"桂热 2 号"红茶的香气基调。香气成分的含量差异是区分红茶种类的重要因素之一：CT1 的反式-3-乙烯-1-醇、3，4-DIMETHYL-2，5-DIHYDRO-1H-PYRROL-2-ONE、水杨酸甲酯、橙花醇显著高于 CT2，特别是橙花醇高出了 312.90%；而 CT1 的二甲基硫、异戊醛、2-正戊基呋喃、苯甲醇、芳樟醇、苯乙醇的含量低于 CT2。XG1 的异戊醛、2-甲基丁醛、2-正戊基呋喃、芳樟醇、橙花叔醇含量高于 XG2，其中芳樟醇尤为明显（高出 266.84%）；而 XG1 的冰醋酸、糠醛、苯甲醛、苯甲醇、苯乙醛、橙花醇、咖啡因含量低于 XG2，其中咖啡因较为明显。综上得知，红茶经过晒青摇青过程后，香气特征由花香向甜果香的转化，新工艺"桂热 2 号"成品红茶表现为甜香明显、香味持久；以单芽和一芽一叶为原料的"桂热 2 号"红茶香气也有区别，单芽红茶的芳樟醇含量更高且咖啡因含量较低。CT2 的苯乙醇、芳樟醇、橙花醇、橙花叔醇、水杨酸甲酯、苯甲醇的含量显著低于 CT1、XG1、XG2；CT2 的咖啡因、2，2，6-三甲基-6-乙烯基四氢-2H-呋喃-3-醇、苯乙醛（似风信子香气）、糠醇、2(5H)-呋喃酮、顺-α，α-5-三甲基-5-乙烯基四氢化呋喃-2-甲醇显著高于 CT1、XG1、XG2，"桂热 2 号"红茶香气表现为甜毫香+花果香，云南滇红香气表现为花果香。

3 结论

（1）"桂热 2 号"红茶主要香气成分有咖啡因、芳樟醇、苯甲醇、苯甲醛、苯乙醇、2—甲基丁醛、水杨酸甲酯、橙花醇等。与云南滇红比较主要香气成分类别差异不大，但各香气成分所占比例有较大区别，"桂热 2 号"红茶中的苯乙醇、芳樟醇、橙花醇、橙花叔醇、水杨酸甲酯、苯甲醇等成分显著高于云南滇红。传统工艺条件下，"桂热 2 号"红茶香气感官表现为甜毫香+花果香，云南滇红香气表现为花果香，总体香气评价"桂热 2 号"红茶优于云南滇红。

（2）4 个茶样中 XG1 总体表现最佳，XG1 工艺为"桂热 2 号"单芽鲜叶→晒青(晴天傍晚，地表温度 30 ℃，30 min)→萎凋（至手握微感刺手）→揉捻→发酵(4 h～5 h)→做形→毛火→摊凉→足火→精制→成品茶。新工艺将乌龙茶晒青工艺与红茶传统工艺相结合，利用太阳紫外线及日光温度促进茶叶中香气物质（芳樟醇等）生成及转化，使"桂热 2 号"红茶香气特性从花果香到甜香转变，且香气持久性更好。

参考文献

[1] 中国茶叶流通协会. 2017 年度世界茶叶产销形势发展报告 [J]. 茶世界，2018(12)：24 – 36.

[2] 宛晓春. 茶叶生物化学 [M]. 3 版. 北京：中国农业出版社，2003：39 – 49.

[3] 赵丹，吕有才. 红茶香气研究进展 [J]. 安徽农业科学，2016，44(23)：45 – 46，83.

[4] 任洪涛，周斌，方林江，等. 云南红茶加工过程中香气成分的变化 [J]. 食品与发酵工业，2013，39(3)：187 – 191.

[5] 阳景阳，冯红钰，何文，等. 花香型黄观音红茶加工技术及内含物分析 [J]. 安徽农业科学，2018，46(34)：155 – 157.

[6] 罗莲凤，梁光志，蓝庆江，等. 茶树新品种桂热 2 号适制性研究 [J]. 江苏农业科学，2012，40(5)：239 – 241.

[7] 罗莲凤，马仙花，梁光志，等. 不同加工工艺对桂热 2 号白茶品质的影响 [J]. 南方农业学报，2012，43(6)：847 – 850.

[8] 李子平，梁光志，阳景阳，等. 花香型桂热 2 号黄茶的研制 [J]. 安徽农业科学，2019，47(3)：142 – 143，182.

[9] 国家质量监督检验检疫总局. 茶磨碎试样的制备及其干物质含量测定：GB/T 8303—2013[S]. 北京：中国标准出版社，2013.

[10] 国家质量监督检验检疫总局. 茶叶感官审评方法：GB/T 23776—2018[S]. 北京：中国标准出版社，2018.

铝硒交互对茶叶化学品质的影响

农玉琴，李金婷，陈远权，陆金梅，廖春文，韦持章，韦锦坚 *

（广西南亚热带农业科学研究所，广西龙州 532415）

摘要 [目的] 研究铝硒交互对茶叶化学品质的影响。[方法] 通过盆栽试验，研究不同硒铝浓度交互处理对茶叶茶多酚、氨基酸、咖啡碱、水浸出物、可溶性糖的影响。[结果] 单铝、单硒处理时，随着铝、硒浓度的增加，茶叶品质的化学成分均呈先增加后降低的趋势。铝硒交互作用下可以有效提高茶叶中茶多酚、氨基酸、水浸出物及可溶性糖含量，且在 Al 浓度为 0.250 mg /kg ±、硒浓度为 0.500 mg /kg ± 时表现出较好的效应。[结论] 茶叶在低浓度的铝、硒时表现出较好的品质，而铝和硒的不同交互比例产生不同程度的交互效应，减弱本身毒性。

关键词 铝；硒；茶叶；化学品质

中图分类号 S 571. 1   文献标识码 A   文章编号 0517 － 6611(2018) 31 － 0019 － 04

Effect of Aluminum and Selenium Interaction on Chemical Quality of Tea

NONG Yu-qin，LI Jin-ting，CHEN Yuan-quan et al

(Guangxi South Subtropical Agricultural Science Research Institute，Longzhou，Guangxi 532415)

Abstract [Objective]Effect of aluminum and selenium interaction on chemical quality of tea was studied. [Method]A pot experiment was carried out to investigate the effects of aluminum and selenium interaction on polyphenols，free amino acids，caffeine，water extract，soluble sugar. [Result]The contents of polyphenols，free amino acids，caffeine，water extract and soluble sugar in tea leaves were increased and then decreased with the increase of aluminum or selenium.   The interaction of aluminum and selenium could effectively improve the contents of polyphenols，free amino acids，water extract and soluble sugar in tea leaves，and reached the peak when Al concentration was 0.250 mg /kg soil，Se concentration was 0. 500 mg /kg soil.   [Conclusion]It suggested that the rational application of aluminum or selenium fertilizer could promote the chemical quality of tea，and the different proportion of A1 /Se could appear the variance effect of interaction to decrease their toxicity.

Key words Aluminum; Selenium; Tea; Chemical qualities

茶树是聚铝的叶用植物，适宜浓度的铝可以促进茶树的发育，提高茶树对营养元素的吸收，改善茶叶的品质，但高浓度的铝会抑制茶树的生长，造成铝胁迫[1-4]，尤其在我国酸雨污染严重的区域，高铝对茶树的毒害更为严重。铝具有生物毒性，且在人体内具有积累性，许多研究认为，人体积累过多的铝后会加速对钙和磷的排泄而使体内代谢失调，还有人认为老年性痴呆是铝的毒性所致[5]。因此，在保证茶叶生长和品质的同时，又能控制茶叶中的铝含量已成为研究的热点。硒是人体必需微量元素，具有抗脂质过氧化、清除体内自由基、提高机体免疫功能、抗癌防癌和抗衰老等作用[6-8]，茶树也是富硒能力较强的植物。少数研究表明，高铝条件下，适宜浓度的硒可以缓解铝胁迫，然而有关硒铝互作对茶叶品质改善的影响等方面研究鲜有报道，适量硒是否能缓解茶树铝毒害的机理尚需进一步验证和探究。

茶（Camellia sinensis L.）是当今世界上最受欢迎的无酒精饮料之一，喝茶不仅能生津解渴，而且对健康有益。国内外大量研究明,饮用茶能健齿防龋、增强免疫机能、杀菌抗病毒、防止动脉粥样硬化、降血糖、降压脂、防止心血管疾病和多种癌症等。此外，茶叶也是我国重要的经济作物，播种面积和产量均位于世界第一，改善茶叶品质必然会提高其经济效益。因此，如何提高和改善茶叶品质的问题越来越受到人们的关注。然而，目前通过施肥手段来调控茶叶品质的研究仅限于氮、磷、钾等大量元素和少量微量元素。因此，该研究通过分析硒、铝与茶叶品质的关系，以期为平衡茶树营养、改善茶叶品质、提高施肥效益提供理论依据。

1 材料与方法

1.1 试验地点概况

试验于 2016 年 10 月在广西南亚热带农业科学研究所温室大棚内进行，该区属典型的南亚热带季风气候，海拔 125 m 左右，年平均温度在 22 ℃以上，年降雨量在 1 273.6 mm 以上。土壤为酸性红壤，土层深厚，地势平坦，排灌良好，是茶树较适宜生长的地区，其土壤理化性状为 pH 5.73，有机质 10.44 g /kg，碱解氮 77.5mg /kg，速效磷 13.6 mg /kg，速效钾 111.5 mg /kg。

1.2 试验材料

1.2.1 供试茶树品种

2 年生的标准"乌牛早"茶苗（施肥试验前茶树已经在盆中栽植 1 年），是广西区的主栽品种。

1.2.2 供试肥料

铝肥为 $Al_2(SO_4)_3 \cdot 18H_2O$，硒肥为亚硒酸钠，均为分析纯试剂；其他肥料为尿素（46% N）、普通过磷酸钙（16% P_2O_5）、硫酸钾（50% K_2O）。

1.3 试验设计

试验为双因素设计，设置 4 个硒浓度 :0 mg /kg ±（Se_0，CK），0.125 mg / kg ±（Se_1），0.250 mg /kg ±（Se_2），0.500 mg /kg ±（Se_3）；4 个铝浓度 : 0 mg /kg ±（Al_0，CK），0.5 mg /kg ±（Al_1），1.0mg /kg ±（Al_2），2.0 mg /kg ±（Al_3），共 16 个处理（表1），每个处理 3 次重复，共 48 盆。试验所用盆体为 300 mm × 250 mm，每盆装 10 kg 土，装完土后浇水沉实，每盆种植 3 株茶苗。整个生育期按常规管理，不使用农药、杀虫剂和杀菌剂，并定期调换盆的位置。

每盆施用等量的尿素、过磷酸钙和硫酸钾，施肥比例 N : P_2O_5 : K_2O= 1 : 1 : 1，肥料按 0.5g(N) /kg 土的纯养分来换算。其中，氮肥用量按基肥、春肥及夏茶追肥 40%、30%、30% 的比例在各茶季结束后分配施用，硒肥、铝肥、磷肥和钾肥作为基肥一次施入。

表 1　铝硒交互处理浓度

Table 1 The treatments of aluminum and selenium interaction

mg/kg

处理 Treatment	铝浓度 Aluminum concentration	硒浓度 Selenium concentration	处理 Treatment	铝浓度 Aluminum concentration	硒浓度 Selenium concentration
T_0（Al_0Se_0）	0	0	T_8（Al_1Se_2）	0.250	0.500
T_1（Al_1Se_0）	0.500	0	T_9（Al_1Se_3）	0.500	0.500
T_2（Al_2Se_0）	1.000	0	T_{10}（Al_2Se_1）	0.125	1.000
T_3（Al_3Se_0）	2.000	0	T_{11}（Al_2Se_2）	0.250	1.000
T_4（Al_0Se_1）	0	0.125	T_{12}（Al_2Se_3）	0.500	1.000
T_5（Al_0Se_2）	0	0.250	T_{13}（Al_3Se_1）	0.125	2.000
T_6（Al_0Se_3）	0	0.500	T_{14}（Al_3Se_2）	0.250	2.000
T_7（Al_1Se_1）	0.125	0.500	T_{15}（Al_3Se_3）	0.500	2.000

1.4 样品的采集及处理

2017 年 4 月 (春茶)、6 月 (夏茶)，每个处理分别采摘茶树萌发的标准一芽二叶，将茶叶样品用清水冲洗干净、擦干，置于烘箱中 120 ℃杀青 2min ~ 3 min，80 ℃烘干、磨碎，过 1 mm 筛，供化学品质分析使用。

1.5 测定方法

茶叶各品质指标的测定：茶多酚采用酒石酸铁比色法（GB/T8313—2002）测定[9]；咖啡碱采用紫外分光光度法（GB/T8312—2002）测定[9]；可溶性糖采用蒽酮比色法测定[9]；氨基酸采用茚三酮比色法（GB/T8314—2002）测定[10]。

1.6 数据统计分析

利用 Microsoft Excel 2016 进行数据初处理及制图，采用 SPSS19.0 软件进行统计方差分析。试验数据采用"平均值 ± 标准差"表示。

2 结果与分析

2.1 铝硒交互作用对叶片中茶多酚含量的影响

茶多酚是鲜叶水溶部分质量分数最多的物质，因此茶多酚可以作为评价茶叶品质的重要指标。由图 1 可知，随着铝、硒浓度的增加，春茶和夏茶中的茶多酚含量均呈先升后降的趋势。在交互过程中，春茶和夏茶中的茶多酚含量在不同交互比例处理（ T_7 ~ T_9，T_{10} ~ T_{12} 和 T_{13} ~T_{15}）下均呈先增加后降低的趋势，且在 T_8（Al_1Se_2）处理下茶多酚含量达到最高，分别为 T_0（Al_0Se_0）处理的 1.3 倍和 1.3 倍。此外，在春茶和夏茶采摘期，与 T_3（Al_3Se_0）处理相比，T_{13}（Al_3Se_1）、T_{14}（Al_3Se_2）处理的茶多酚含量分别提高了 2.39% 和 6.67%、4.48% 和 8.68%，而 T_{15}（Al_3Se_2）处理下降了 7.23%、4.53%。上述结果表明，铝硒交互有利于提高茶叶中茶多酚的含量，适宜浓度的硒在一定程度上可以缓解铝的毒害。

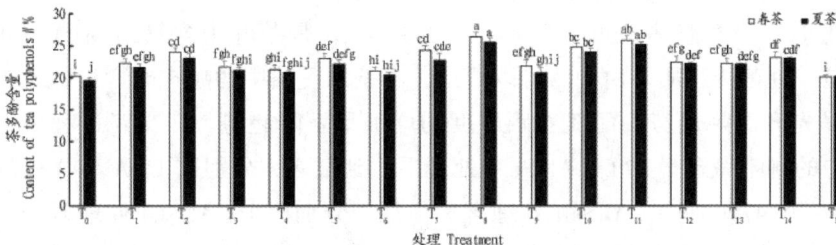

注：柱上不同字母表示不同处理间在 0.05 水平差异显著

Note: Different letters above the bars denoted significant differences in different treatments at 0.05 level

图 1　铝硒交互处理对茶多酚含量的影响

Fig.1　Effect of Al and Se interaction on contents of tea polyphenols

2.2 铝硒交互作用对叶片中氨基酸含量的影响

氨基酸是一类决定茶汤鲜爽度的物质，含量越高茶汤味感越鲜爽。由图 2 可以看出，随着铝、硒浓度的增加，春茶和夏茶中的氨基酸含量也均呈先增加后降低的趋势。在交互过程中，春茶和夏茶中的氨基酸含量在不同交互比例处理 (T_7 ~ T_9,T_{10} ~ T_{12} 和 T_{13} ~ T_{15}) 下均是先增加后降低，且在 T_8(Al_1Se_2) 处理下氨基酸含量达到最高，分别比 T_0(Al_0Se_0) 处理显著增加了 22. 39%、14.61%。此外，在春茶和夏茶期，T_{13}(Al_3Se_1)、T_{14}(Al_3Se_2) 处理的氨基酸含量较 T_3(Al_3Se_0) 处理分别提高 21.43% 和 18.13%、20.63% 和 23.28%，而 T_{15}(Al_3Se_3) 处理分别下降 2.75%、3.17%。上述结果表明，铝硒交互可以有效地提高茶叶中氨基酸含量，适宜浓度的硒在一定程度上可以缓解铝的作用。

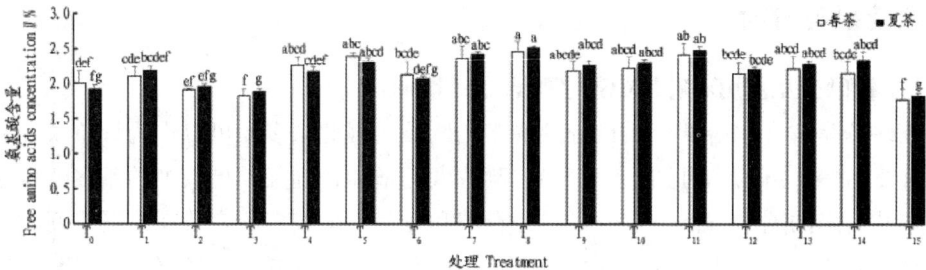

注：柱上不同字母表示不同处理间在 0.05 水平差异显著
Note: Different letters above the bars denoted significant differences in different treatments at 0.05 level.

图 2　铝硒交互处理对氨基酸含量的影响
Fig.2　Effect of Al and Se interaction on free amino acids concentrations

2.3 铝硒交互作用对叶片中咖啡碱含量的影响

咖啡碱一般含量占茶叶干物质的 2% ~ 4%，是茶叶中含量最高的一种生物碱，它是一种苦味物质。由图 3 可以看出，春茶和夏茶中的咖啡碱含量随着铝浓度的增加呈先升后降趋势，而随着硒浓度的增加呈下降趋势。在交互过程中，春茶和夏茶中的咖啡碱含量在 T_{15}(Al_3Se_3) 处理下达到最高，分别比 T_0(Al_0Se_0) 处理提高了 8.24%、16.47%；而 T_8(Al_1Se_2) 处理含量最低，分别比 T_0(Al_0Se_0) 处理显著降低了 14.20%、10.98%。上述结果表明，铝硒交互在一定程度上降低了茶叶的咖啡碱含量。

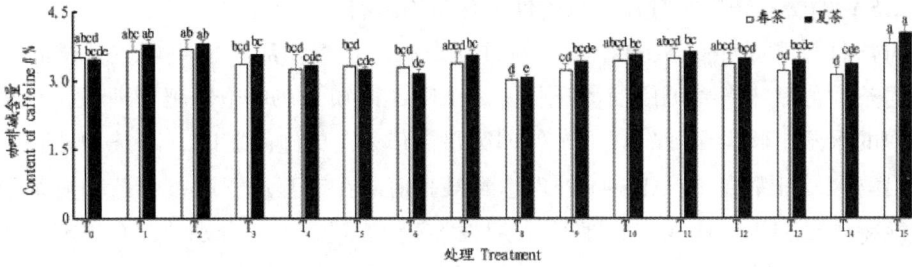

图 3 铝硒交互处理对咖啡碱含量的影响

Fig.3 Effect of A1 and Se interaction on content of caffeine

2.4 铝硒交互作用对叶片中水浸出物含量的影响

由图 4 可以看出，在 T_0、T_1、T_2、T_3 处理下，春茶和夏茶中的水浸出物含量在 T_2(Al_2Se_0) 处理为最高值；在 T_0、T_4、T_5、T_6 处理下，春茶和夏茶中的水浸出物含量分别在 T_4(Al_0Se_1)、T_5(Al_0Se_2) 处理达到最高值。在交互过程中，春茶和夏茶中的水浸出物含量在 T_{11}(Al_2Se_2) 处理下达到最高，分别比 T_0(Al_0Se_0) 处理显著提高了 10.43%、12.66%；其次是 T_{10}(Al_2Se_1) 处理。此外，在春茶和夏茶期，T_{13}(Al_3Se_1)、T_{14}(Al_3Se_2) 处理的水浸出物含量较 T_3(Al_3Se_0) 处理分别提高了 1.22% 和 3.72%、2.45% 和 5.08%，而 T_{15}(Al_3Se_3) 处理分别下降了 3.53%、2.94%。上述结果表明，铝硒交互在一定范围内可以有效改善茶叶的品质。

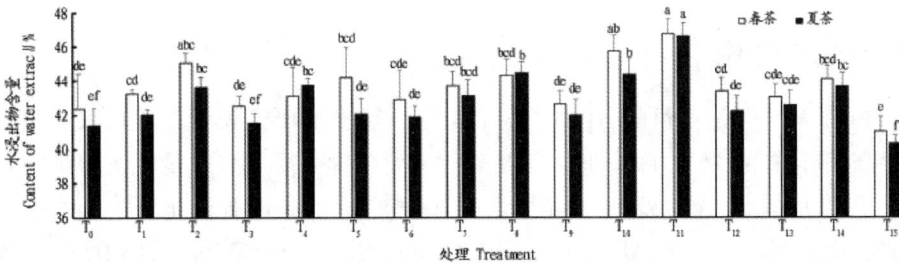

图 4 铝硒交互处理对水浸出物含量的影响

Fig.4 The effect of A1 and Se interaction on content of water extract

2.5 铝硒交互作用对叶片中可溶性糖含量的影响

可溶性糖类是茶汤滋味和香气的重要来源，是茶汤甜味的主要成分，甜味可以消弱茶的苦涩味，并可以使汤味甘醇。由图 5 可知，在单施铝肥处理下，春茶和夏茶中的水浸出物含量 $T_1(Al_1Se_0)$ 处理为最高值；在单施硒肥时，春茶和夏茶中的水浸出物含量分别在 $T_5(Al_0Se_2)$ 处理达到最高值。在交互过程中，春茶和夏茶中的可溶性糖含量在 $T_8(Al_1Se_2)$ 处理下可溶性糖含量达到最高，分别比 $T_0(Al_0Se_0)$ 处理显著增加了 25.79%、27.31%。此外，在春茶和夏茶期，T13(Al_3Se_1)、$T_{14}(Al_3Se_2)$ 处理的可溶性糖含量较 $T_3(Al_3Se_0)$ 处理分别提高了 1.77% 和 5.82%、2.19% 和 3.21%，而 $T_{15}(Al_3Se_3)$ 处理下降了 3.01%、2.15%。上述结果表明，适宜浓度的铝硒交互可以有效改善茶叶的品质。

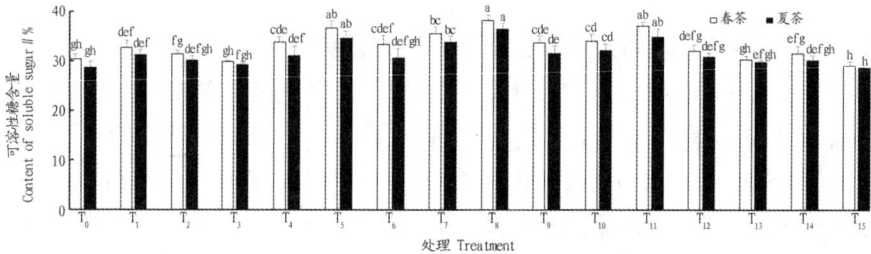

注：柱上不同字母表示不同处理间在 0.05 水平差异显著

Note: Different letters above the bars denoted significant differences in different treatments at 0.05 level

图 5　铝硒交互处理对可溶性糖含量的影响

Fig.5　The effect of A1 and Se interaction on content of soluble sugar

3 结论与讨论

茶树嗜 Al，但是过量的 Al 对茶树有毒害，已有的研究表明，适宜浓度的铝能显著提高茶叶中茶多酚、咖啡碱、氨基酸等主要化学品质成分含量，改善茶叶的品质[11]。茶树亦是富硒能力较强的植物，其体内 80% 的硒以有机化合物形式存在，许多研究亦表明，适量施硒肥可以促进茶树生长发育，提高其抗逆性和产量，改善茶叶的品质[12-13]。该研究中，随着铝、硒浓度的增加，春茶和夏茶中的化学品质成分含量均呈先增加后降低趋势，表明适宜浓度的铝、硒均有利于改善茶叶品质。

铝、硒元素富集是茶树的两大重要特征，两者相互作用影响其生长发育，黄进[14]研究发现，当硒铝都在适宜范围内时，茶树抗氧化性显著提高。然而，目前研究大多停留在单一因素对茶树品质的影响，该试验将这两大因素耦合起来。研究结果表明，铝硒交互可以有效地提高茶叶中茶多酚、氨基酸、水浸出物及可溶性糖含量，且在 Al

浓度为 0.250 mg /kg ±、硒浓度为 0.500mg /kg ±（ Al_1Se_2 ）处理时表现出较好的品质，表明在低浓度的铝、硒交互可以有效地改善茶叶品质，适宜浓度的硒在一定程度上可以缓解铝的作用。

参考文献

[1] 郑功宇，陈寿松，苏培凌，等. 铝对茶叶主要化学品质影响的研究进展 [J]. 茶叶科学技术，2013（3）：1-5.

[2] 林郑和，陈荣冰. 铝对茶树叶片抗氧化系统的影响 [J]. 热带作物学报，2009，30(5)：598 – 602.

[3] 罗亮，谢忠雷，刘鹏，等. 茶树对铝毒生理响应的研究 [J]. 农业环境科学学报，2006，25(2)：305 – 308.

[4] 李海生，张志权. 不同铝水平下茶对铝及矿质养分的吸收与累积 [J]. 生态环境，2007，16(1)：186 – 190.

[5] MCLACHLAN D R C. Aluminum and the risk for Alzheimer's disease[J]. Environmentrics，1995，6(3)：233 – 275.

[6] 李基文. 微量元素硒与健康的研究进展 [J]. 职业卫生与应急救援，2006，24(2)：76 – 79.

[7] LYONS G H，JUDSON G J，ORTIZ-MONASTERIO I，et al. Selenium in Australia：Selenium status and biofortification of wheat for better health[J]. Journal of trace elements in medicine and biology，2005，19(1)：75-82.

[8] 郭胡津，赵振军. 富硒茶中硒的存在形态及其保健作用 [J]. 长江大学学报（自然科学版），2013，10(11)：81 – 83.

[9] 黄意欢. 茶学实验技术 [M]. 北京：中国农业出版社，1997.

[10] 中华人民共和国国家质量监督检验检疫总局，中国国家标准化管理委员会. 茶游离氨基酸总量测定：GB/T 8314-2002[S]. 北京：中国标准出版社，2002.

[11] 马小雪，肖斌，闫列娟，等. 不同酸度下外源铝对茶叶铝含量及品质的影响 [J]. 西北农林科技大学学报(自然科学版)，2012，40(11)：187-191，196.

[12] 金建昌,许晓路.叶面喷施亚硒酸钠对盆栽茶叶硒含量的影响研究[J].江西科学，2014，32(1)：39 – 42

[13] 方兴汉，沈星荣. 硒对茶树生长及物质代谢的影响 [J]. 中国茶叶，1992，14(2)：28 – 30.

[14] 黄进. 硒对茶树抗氧化系统的影响及其在品种间富集特性研究 [D]. 武汉：华中农业大学，2014.

Changes in Soil Microbial Community Structure and Functional Diversity in the Rhizosphere Surrounding Tea and Soybean
茶、大豆根际土壤微生物群落结构和功能多样性的变化

Xiaomin Qin, Chizhang Wei, Jinting Li, Yuanquan Chen, Hai Sheng Chen, Yi Zheng,

Yuqin Nong, Chunwen Liao, Xing Chen, Yanfei Luo,

Jinmei Lu, Zhiyun Zeng and Jinjian Wei

Received: 6th July 2016 / Accepted: 9th September 2016

Abstract:Field trial was conducted to evaluate the effects of different planting patterns (tea monocropping,tea and soybean intercropping, soybean monocropping) on microbial community structure and microbial functional diversity using Biolog technique. Results showed that intercropping treatment exhibited higher average well color development (AWCD), diversity indices and community functional diversity as compared with monocropping. The microbial utilization of 6 types of carbon source indicated some differences. Principal component analysis and cluster analysis demonstrated that intercropping treatment significantly changed the functional diversity of the soil microbial community, mainly depending on carbohydrates and carboxylic acids. Our findings suggested that soil microbial metabolic activities and functional diversity were significantly changed by tea-soybean intercropping.

Keywords: *Intercropping, microbial functional diversity, rhizosphere, soybean, tea*

INTRODUCTION

Tea (Camellia sinensis (L) O. Kuntze) is one of the most popular beverages in the world due to its health benefits that have been investigated especially in cancer prevention due to the presence of polyphenolic substances. (Saravanakumar et al., 2006; Yang et al., 2007; Khokhar and Magnusdottir, 2002), Mainly tea is classified into three main types namely, black tea, green tea and oolong tea according to its production process (Takeo,

1992). It is also a major cash crop in many developing countries, including China, India and Sri Lanka. Currently, China is the largest producer of tea, which accounts for 74.8% of global area and constitutes 41.6% of world production, and the total area under tea plantation is 2.74 million hectares (ITC, 2015).

Soil is an important substance for the growth of the tea plant as well as the absorption of nutrients and therefore, only rich soil can produce high quality tea (Lin et al., 2012). In the soil-plant ecosystem, the soil microorganisms are actively involved in the material and energy cycle of the ecosystem as one of the most active and decisive components (Doran and Zeiss, 2000), affected by a range of factors, such as planting patterns, soil type and climatic conditions. Planting patterns are one of the most important factors. Intercropping, as the essence of traditional agriculture, has been widely spread and applied in agricultural production. Compared to monocropping, numerous studies have shown that intercropping could increase efficiency of utilization of natural resources (Gao et al., 2009; He et al., 2013; Rivest et al., 2010), reduce disease, insect and weed (Hummel et al., 2009; Workayehu and Wortmann, 2011; Abdel- Monaima and Abo-Elyousr, 2012), boost crop yield (Songa et al., 2007; Nataraj et al., 2010; Mao et al., 2012) and enhance soil microbial diversity (Hinsinger et al., 2011; Bainard et al., 2011). Therefore, the fact that how to achieve high quality and yield of tea and sustainable development by ecological regulation attract urgent attention.

As a traditional planting model, tea intercrops with different crops which could increase soil organic matter content and nutrition, improve the micro-climate of tea garden (Sun et al., 2011; Zhang et al., 2014), inhibit weeds and pests, maintain tea garden ecological balance (Kamunya et al., 2008; Ye et al., 2016), promote the tea growth and improve the tea quality and yield (Bore, 2005; Sedaghathoor and Janatpoor, 2012). Previous studies were concentrated primarily on the yield, quality, soil fertility and natural biological diversity, but changes in soil microbial community were not well understood in the tea intercropping system. Therefore, a field trial was conducted to explore whether intercropping improves the soil microbial community structure and function diversity, and provides a further scientific basis for the high yield and quality in the tea intercropping system.

MATERIALS AND METHODS

Study site: Field experiments were conducted in a tea garden (10 years old) of Guangxi South Subtropical Agricultural Science Research Institute at Longzhou,

Chongzuo, Guangxi province in Southwest China (22°21'N, 106°46'E). This region has a typical subtropical monsoon climate with an average annual precipitation of 1273.6 mm, an average annual temperature of 22°C , an altitude of 125 m and an annual sunshine of 1251 h. The soils are acid and red, and its initial properties were as follows: pH 5.86±0.21; soil organic matter 13.17±2.55 g kg^{-1}; available nitrogen 128.44±2.64 mg kg^{-1}; available phosphorus 30.68±2.43 mg kg^{-1}; and available potassium 174.75±3.03 mg kg^{-1}.

Experiment design:

Field trial was conducted with three planting treatments which consisted of tea monocropping, tea and soybean intercropping, soybean monocropping and three replications, on a total of 9 plots in a random block design, and the plot area was 24 m^2. For intercropping, the planting ratios of tea and soybean were 2:2, i.e. every 2 rows tea intercropped with 2 rows soybean per plot. Tea were planted with a row width of 0.4 m and a plant spacing of 0.30 m, and soybean with a row spacing of 0.3 m and a plant spacing of 0.15 m. The fertilizers were applied according to the local custom, and nitrogen fertilizers rates of tea were applied 3 times a year, as at 40%, 30% and 30%, and that of soybean were applied two times at rates of 60%, 40%. Phosphorus fertilizer (P$_2$O$_5$), Potassium fertilizer (K$_2$O) and organic resources were applied as base fertilizers. The fertilizer rates were same in each plot.

Soil sampling

The samplings took place at the beginning of July 2016. First, plant roots were taken off from the soil, shaken off the loose soil and then were brushed off for any remaining soil that was strongly adhered to the roots as rhizosphere soil. 4 plants per monocropping plot and 4 per intercropping plot were randomly selected and then the rhizosphere soils of 4 plants were mixed in one sample. Part of the soil was stored at 4 °C until being used for the microcosm experiment as described below, another part was air-dried, ground and passed through 1-mm and 2-mm mesh sieves for chemical analysis.

Measurements

Biolog Ecoplates (Biolog Inc., Hayward, CA, USA) were used to determine the soil microbial functional diversity based on the utilization of 31 carbon substrates (Garland and

Mills, 1991). Fresh soils (10 g) were extracted by shaking for 30 min at 200 rpm with 90 ml 0.85% NaCl. Ten-fold dilutions were performed until the desired (10-3) dilution was reached. An aliquot (150 ul) of the diluted suspension was placed in each well of the Biolog Ecoplate using a multi-channel repetitive-dispensing pipette. The plates were incubated at 28°C, and the absorbance at 590 nm was recorded at 24 h intervals for 10 days using the reader incorporated into the Biolog GEN III Micro Station TM (USA). Three replicates per treatment and sampling time were performed. The readings at 120 h were used for the statistical analysis.

The overall rate of substrate utilization by microorganisms was measured by calculating the Average Well Color Development (AWCD) for each plate;

$$AWCD = \Sigma\,(C_i - R_i)/31$$

where C_i is the OD in each carbon source well and R_i is the OD of control well. The microbial community diversity was calculated by the Shannon index;

$$H = -\Sigma\,P_i(\ln P_i)$$

where P_i is calculated by subtracting the control from each substrate absorbance and then dividing this value by the total color change recorded for all 31 substrates, $P_i = (C_i - R_i)/\Sigma\,(C_i - R_i)$. The evenness was calculated as $E = H/\ln[\text{richness (S)}]$, where the richness (S) referred to the number of substrates utilized.

Statistical analysis

The carbon sources utilization data were subjected to Principal Component Analysis (PCA) and Cluster Analysis (CA) using Microsoft Excel 2010 with Multibase. The microbial parameters for the different treatments were analyzed by Fisher's Least Significant Difference (LST) test at a significance level of 0.05 after verifying the significance by analysis of variance (ANOVA) using SPSS 19.0 software.

RESULTS

Changes in average well color development (AWCD)

The AWCD used to assess the utilization of overall carbon sources, is an important indicator that reflects the biological activity of soil microorganisms (Diosma et al., 2006). General shifts of the AWCD in different treated soils and changes within the incubation period were shown in Figure 01-A. The total utilization of different carbon sources by soil microorganisms appeared increasing tendency with cultural time, but that was different in different planting patterns. The changes of AWCD values were not obvious within 24h, and then increased rapidly until it tended to stabilize. During the whole culture period, the AWCD values were generally higher in intercropping treatment than that observed under monocropping treatment. Intercropping soybean exhibited the highest AWCD values, whilst the lowest AWCD values were found in monocropping tea.

As indicated in Figure 01-B, on the culture time of 120h, intercropping increased the AWCD values of tea and soybean by 11.52%, 12.99% respectively when compared with monocropping, and with a significant difference between monocropping and intercropping soybeans. Moreover, the AWCD values of soybean were greater than that found in tea. The above analysis suggested that tea and soybean intercropping can promote the utilization of carbon sources by soil microorganisms to increase microbial metabolic activity.

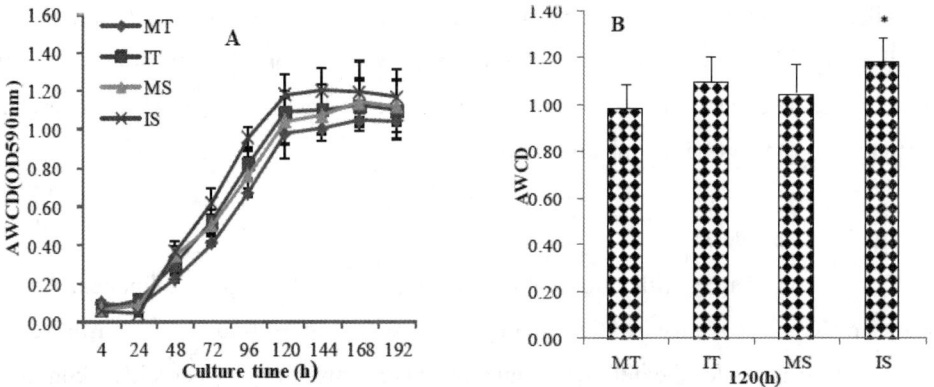

Figure 01: Effects of intercropping on average well color development (AWCD) of 31 carbon sources

Note: MT: Monocropping tea; IT: Intercropping tea; MS: Monocropping soybean; IS: Intercropping soybean. * mean significant difference between monocropping and intercropping pattern (P<0.05). The same below.

Differences in utilizing six types of carbon source by soil microorganisms

Soil microbial activity reflects the total changes of microbial community, and fails to show the detailed information about metabolism, so, study the differences in utilization of different carbon source contribute to more fully understanding the characteristics of microbial community metabolic function (Weber et al., 2007). As shown in Figure 02, the utilization of carbohydrates, carboxylic acids, amino acids and amides by soil microorganisms in the rhizosphere surrounding tea and soybean were stronger, the polymers and phenolic acids were weaker in monocropping and intercropping treatments.

As shown in Figure 03, the microbial utilization of 6 types of carbon source in the rhizosphere surrounding tea and soybean were affected by intercropping, but they had some differences. Compared with the monocropping, intercropping increased the microbial utilization of carboxylic acids, amides, polymers and phenolic acids in the rhizosphere surrounding tea by 45.14%, 72.92%, 24.47%, 141.67%, and a significant difference existed in the utilization of polymers and phenolic acids. At the same time, the microbial utilization of carbohydrates, carboxylic acids, polymers and phenolic acids in the rhizosphere surrounding intercropping soybean were 1.02%, 53.19%, 81.91%, 59.13% higher than that utilized in monocropping treatment, contributing to a significant difference found in the utilization of carboxylic acids, polymers and phenolic acids.

Differences in utilizing single carbon source by soil microorganisms

It can reflect soil microbial community structure by detecting the utilization of soil microorganisms to single carbon source, which will be used to determine the microbial community functional diversity. As shown in Table 01, the utilization of soil microorganisms to α-D-Lactose, β-Methyl-D-Glucoside, D-Xylose, i-Erythritol, D-Mannitol, L-α-Glycerol Phosphate, L-Arginine, L-Phenylalanine, D-Galacturonic acid, D-Glucosaminic acid, α-Ketobutyric acid, D-Malic acid, Tween 40, Cyclodextrin, Putrescine, 2-Hydroxy Benzoic acid and 4-Hydroxy Benzoic acid in intercropping tea were higher than that utilized in monocropping treatment.

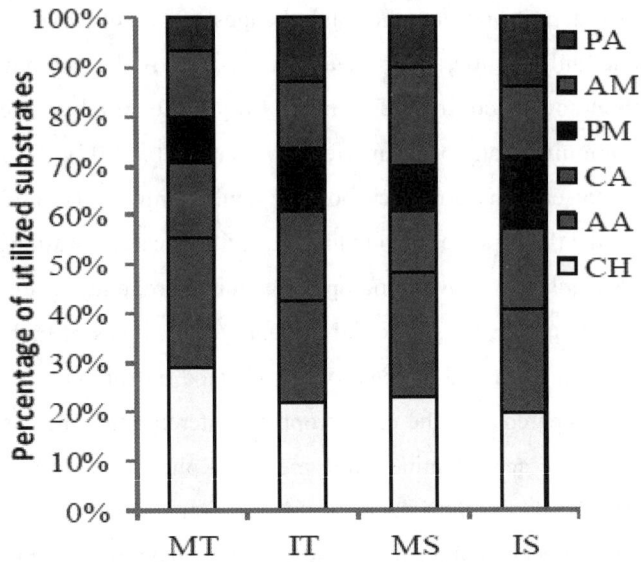

Figure 02: Percentage of utilized substrates by soil microorganisms

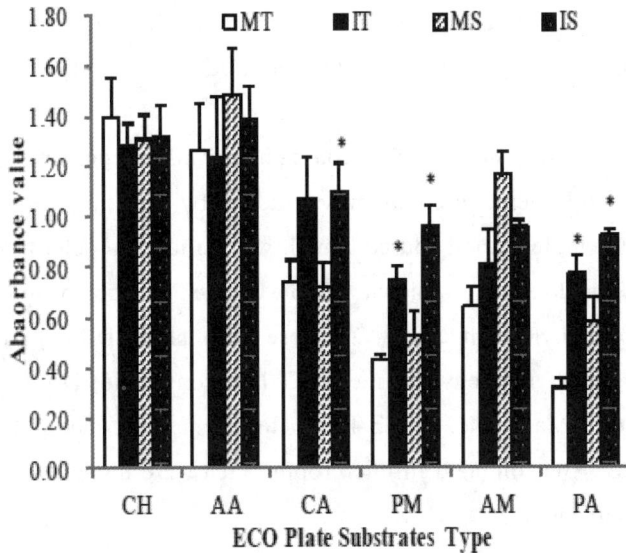

Figure 03: Utilization intensity of soil to six types of carbon source

Note: CH: carbohydrates; AA: amino acids; CA: carboxylic acids; PM: polymers; AM: amines/amides; PA: phenolic acids.

The microbial utilization of β-Methyl-D-Glucoside, D-Xylose, i-Erythritol, D-Galactonic Acid γ-Lactone, L-Phenylalanine, L-Serine, Pyruvic Acid Methyl Ester, D-Glucosaminic acid, D-Galacturonic acid, γ-Hydroxybutyric acid, Itaconic acid, D-Malic acid, Tween 40, Cyclodextrin, Glycogen, Putrescine and 4-Hydroxy Benzoic acid in intercropping soybean were also stronger than that utilized in monocropping treatment. Furthermore, the microbial utilization of carbohydrates and carboxylic acids were more sensitive.

Table 01: Increased Carbon source type utilized by tea and soybean under intercropping

Crops	Carbon sources
Tea	CH: α-D-Lactose, β-Methyl-D-Glucoside, D-Xylose, i-Erythritol, D-Mannitol, L-α-Glycerol Phosphate
	AA: L-Arginine, L-Phenylalanine
	CA: D-Galacturonic acid, D-Glucosaminic acid, α-Ketobutyric acid, D-Malic acid
	PM: Tween 40, Cyclodextrin
	AM: Putrescine
	PA: 2-Hydroxy Benzoic acid, 4-Hydroxy Benzoic acid
Soybean	CH: β-Methyl-D-Glucoside, D-Xylose, i-Erythritol, D-Galactonic Acid γ-Lactone
	AA: L-Phenylalanine, L-Serine
	CA: Pyruvic Acid Methyl Ester, D-Glucosaminic acid, D-Galacturonic acid, γ-Hydroxybutyric acid, Itaconic acid, D-Malic acid
	PM: Tween 40, Cyclodextrin, Glycogen
	AM: Putrescine
	PA: 4-Hydroxy Benzoic acid

Principal component analysis and cluster analysis of soil microbial diversity

Principal component analysis

To provide with a simpler interpretation of the utilization patterns for the 31 carbon resources of all treatments, we analyzed the utilization data with a partial least squares-discriminate enhance analysis (PLS-EDA). As shown in Figure 04A, there was a significant separation between monocropping and intercropping treatments on PC1, where the intercropping treatment was distributed mainly on the negative direction of PC1 and monocropping treatment was distributed mainly on the positive direction of PC1. However, no obvious difference was observed on PC2, which suggested that the carbon source utilization pattern of soil microbial community was significantly affected by intercropping. At the same time, the result indicated ten types of carbon source that were utilized strongly by soil microorganisms. The ten types of carbon source were namely, Tween 40, i-Erythritol, L-α-Glycerol Phosphate, 2-Hydroxy Benzoic Acid, 4-Hydroxy Benzoic Acid, α-Ketobutyric Acid, L-Arginine, L-Threonine, Phenyl ethylamine and Putrescine.

Initial load factors reflect the correlation coefficient between principal component and carbon source utilization; the higher the load factor, the greater effect of the carbon source on the principal component. Choi et al., (1999) believes that load coefficients were greater than 0.18 or less than - 0.18 on PC1 and PC2 could be considered to have a higher load. As shown in Table 02, there were 14 types of carbon source with the higher load on PC1, mainly including carbohydrates (4), amino acids (2), carboxylic acids (3), polymers (2), amines (2) and phenolic acids (1). While there were 9 types of carbon source with higher load on PC2, it mainly includes carbohydrates (3), amino acids (2), carboxylic acids (1), amines (1) and phenolic acids (2). The above analysis indicated that carbohydrates, carboxylic acids were the sensitive carbon sources that distinguish the differences between monocropping and intercropping treatments.

Cluster analysis

Cluster analysis is used to group the abstract objects into multiple categories with similarity that could be more intuitive to show the distance relationships among the objects. As shown in Figure 05, the average well color development (AWCD) of different treatments at 120 h was for cluster analysis. Result shows that intercropping and monocropping treatments is obviously divided into two categories that suggest soil microorganisms has different carbon source utilization pattern between monocropping and intercropping treatments.

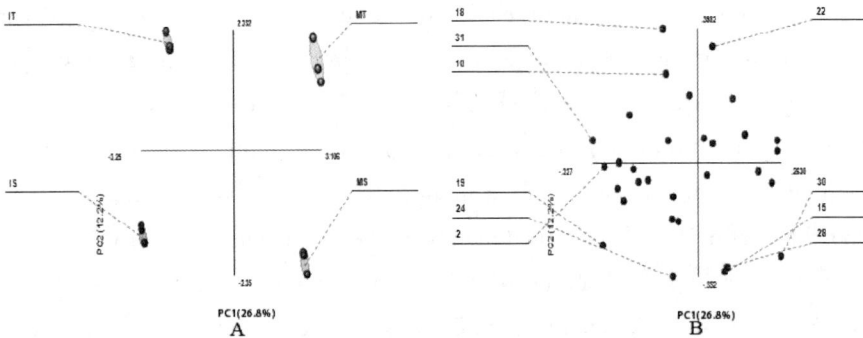

Figure 04: Principal Component analysis of carbon utilization profiles in soil microbial community of

monocropping and intercropping treatments

Table 02: Carbon substrates most heavily loaded on first two principal components (PC) in analysis of ECO micro-plate data

Carbon sources	Substrates	PC1	PC2
Carbohydrates	D-Cellobiose	0.25	
	D-Xylose	-0.19	
	N-Acetyl-D-Glucosamine	0.19	
	Glucose-1-Phosphate	0.25	
	α-D-Lactose		0.26
	D-Mannitol		0.19
	L-α-Glycerol Phosphate		-0.32
Amino acids	L-Asparagine	0.23	
	L-Phenylalanine	-0.25	
	L-Arginine		-0.33
	L-Threonine		-0.31
Carboxylic acids	D-Glucosaminic Acid	-0.20	
	D-Galacturonic Acid	-0.24	
	D-Malic Acid	-0.21	
	α-Ketobutyric Acid		0.34
Polymers	Tween 40	-0.29	
	Cyclodextrin	-0.23	
Amines/amides	Phenyl ethylamine	0.26	-0.27
	Putrescine	-0.33	
Phenolic acids	4-Hydroxy Benzoic Acid	-0.30	-0.24
	2-Hydroxy Benzoic Acid		0.40

The loading was > 0.18 or < −0.18.

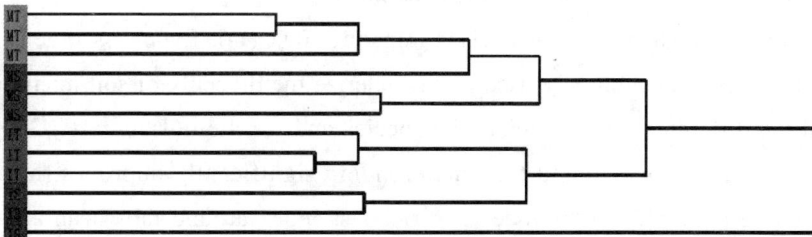

Figure 05: Cluster analysis of carbon utilization profiles

Microbial functional diversity index

The microbial diversity assessed by Shannon index (H), Simpson index (D), Evenness index (E) and Richness index (S) are given in Table 03. These soil microbial diversity indices in intercropping treatment were greater than that found in monocropping, and increased significantly soybeans soil microbial Shannon index (H), Evenness index (E) and Richness index(S) by 7.91%, 4.85 %and 10.14% as compared with monocropping. The increased diversity indicated that the carbon source utilization patterns were more diverse and the higher richness value indicated that a larger variety of substrates were utilized in soils under intercropping.

DISCUSSION

Plant diversity has a significant regulation on rhizosphere microbial diversity. Crops intercropping not only can improve the shoot ecological function, but also indirectly increases soil microbial diversity of the root (Song *et al.,* 2007). Changes in AWCD values with time may be used to characterize mean microbial activity, the higher its value, the higher the metabolic activity (Konopka *et al.,* 1998), and this effect was confirmed in our study. In our study, the microbial utilization of total carbon sources in the rhizosphere around tea and soybean met the growth rule of microbial cultivation, which appeared in the adaptation phase, logarithmic phase and stable phase. In addition, we also found that intercropping treatment increased the AWCD values of soil microorganisms in comparison with those obtained in monocropping soil and these were consistent with the results of previous studies where it was found that found that tea and white clover intercropping (Xu *et al.,* 2008), wheat and faba bean intercropping (Dong *et al.,* 2013; Yang *et al.,* 2014), Soybean and Mulberry intercropping(Deng *et al.,* 2015) could improve the total soil microbial metabolic activities and functional diversity.

Soil microbial Shannon index (H), Simpson index (D), Evenness index (E) and Richness index (S) are commonly used to characterize the diversity of soil microbial, and can reveal the differences of soil microbial species and function (Tian *et al.,* 2003). Nai *et al.,* (2013) where it was found that intercropping significantly improves rhizosphere soil microbial Shannon diversity index and richness index around faba bean and wheat. When compared with monocropping. Kihara *et al.,* (2012) it also reported that microbial Shannon index (H), Simpson index (D) and Richness index (S) were higher in maize-soybean intercropping systems than that observed under monocropping. In our study, the soil microbial Shannon index (H), Simpson index (D), Evenness index (E) and Richness index (S) were higher in tea-soybean intercropping systems than that obtained under monocropping, and the increases of soil microbial diversity indices around soybean were more obvious and these were consistent with the results of previous studies. Lu and Zhang (2006) had reported that the root exudates and plant residues could provide a favorable environment as well as carbon sources and energy for the growth of soil microorganisms. So, the intercropping systems could improve the microbial community metabolic activity and functional diversity may be due to different crops root interaction which will release more abundant root exudates in intercropping system where it could provide more nutrients for growth and reproduction of soil microorganisms that promote the formation of soil microbial community structure diversity than monocropping.

In our study, the microbial utilization of carboxylic acids, amides, polymers and phenolic acids in the rhizosphere surrounding tea in intercropping treatment were greater than monocropping and the utilization of soil microorganisms to carbohydrates, carboxylic acids, polymers and phenolic acids in the rhizosphere surrounding soybean in intercropping were higher than monocropping.

Furthermore, there were 17 types of single carbon source by soil microorganisms in the rhizosphere surrounding tea and soybean in intercropping treatment were stronger than monocropping treatment respectively. Others were weaker than monocropping. It showed that utilization of these carbon sources strengthen or weaken in relation to the amounts of soil microbial population that could utilized such carbon sources to be increased or decreased and these due to the changes and accumulation in crops root exudates under intercropping may enhance the soil microbial functional diversity and may simultaneously lead to some feedback regulation.

Principal component analysis explained the differences in microbial utilization of carbon sources in different treatments. The composition of carbohydrates, amino acids and phenolic acids in root exudates was changed in rice-watermelon systems (Hao *et al.*, 2010). Carbohydrates, carboxylic acids and polymers are the main carbon sources for microbial utilization in the mulberry-soybean intercropping system that could be used as the basis for distinguishing the microbial utilization of carbon sources in different planting patterns (Li *et al.*, 2012). In our study, principal component analysis result suggested that a significant difference was found in monocropping and intercropping treatments on PC1, but no obvious difference on PC2. These indicated that tea-soybean intercropping changed the soil microbial community functional diversity. This was caused by the differences in microbial utilization of the carbon sources with higher load on the PC1, and the main carbon sources with higher load on PC1were the carbohydrates and carboxylic acids. These reflected the carbohydrates and carboxylic acids were the sensitive carbon sources to distinguish difference between monocropping and intercropping treatments that showed changes in soil microbial functional diversity in tea-soybean intercropping system. These were caused by the differences in microbial utilization of carbohydrates and carboxylic acids that suggested that the tea and soybean intercropping may change the composition of carbohydrates and carboxylic acids.

Cluster analysis results also indicated that the soil microorganisms in monocropping and intercropping treatments were divided into two categories, and a significant difference was found in them that suggested soil microorganisms had a different carbon source utilization pattern.

CONCLUSIONS

Tea and soybean intercropping is an important practice of multiple cropping and stereo cultivation for improving tea quality and yield in China. The effects of such an intercropping system on the soil microbial properties remain unclear. In our study, the soil microbial metabolic activities (AWCD) and diversity indices in the rhizosphere surrounding tea and soybean in intercropping were increased compared with those found under monocropping. Principal component analysis and Cluster analysis results suggested that intercropping significantly changed soil microbial community metabolic activities and functional diversity depending mainly on carbohydrates and carboxylic acids. However, the microbial utilization of 6 types of carbon source had some differences. Therefore, future researches should be focused on efforts to gain in-depth knowledge about the tea-soybean intercropping system underlying the changes in soil microbial properties and root exudates, particularly the interrelation between diversity properties and tea quality.

ACKNOWLEDGEMENTS

We thank the Public Basic Research Program of Guangxi (GXNYRKS) (201608,

201501, and 201609) for the financial support.

REFERENCES

[1] Abdel–Monaima, M.F. and Abo–Elyousr K.A.M. (2012). Effect of preceding and intercropping crops on suppression of lentil damping–off and root rot disease in New Valley–Egypt. Crop Protection 32: 41 – 46. https:/doi.org/10.1016/j.cropro.2011.10.011.

[2] Bainard, D., Klironomos, J. and Gordon, A. (2011). Arbuscular mycorrhizal fungi in tree–based intercropping systems:A review of their abundance and diversity. Pedobiologia 54:57 – 61. https:/doi.org/10.1016/j.pedobi.2010.11.001.

[3] Bore, J.K. (2005). Effects of intercrops on yields of young tea. Tea 26: 52–54.

[4] Choi, K.H. and Dobbs, F.C. (1999). Comparison of two kinds of Biolog micro plates (GN and ECO) in their ability to distinguish among aquatic microbial communities. Journal of Microbiological Methods 36: 203–213. https:/doi.org/10.1016/S0167–7012(99)00034–2.

[5] Doran, J.W. and Zeiss, M.R. (2000). Soil health and sustainability: managing the biotic component of soil quality. Applied Soil Ecology 15: 3 – 11. https:/doi.org/10.1016/S0929–1393(00)00067– 6.

[6] Diosma, G., Aulicino, M., Chidichimo, H. and Balatti P.A. (2006). Effect of tillage and N fertilization on microbial physiological profile of soils cultivated with wheat. Soil &Tillage Research 91: 236–243. https:/doi.org/10.1016/j.still.2005.12.008.

[7] Dong, Y., Dong, K., Tang, L., Zheng, Y., Yang, Z.X., Xiao, J.X., Zhao, P. and Hu, G.B. (2013). Relationship between rhizosphere microbial community functional diversity and faba bean Fusarium wilt occurrence in wheat and faba bean intercropping system. Acta Ecologica Sinica 33: 7445 – 7454. https:/doi.org/10.5846/stxb201208281214.

[8] Deng, W., Hu, X.M., Yu, C., Ye, C.H., Li, Y., Xiong, C. and Du, H. (2015). Impact of Intercropping Soybean in Mulberry Field on Soil Microbial Diversity. Acta Sericologica Sinica 41: 997– 1003.

[9] Gao, Y., Duan, A., Sun, J., Li, F., Liu, Z., Liu, H. and Liu, Z. (2009). Crop coefficient and water–use efficiency of winter wheat/spring maize strip intercropping. Field Crops Research 111: 65 – 73. https:/doi.org/10.1016/j.fcr.2008.10.007.

[10] Garland, J.L. and Mills, A.L. (1991). Classification and characterization of heterotrophic

microbial communities on the basis of patterns of community–level sole carbon source utilization. Applied and Environmental Microbiology 57: 2351 – 2359.

[11] He, Y., Ding, N., Shi, J.C., Wu, M., Liao, H. and Xu, J.M. (2013). Profiling of microbial PLFAs: Implication for interspecific interactions due to intercropping which increase phosphorus uptake in phosphorus limited acidic soils. Soil Biol Biochem 57: 625 – 634. https:/doi. org/10.1016/j.soilbio.2012.07.027.

[12] Hinsinger, P., Betencourt, E., Bernard, L., Brauman, A., Plassard, C. and Shen, J.B. (2011). P for two, sharing a scarce resource: Soil phosphorus acquisition in the rhizosphere of intercropped species. Plant Physiology 156: 1078 – 1086. https:/doi. org/10.1104/pp.111.175331.

[13] Hao, W.Y., Ren, L.X., Ran, W. and Shen, Q.R. (2010). Allelopathic effects of root exudates from watermelon and rice plants on Fusarium oxysporum f.sp. niveum. Plant Soil 336: 485–497. https:/doi.org/10.1007/s11104–010–0505–0.

[14] Hummel, J.D., Dosdall, L.M., Clayton, G.W., Turkington, T.K., Lupwayi, N.Z., Harker, K.N. and Donovan, J.T. (2009). Canola – wheat intercrops for improved agronomic performance and integrated pest management. Agronomy Journal 101: 1190 – 1197. https:/doi.org/10.2134/ agronj2009.0032.

[15] International Tea Committee (ITC). 2015. Annual Bulletin of Statistics.

[16] Khokhar, S. and Magnusdottir, S.G.M. (2002). Total phenol, catechin and caffeine contents of tea commonly consumed in the United Kingdom. J. Agric. Food Chem. 50: 565 – 570. https:/doi. org/10.1021/jf0101531.

[17] Kamunya, S.M., Wachira, F.M., Lang'at, J. and Sudoi, V. (2008). Integrated management of root knot nematode (Meloidogyne spp.) in tea (Camellia sinensis) in Kenya. International Journal of Pest Management 54: 129–136. https:/doi. org/10.1080/09670870701757896.

[18] Konopka, A., Oliver, L. and Turco, R.F. (1998). The use of carbon substrate utilization patterns in environmental and ecological microbiology. Microbial Ecology 35: 103–115. https:/doi. org/10.1007/s002489900065.

[19] Kihara, J., Martius, C., Bationo, A., Thuita, M., Lesueur, D., Herrmann, L., Amelung, W. and Vlek, P.L.G. (2012). Soil aggregation and total diversity of bacteria and fungi in

various tillage systems of sub–humid and semi–arid Kenya. Applied Soil Ecology 58: 12 – 20. https:/doi. org/10.1016/j.apsoil.2012.03.004.

[20] Lin, S., Zhuang, J.Q., Chen, T., Zhamg, A.J., Zhou, M.M. and Lin, W.X. (2012). Analysis of nutrient and microbial Biolog function diversity in tea soils with different planting years in Fujian Anxi. Chinese Journal of Eco–Agriculture 20: 1471−1477. https:/doi. org/10.3724/ SP.J.1011.2012.01471.

[21] Lu, Y.H. and Zhang F. S. (2006). The advances in rhizosphere microbiology. Soil 38: 113−121.

[22] Li, X., Zhang, H.H., Yue, B.B., Jin, W.W., Xu, N., Zhu, W.X. and Sun, G.Y. (2012). Effects of mulberry–soybean intercropping on carbon–metabolic microbial diversity in saline–alkaline soil. Chinese Journal of Applied Ecology 23: 1825–1831.

[23] Mao, L.L., Zhang, L.Z., Li, W.Q., Werf, W.V.D., Sun, J.H., Spiertz, H. and Li, L. (2012). Yield advantage and water saving in maize/pea intercrop. Field Crops Research 138: 11 – 20. https:/ doi.org/10.1016/j.fcr.2012.09.019.

[24] Nataraj, D., Shashidhar, K.S., Vinoda, K.S., Chandrashekara, C. and Kalyanamurthy. (2010). Profitability and potentiality of baby corn based leguminous vegetable intercropping system. Environment and Ecology 28: 1433–1436.

[25] Nai, F.J., Wu, L.H., Liu, H.Y., Ren, J., Liu, W.X. and Luo, Y.M. (2013). Effects of intercropping Sedum plumbizincicola and Apium graceolens on the soil chemical and microbiological properties under the contamination of zinc and cadmium from sewage sludge application. Chinese Joumal of Applied Ecology 24: 1428–1434.

[26] Rivest, D., Cogliastro, A., Bradley, R. and Olivier, A. (2010). Intercropping hybrid poplar with soybean increases soil microbial biomass, mineral N supply and tree growth. Agroforestry Systems 80: 33–40. https:/doi.org/10.1007/s10457–010–9342–7.

[27] Saravanakumara, D., Vijayakumarc, C., Kumarb, N. and Samiyappana, R. (2006). PGPR–induced defense responses in the tea plant against blister blight disease. Crop Protection 26: 556 – 565. https:/doi.org/10.1016/j.cropro.2006.05.007.

[28] Sedaghathoor, S. and Janatpoor, G. (2012). Study on effect of soybean and tea intercropping on yield and yield components of soybean and tea. Journal of Agricultural and Biological Science 7: 664–671.

[29] Songa, J.M., Jiang, N., Schulthess, F. and Omwega, C. (2007). The role of intercropping different cereal species in controlling lepidopteran stemborers on maize in Kenya. Journal of Applied Entomology 131: 40–49. https:/doi.org/10.1111/j.1439–0418.2006.01116.x

[30] Sun, Y.N., Liang, M.Z., Xia, L.F., Wang, L., Cai, L., Yang, S.M. and Chen, M. (2011). Effects of intercropping different crops in tea garden on soil nutrients. Southwest China Journal of Ggriculture Sciences 24: 149–153.

[31] Song, Y.N., Zhang, F.S., Marschner, P., Fan, F.L., Gao, H.M., Bao, X.G., Sun, J.H. and Li, L. (2007). Effect of intercropping on crop yield and chemical and microbiological properties in rhizosphere of wheat (Triticum aestivum L.), maize (Zea mays L.), and faba bean (Vicia faba L.). Biology & Fertility of Soils 43: 565–574. https:/doi.org/10.1007/s00374–006–0139–9.

[32] Takeo, T. (1992). Green and semi–fermented teas. In: Willson, K.C., Clifford, M.N. (Eds.), Tea: Cultivation to Consumption. Chapman and Hall, London, pp. 413 – 510. https:/doi.org/10.1007/978–94–011–2326–6_13.

[33] Tian, C.J., Chen, J.K. and Zhong, Y. (2003). Phylogentic diversity of microbes and its perspectives in conservation biology. Chinese Journal of Applied Ecology 14: 609–612.

[34] Weber, K.P., Grove, J.A., Gehder, M., Anderson, W.A. and Legge, R.L. (2007). Data transformations in the analysis of community–level substrate utilization data from micro plates. Journal of Microbiological Methods 69: 461–469. https:/doi.org/10.1016/j.mimet.2007.02.013.

[35] Workayehu, T. and Wortmann, C.S. (2011). Corn–bean intercrop weed suppression and profitability in Southern Ethiopia. Agronomy Journal 103: 1058 – 1063.https:/doi.org/10.2134/ agronj2010.0493.

[36] Xu, H.Q., Xiao, R.L., Song, T.Q., Luo, W., Ren, Q. and Huang, Y. (2008). Effects of mulching and intercropping on the functional diversity of soil microbial communities in tea plantations. Biodiversity Science 16: 166 – 174. https://doi.org/10.3724/SP.J.1003.2008.07093.

[37] Yang, C.S., Lee, M.J., Chen, L. and Yang, G.Y. (1997). Polyphenols as inhibitors of carcinogenesis. Environ. Health Perspect. 105: 4971 – 4976.https:/doi.org/10.1093/carcin/18.12.2361.

[38] Ye, H.X., Han, S.J. and Han, B.Y. (2016). The abundance of pests and natural enemies in the tea plantation intercropped with citrus, waxberry, and Yang, Z.X., Tang, L., Zheng, Y ., Dong, Y.Dong, K(2014).

[39] Effects of different wheat cultivars intercropped with faba bean on faba bean Fusarium wilt, root exudates and rhizosphere microbial community functional diversity. Journal of Plant Nutrition and Fertilizer 20: 570 – 579.

[40] Zhang, X.Q., Chen, J. and Liang, Y.F. (2014). Advances in the effects of intercropping on ecological factors, growth and economic benefits of young tea garden. Guizhou Agriculture sciences 42: 67–71. snake gourd fruit plants. Journal of Anhui Agricultural University 43: 1–4.

Coupling Relationships Between Plant Community and Soil Characteristics in Canyon Karst Region in South-West China

中国西南部峡谷岩溶地区植物群落与土壤特征的耦合关系

QIUJIN TAN, WENLIN WANG, HAISHENG CHEN, ZHENSHI QIN AND SHUFANG ZHENG1,

HAO ZHANG[2,3*], HU DU[2,3] AND TONGQING SONG[2, 3*]

Guangxi South Subtropical Agricultural Science Research Institute, Longzhou, Guangxi Zhuang Autonomous Region, 532415, China

Keywords: Coupling relationship, Canyon Karst region, Species diversity, Soil properties

Abstract

Plant community characteristics in Canyon Karst region in southwest China and analyze the coupling relationships between plant communities and soil properties in different ecosystems have been explored. Eighteen plots (20 × 20 m) in six ecosystems (paddy field, dry land, grassland, shrubbery, artificial forest, and secondary forest) in canyon karst region in south-west China are established. The species composition and diversity characteristics of above mentioned ecosystems were investigated. To find the relationships between vegetation and soil properties, principal component analysis (PCA) and canonical correlation analysis (CCA) were carried out. Forty indices of plant communities and soil properties were chosen. The results showed that with the development of vegetation community succession, species diversity value of the herb layer was larger than that of the shrub. The maximum value of species diversity mainly appeared in the secondary forest. The Canyon Karst Region had high landscape heterogeneity, and different ecosystems had different dominant factors. Species diversity was the dominant factor in karst fragile ecosystems, followed soil microbes and large particle aggregate organic carbon. CCA elucidated a close relationship between species diversity and soil properties (organic carbon, total nitrogen (total P), available nitrogen, Al2O3, Fe2O3, bacteria, actinomycetes and soil microbial diversity). Thus, in vegetation improvement and management practices, it is necessary to consider the heterogeneity of each factor as well as the relationship between vegetation and soil factors.

Introduction

The karst region in south-west China with the area of 550000 km^2 is considered to be fragile because of its special geological background, small environmental carrying capacity, and low tolerance to artificial interference (Gao *et al.* 2011). In recent years, forests have degenerated into coexisting communities to different degrees as a result of the fast-growing population and intensive soil utilization. The karst region in Guizhou Province has the largest area, the most serious desertification, and the most fragile environment in China (Connor *et al.* 2002). The canyon is one of the typical karst landform structures and accounts for over 30% of the total area of 86 counties in Guizhou Province (Bo *et al.* 2009). Serious soil erosion causes the binary hydrogeological structure (Zeng *et al.* 2007). Soil erosion has become increasingly severe, leading to an expansion of rocky desertification and serious natural disasters, which have restricted sustainable development in this region (Salamanca *et al.* 2006). In the process of ecosystem restoration and reconstruction, it is necessary to explore the vegetation succession law and characteristics of soil development.

Moreover, vegetation and soil properties were determined by the interaction between plant community and soil environment (Peng *et al.* 2010, Wei *et al.* 2010). Plant community was generally affected by the quality and quantity of soil fertility and soil fertility status was closely related to the diversity of soil microbial structure and function (Song *et al.* 2005, Liu *et al.* 2003).

To clarify the relationship between the plant community and environmental factors, the potential importance of spatial factors, biotic interactions, and other stochastic factors should be considered (Peng *et al.* 2011). The present study was conducted to find the relationship between plant community characteristics and soil properties within six typical ecosystems (paddy field, dry land, grassland, shrubbery, artificial forest, and secondary forest) in Qinglong County of the south-western Guizhou, south-west China.

Materials and Methods

The study area was located in Qinglong County (253'N-261'N, 1051'E-1055'E) of the south-western Guizhou, south-west China. It belongs to the canyon karst with the highest elevation of 2025 m above sea level. This area has a northern subtropical monsoon climate and the average annual temperature ranges 14.0-15.9°C. Mean annual sunshine time is 1453 hrs and the mean annual precipitation is 1500 - 1650 mm. Most of precipitation occurs between June and September.The mean annual frost-free period is 280 days. The average annual evaporation is 1800 mm and the average humidity is 50%. The terrain in the area is composed of high mountains, deep valley, and steep slopes and the soil belongs to weathered limestone soil of Permian strata.

Six typical ecosystem plots (paddy field, dry land, grassland, shrubbery, artificial forest, and secondary forest) in the area were selected. In the paddy field, the main agricultural plant species included rice (*Oryza sativa* L.) and wheat (*Triticum aestivum* L.). In dry land, the main agricultural plants were corn (*Zea mays* L.) and rapeseed (*Brassica napus* L.). In the artificial grassland, the main plant species included white spines (*Sophora davidii* (Franch.) Skeels), wide leaf finches barnyard grass (*Paspalum wettsteinii* Hack.), perennial ryegrass (*Lolium perenne* L.), and inflorescences (*Dactylis glomerata* L.), white clover (*Trifolium repens* L.), alfalfa (*Medicago sativa* L.), etc. In the artificial grassland, goat is the main domestic animal, including several varieties of Boer goat (*Transgressus* Boer Capra), Local native goat (*Local Niger hircum*), Nanjiang antelope (Nanjiang Yellow) and DuBo sheep (*Dorper oves*). In the shrubbery, the main plant species included Dodonaea (*Dodonaea viscosa* (L.) Jacq.) and tall fescue (*Festuca arundinacea* Shreb.). In the artificial forest, the dominant plant species was catalpa trees (*Catalpa bungei* CA Mey.) and the forest age was between 15 to 20 years. The community structure was simple. The understory vegetation was poorly developed and poorly distributed and the understory coverage was only 6%. The shrub layer was mainly composed of firethorn: *Pyracantha fortuneana* (Maxim.) H. Li (misapplied) and du stem (*Elaeocarpus syluestris* Lour. Poir.). The secondary forest age was between 20 and 40 years. In the tree layer, the dominant species mainly included white oak (*Quercus fabri* Hance), cedrela (*Toona sinensis* (A.Juss.) M.Roem.), and wing pod incense tree (*Cladrastis platycarpa* (Maxim.) Makino). In the shrub layer, the dominant species mainly included the hackberry (*Celtis sinensis* Pers), Broussonetia (*Broussonetia papyrifera* (L.) L'Hér. *ex* Vent.), geranyl tree (*Lindera communis* Hemsl), Yin (*Cinnamomum burmannii* (Nees & T.Nees) Blume),etc.

Experimental design and investigation: In the study area, based on the field investigation, selected six representative ecosystems. Each ecosystem had three plots, which plot included three shrub and three herb layers. The field surveys were conducted in May, 2012. The survey areas of tree, shrub, and herb were 20 m × 20 m, 2 m × 2 m, 1 m×1 m, respectively. For each tree plot, the diameter at the breast height of all the trees and the total number of individual plants were recorded.In addition, in each shrub plot and herb, species and abundance of each shrub and herb were recorded and all the shrubs and herbs in each plot (including roots) were harvested and weighed.We also collected and weighed the ground litter from each 1 m × 1 m herb plot. Each point was =positioned with a GPS system and marked with a bamboo sticker (80 cm high and 8 cm wide). The altitude, vegetation, tillage management, and bare rock ratio were surveyed.

Soil samples were collected in three replicates from each ecosystem from five soil layers at different depths (0 - 10 cm, 10 - 20 cm, 20 - 30 cm, 30 - 50 cm, and 50 - 100 cm). These soil samples were weighed and placed in an aluminum specimen box to measure soil bulk density. A soil drilling sampler was used to collect soil samples from the five layers. The soil samples were placed in sacks, thoroughly mixed, and passed through a 2-mm sieve to remove gravel and roots. Partial soil samples were air-dried in the laboratory to determine the soil nutrients, including pH, soil organic carbon (SOC), total nitrogen (total N), available nitrogen, total phosphorus, available phosphorus, total potassium, available potassium contents were analyzed according to Bao (2000), and MgO, MnO, TiO_2, SiO_2, Al_2O_3, Fe_2O_3, and CaO contents were analyzed according to Liu (1997). Other soil samples were stored in a refrigerator at 4°C to determine soil microbial properties, including fungi, bacteria, actinomyces, soil microbial biomass carbon, soil microbial biomass nitrogen, and soil microbial biomass phosphorus, community metabolism business well color development, Shannon diversity and Shannon evenness, Simpson index and richness of S were analyzed according Wu (2006).

Table 1. Showing the groups of indices used for analysis.

Groups	Indices
Vegetation	Carbon, nitrogen, phosphorus, potassium, richness and Shannon-Wiener index, Simpson index and Pielou index
Soil nutrients	pH value, SOC, aggregate graded SOC (> 5 mm, 2-5 mm, 1-2 mm, 500 mm, 250-500 μm, 53-250 μm), total N, total P, total K, available N, available P and available K
Soil mineral nutrients	MgO, MnO, TiO_2, SiO_2, Al_2O_3, Fe_2O_3, and CaO
Soil microbe	Fungi, bacteria, actinomyces, soil microbial biomass carbon, soil microbial biomass nitrogen, and soil microbial biomass phosphorus, community metabolism business well color development, Shannon diversity and Shannon evenness, Simpson index and richness of S

Forty factors were classified into four groups (Table 1). The relationship between plant community characteristics and soil factors was analyzed using SPSS16.0 software (SPSS INC, Chicago IL, USA). The distribution of the data was tested for normality by check of the abnormal value before analysis. Data were log transformed if the normality failed. (*p > 0.05, ** p < 0.01).

Results and Discussion

Different community types of different ecosystems in the canyon karst region are summarized in Table 2. The ecosystems in the canyon karst region showed the following vegetation succession direction: secondary forest > artificial forest > shrubbery > grassland. The species richness and Shannon index of the herb layer were decreased in the order: secondary forest > artificial forest >shrubbery > grassland (Table 3). The species richness and Shannon index of the grassland were significantly lower than those of other ecosystems. However, no significant difference was found among other ecosystems. The grassland showed the low Simpson index, while the Simpson index of other ecosystems was relatively high (> 0.8). The Simpson indexes of 4 ecosystems were decreased in the order: artificial forest >secondary forest > shrubbery > grassland. The Pielou evenness indexes of 4 ecosystems were decreased in the order: artificial forest > shrubbery >grassland > secondary forest and no significant difference was found among the 4 ecosystems. In artificial forest, the Shannon index, Simpson index, and Pielou evenness index of the herb layer were greater than those of the shrub layer. In secondary forest, except the Pielou evenness index,other diversity indexes of three layers were decreased in the following order: the herb layer > the tree layer > the shrub layer.

Table 2. Representative community types of different ecosystems in the canyon karst region.

Ecosystems	Family number	Genus number	Species number	Community types
PF	-	-	-	*Oryza sativa+ Triticum aestivum*
DL	-	-	⊢	*Zea mays + Brassica napus*
GL	7	11	12	*Paspalum wettsteinii+ Trifolium repens*
SH	9	14	15	*Dodonaea viscosa - Imperata cylindrica*
AF	12	17	19	*Catalpa bungei - Broussonetia papyrifera- Microstegium gratun*
SF	19	24	26	*Quercus fabri - Litsea cubeba - Cyperus microiria*

PF = Paddy field, DL = Dry land, GL = Grassland, SH = Shrubbery, AF = Artificial forest, SF = Secondary

forest (The same hereinafter).

Principal component analysis (PCA) is applied to convert a multi-index problem into a problem of fewer indexes. In PCA results, the new indexes are not related to each other, but they can comprehensively reflect the information of original multiple indexes. Table 4 provides detailed information related to the main factors of different ecosystems. In each of the six ecosystems, the first four PCs had the Eigen values greater than 1 and accounted for 83.4, 84.7, 83.0, 80.9, 88.7 and 89.4% of the total variations in paddy field, dry land, grassland, shrubbery, artificial forest, and secondary forest, respectively (Table 4). The cumulative contribution rate of the first three principal components was over 80% and could fully reflect all information. The contribution rates of principal components of various ecological systems were very high. Main influencing factors of different ecosystems were different. The first four most important influencing factors of paddy field were total N, available N, MBC, and MBN; the most important influencing factor of dry land was AP; the first three most important influencing factors of grassland were total N, MBC, and MBN;the first four most important influencing factors of shrubbery were CaO%, MBC, MBN, and fungi; the first five most important influencing factors of artificial forest were MBN, MBP, bacteria, fungi,and actinomycetes; the first two most important influencing factors of secondary forest were SOC and available N. According to PCA results of 40 indexes of 18 samples six ecosystems in the canyon karst region (Table 5), the accumulative contribution rate of the first 6 principal components was 90.3%. The first three principal components showed the significant dimension reduction effects of other three principal components were not significant. The difference suggested the high heterogeneity among the ecosystems in the canyon karst region. The factors of the PC1 for the ecosystems in the canyon karst region with the largest loads included plant carbon, nitrogen, phosphorus, Shannon-Wiener, Simpson, Pielou evenness index, and bacteria and corresponding loads were 0.945, 0.940, 0.933, 0.965, 0.951, 0.900, and 0.924, respectively. Plant nutrient content, diversity, and bacteria played an important role in the process of ecosystem succession and evolution. In the factors of the PC2, loads of minerals (MgO) and AWCD were −0.8645 and 0.8645, indicating that mineral nutrient and microorganisms were important in the karst ecosystems and that MgO% played the limiting role. In the factors of the PC3, total K and Fe_2O_3% showed the higher loads and played an important role in the initial succession stage of degraded karst ecosystem as well as the operation process (Yang et al. 2007). The factors of PC4, PC5, and PC6 showed the relatively small loads and could be ignored. However, in the study of the interaction relationship among these factors in the karst ecosystem, it is necessary to consider the heterogeneity of each factor as well as the relationship between vegetation and soil factors.

Table 3. Plant diversity indexes of different ecosystems.

Layer	Ecosystems	Pielou evenness index	Shannon-Wiener index	Simpson index	Species richness
Grass layer	GL	0.85Aa	1.21Bb	0.63Bc	4.33Bb
	SH	0.88Aa	2.07Aa	0.85Ab	10.67Aab
	AF	0.93Aa	2.17Aa	0.88Aa	12.00Aa
	SF	0.85Aa	2.27Aa	0.86Ab	14.67Aa
Shrub layer	SH	0.71Ab	0.78Ab	0.44 Ab	3.00Ab
	AF	0.92 Aa	1.25Aa	0.64 Aa	4.50 Aa
	SF	0.96 Aa	1.31 Aa	0.71Aa	4.00 Aa

Table 4. Showing results of the main factors of different ecosystems in the canyon karst region.

Principal	Eco-systems	Principal component factors	Accumulative contribution (%)
Principal component 1	PF	Total N, available N, MBC, MBN	42.63
	DL	Available P	48.30
	GL	Total N, MBC, MBN	46.63
	SH	CaO%, MBC, MBN, Fungi	40.15
	AF	MBN, MBP, Bacteria, Fungi, Actinomycetes	46.15
	SF	SOC, available N	54.59
Principal component 2	PF	Microbe of AWCD, Shannon diversity (H), Shannon evenness (E), Simpson index(D), Richness (S)	71.98
	DL	MBC, MBN, Actinomycetes	78.77
	GL	Layer plant of Shannon-Wiener index, Simpson index, Pielou evenness	73.18
	SH	Plant evenness (S), Plant Shannon-Wiener index, Simpson index, Pielou evenness	77.92
	AF	PH, AWCD	73.28
	SF	Total P, MBN, Bacteria, AWCD, Shannon diversity (H), Shannon evenness (E), Simpson index (D), Richness (S)	77.24
Principal component 3	PF	-	83.41
	DL	Al_2O_3	84.67
	GL	-	82.95
	SH	Mineral of $Al_2O_3\%$, $Fe_2O_3\%$, $TiO_2\%$	80.86
	AF	CaO, Al_2O_3	88.65
	SF	-	89.35

Table 5. Principal component analysis of the ecological systems in the canyon karst region.

Factors	PC1	PC2	PC3	PC4	PC5	PC6	Commu-nalities	Special variance
Plant C (g/kg)	0.9453	0.2439	−0.0480	0.0666	0.0435	0.0196	0.9622	0.0378
Plant N (%)	0.9396	0.1748	−0.0857	0.1660	0.0810	0.0067	0.9549	0.0451
Plant P (%)	0.9330	0.1792	−0.0567	0.1922	0.1404	0.0522	0.9652	0.0348
Plant K (%)	0.8571	−0.1403	0.2305	0.2858	0.0180	0.0677	0.8940	0.1060
Plant (S)	0.8927	−0.0292	−0.3096	0.1249	0.0753	0.0574	0.9182	0.0818
Plant Shannon	0.9654	−0.1248	−0.0941	0.0034	0.0844	0.0964	0.9728	0.0272
Plant Simpson	0.9514	−0.1564	0.0340	−0.0506	0.1328	0.1248	0.9665	0.0335
SOC (g/kg)	0.4301	0.5482	−0.4997	0.2099	0.1802	−0.0722	0.8170	0.1830
>5 mm	0.6794	0.1237	0.3243	−0.6032	−0.1838	0.0894	0.9876	0.0124
2-5 mm	−0.4062	−0.3561	−0.4411	0.4300	0.2270	−0.4498	0.9251	0.0749
1-2 mm	−0.7404	−0.0694	−0.3804	0.4508	0.0482	0.2238	0.9534	0.0466
500 μm-1 mm	−0.71608	0.1049	−0.3276	0.4578	0.0750	0.3026	0.9389	0.0611
250-500 μm	−0.74802	−0.0702	−0.0096	0.4839	0.2864	0.2716	0.9548	0.0452
53-250 μm	−0.6804	0.1384	0.4401	0.4671	0.1100	0.1234	0.9213	0.0787
total N (g/kg)	0.4883	0.4954	−0.3271	0.3044	−0.2726	−0.101	0.7681	0.2319
total P (g/kg)	−0.1920	0.7133	−0.3900	0.1097	−0.2289	−0.0478	0.7645	0.2355
total K (g/kg)	0.1146	0.4533	0.7358	0.4075	0.0248	0.0183	0.9271	0.0729
available N (mg/kg)	0.5874	0.4778	−0.5161	0.1721	−0.0205	−0.1661	0.8973	0.1027
available P (mg/kg)	−0.7268	0.3722	−0.0899	0.0932	−0.3546	−0.194	0.8469	0.1531
available K (mg/kg)	0.1322	0.5128	0.3951	−0.0036	−0.5990	−0.1043	0.8062	0.1938

$SiO_2\%$	−0.3566	0.7381	0.1464	−0.3916	0.1259	0.1639	0.8894	0.1106
$Al_2O_3\%$	0.1443	0.6883	0.6371	0.0941	0.0819	−0.1323	0.9335	0.0665
$Fe_2O_3\%$	0.0672	0.5093	0.7062	0.1546	0.2886	−0.2947	0.9567	0.0433
$CaO\%$	−0.6994	0.1113	−0.1222	0.3732	−0.4655	−0.0607	0.8761	0.1239
$MgO\%$	0.3035	−0.8645	−0.1025	−0.0083	−0.2292	0.0011	0.9025	0.0975
$MnO_2\%$	−0.4579	0.4163	−0.1581	−0.3065	0.4749	−0.447	0.9272	0.0728
$TiO_2\%$	0.0088	0.6177	0.6764	0.2832	0.1902	−0.0645	0.9597	0.0403
MBC (mg/kg)	0.4874	0.4942	−0.5624	−0.1000	−0.0099	0.1975	0.8472	0.1528
MBN (mg/kg)	0.6683	0.3967	−0.4221	0.1819	−0.3057	−0.0439	0.9106	0.0894
MBP (mg/kg)	0.691	0.3879	0.1696	0.0471	−0.2553	−0.0802	0.7306	0.2694
Bacteria (10^6 cfu/g)	0.9241	0.2806	−0.1150	0.0092	0.0122	0.1301	0.9632	0.0368
Fungi (10^4 cfu /g)	0.8623	0.2961	−0.1887	0.0827	0.0747	−0.1098	0.8912	0.1088
Actinomycetes (10^5 cfu/g)	0.813	0.1881	−0.3267	−0.0408	0.1754	−0.1176	0.8493	0.1507
AWCD	−0.2416	0.8615	0.1194	−0.1033	0.0079	0.3418	0.9423	0.0577
Shannon diversity (H)	0.6734	−0.3787	0.5094	0.3106	-0.1230	−0.0251	0.9686	0.0314
Richness (S)	−0.4797	0.7842	0.0606	−0.1429	0.0389	0.2882	0.9537	0.0463
Eigenvalue	17.1866	7.6408	5.3826	2.8397	1.8191	1.2385		
Accumulative contribution (%)	42.97	62.07	75.52	82.62	87.17	90.27		

Canonical correlation analysis (CCA) was used to determine the correlations between two groups of variables. Forty indexes in the canyon karst region can be divided into four groups. The first group of variables included vegetation factors (X1 - X8). The second group of variables included main nutrients and soil pH (Y1 - Y14). The third and fourth groups of variables were soil mineral nutrients (Z1 - Z7) and soil microbiological characteristics (L1 - L11), respectively. Based on canonical correlation analysis, we investigated the relationship between vegetation and the three groups of variables and established the typical variable correlation (Table 6). Cumulative variance contribution rates of the second, third and fourth groups of variables were, respectively 87.21, 81.06 and 87.37%, thus establishing four groups of typical variables (Table 7).

The first, second and third canonical correlation coefficients between vegetation and soil nutrient factors were 0.888, 0.832 and 0.724. The first three groups of correlation coefficients were larger and the differences were significant ($p < 0.01$).

In the first group of typical variables, vegetation factors with the highest load included plant species richness, Shannon-Wiener index, and Simpson index. In soil nutrient factors, the factors with the highest load included the aggregate grade of SOC (250 - 500 μm), tatol

P, and available N, indicating that these factors showed the most significant influences on plant species richness,Shannon-Wiener index, and Simpson index. The plant species richness and Simpson index were negatively correlated with soil total P; the Shannon-Wiener index was positively correlated with aggregate grade of SOC (250 - 500 μm) and available N.

In the second group of typical variables, the plant Simpson index was positively correlated with aggregate grade of SOC (> 5 mm). The third group of typical variables reflected the correlation between plant indexes (plant carbon, plant species richness, and plant Shannon-Wiener index) and the aggregate grade of SOC (250 - 500 μm). Plant species richness was positively correlated with aggregate grade of SOC (250 - 500 μm). The plant carbon and plant Shannon-Wiener index was negatively correlated with aggregate grade of SOC (250 - 500 μm). In typical redundancy analysis (Table 8), 55.7% of variations within variable group could be explained by the first canonical variable (A) of plant factor, which also accounted for 22.4% of variations within the other group (main soil nutrients); 28.5% of variations within variable group could be explained by the canonical variable (A') of main soil nutrient factors, which also accounted for 43.9% of variations within the other group (plant factors); 14.6% of variations within variable group could be explained by the second canonical variable (B), which also accounted for 6.20% of variations within the other group; 8.90% of variations within variable group could be explained by the canonical variable (B'), which also accounted for 13.1% of variations within the other group.

The correlation coefficients of the first two groups of variables between vegetation and soil mineral oxide components were significant ($p < 0.01$). The plant Simpson index and Fe_2O had high loading values, indicating the significant correlation. Similarly, plant carbon storage was strongly correlated with Al2O3 and MgO. Moreover, 11.2% of variations within variable group could be explained by the first canonical variable (A) of plant factors, which also accounted for 12.1% of variations within the other group (soil mineral nutrients); 21.3% of variations within variable group could be explained by the canonical variable (A') of main soil nutrient factors, which also accounted for 6.40% of variations within the other group (plant factors); 27.7% of variations within variable group could be explained by the second canonical variable (B), which also accounted for 11.0% of variations within the other group; 21.1% of variations within variable group could be explained by the canonical variable (B'), which also accounted for14.40% of variations within the other group.

The correlation coefficients of the first two groups of variables between vegetation and soil microbe components were significant ($p < 0.01$). Plant P, Simpson index, and bacteria index have high loading values, indicating the significant correlation. The plant Shannon-Wiener index was strongly correlated with microbial Shannon-Wiener index and microbial abundance. Moreover,59.9% of variations within variable group could be explained by the first canonical variable (A) of plant factor, which also accounted for 21.3% of variations within the other group (soil microbe);26.4% of variations within variable group could be explained by the canonical variable (A') of main soil nutrient factors, which also accounted for 48.7% of variations within the other group (plant factors); 10.3% of variations within variable group could be explained by the second canonical variable (B), which also accounted for 5.10% of variations within the other group; 9.90% of variations within variable group can be explained by the canonical variable (B'), which also accounted for 15.9% of variations within the other group.

Table 6. Canonical correlation analysis results of different ecosystems in the canyon karst region.

Factor	No. of typical vectors	Canonical correlation coefficients	Eigen values	Chisquare values	Freedom degree	Significant	Accumulative percentage
Main soil nutrients and pH	1	0.8882	11.4360	263.5250	112	0.0001	51.9818
	2	0.8320	3.4176	170.8443	91	0.0001	67.5163
	3	0.7236	2.5960	102.0804	72	0.0059	79.3163
	4	0.6575	1.7375	60.2008	55	0.2504	87.2140
Soil mineral nutrients	1	0.7555	5.4897	124.0028	56	0.0001	36.5978
	2	0.7209	3.5133	70.7110	42	0.0036	60.0196
	3	0.4391	2.2074	24.5186	30	0.7481	74.7359
	4	0.3689	0.9479	11.0258	20	0.9455	81.0549
Soil microbes	1	0.9017	8.3494	220.6839	80	0.0001	46.3854
	2	0.7581	3.8115	118.4164	63	0.0005	67.5606
	3	0.5600	1.9771	66.2687	48	0.1826	78.5442
	4	0.5072	1.5893	43.3162	35	0.5104	87.3734

In the karst region, a land with a total area of 105,000 km^2 has been suffered from rocky desertification with drought or flooding, soil erosion, shortage of available water, and soil nutrients (Baskin 1995). The ecosystems in the karst region are extremely vulnerable under severe soil degradation, water loss, and soil erosion due to intensive land use and human activities. Since the limestone layer in the canyon karst region is covered with thin soils under different water cycling and the species diversity of the ecosystems are sensitive to global change (Burke 2001). With the development of vegetation succession community, species diversity indexes presented in the order: herb layer > shrub layer. The maximum value of species diversity appeared in the secondary forest (Du *et al.* 2013).

Different canyon karst ecosystems achieved the better dimension reduction effect. The cumulative contribution rate of the first three PCs is higher than 80%. PCA results in the paddy field had high loading values for SOC, total N, available N, MBC, and MBN. In paddy field, in addition to topdressing minerals, some management measures, especially rotation or interplanting,could increase species diversity. The dry land had high loading values for SOC (> 5 mm, 2 - 5 mm)and available P. Therefore, in the dry land, regular soil tillage and application of compound fertilizers are recommended in order to improve the microbial population and functional diversity.

Table 7. Canonical variables between vegetation and soil factors (main nutrients, mineral nutrients,and microbes).

Factors	Typical variables
Typical variables between vegetation and main soil nutrients	$V_1=-0.2324X_1-0.1321X_2-0.5675X_3+0.1128X_4-1.4492X_5+4.1406X_6-3.6488X_7+0.5564X_8$
	$V_2=-0.9361X_1-0.4195X_2+1.5380X_3+0.2200X_4-0.2958X_5+2.8594X_6-6.3218X_7+3.2825X_8$
	$V_3=-1.2995X_1+0.4195X_2+0.1754X_3+0.0299X_4+1.3804X_5-1.7593X_6+0.4679X_7+0.8024X_8$
	$V_4=-0.0026X_1+1.5134X_2-0.3170X_3-1.0324X_4+2.3304X_5-11.1686X_6+13.6278X_7-5.3857X_8$
	$N_1=0.3846Y_1+0.0778Y_2+0.0695Y_3-0.0531Y_4+0.0658Y_5+0.4188Y_6-0.6272Y_7-0.1224Y_8+0.1935Y_9+0.4097Y_{10}-0.2006Y_{11}-0.5851Y_{12}+0.2633Y_{13}-0.0890Y_{14}$
	$N_2=0.2138Y_1+0.0623Y_2-1.7198Y_3+0.6340Y_4+0.7874Y_5+0.8880Y_6+0.0740Y_7-0.7464Y_8-0.0616Y_9-0.2463Y_{10}+0.7023Y_{11}+0.2188Y_{12}-0.0092Y_{13}+0.1929Y_{14}$
	$N_3=-0.7484Y_1+0.3253Y_2-0.1434Y_3+0.5053Y_4-0.9317Y_5-0.4344Y_6+1.639Y_7-0.2506Y_8-0.2836Y_9+0.2303Y_{10}+0.0513Y_{11}-0.8476Y_{12}+0.4717Y_{13}+0.3076Y_{14}$
	$N_4=0.2472Y_1-0.8810Y_2-0.4140Y_3-2.6606Y_4+3.5326Y_5+0.7234Y_6-2.0118Y_7+0.5294Y_8-0.0418Y_9+0.1634Y_{10}-0.3155Y_{11}+1.6855Y_{12}+0.3595Y_{13}-0.2004Y_{14}$
Typical variables between vegetation and soil mineral nutrients	$V_1=-0.8738X_1-0.6428X_2+1.2588X_3+0.7554X_4+0.1417X_5+3.7624X_6-7.869X_7+4.0904X_8$
	$V_2=-1.2283X_1-0.1340X_2+0.9281X_3-0.4533X_4+0.2363X_5-0.1370X_6-0.7875X_7+0.6727X_8$
	$V_3=-0.0559X_1+0.2298X_2-1.6115X_3+0.9146X_4+0.3288X_5+1.0251X_6-3.7966X_7+3.0141X_8$
	$V_4=-0.5323X_1+0.0789X_2+0.3922X_3-0.0817X_4+2.5743X_5-13.6086X_6+15.8824X_7-4.0872X_8$
	$M_1=-0.1191Z_1-1.6016Z_2+1.5325Z_3-0.027Z_4-0.2862Z_5-0.8576Z_{6+}+0.8721Z_7$
	$M_2=-0.1285Z_1-1.3795Z_2+0.6155Z_3+0.3533Z_4-1.3976Z_5-0.3289Z_{6+}0.2658Z_7$
	$M_3=0.2981Z_1-2.8927Z_2+2.8147Z_3+0.4450Z_4-0.4401Z_5-1.2314Z_6-0.4904Z_7$
	$M_4=0.8031Z_1-0.582Z_2+1.72Z_3-0.4958Z_4-0.4792Z_5-0.9927Z_6-1.393Z_7$
Typical variables between vegetation and soil microbes	$V_1=-0.2486X_1+0.0596X_2-0.5386X_3+0.0394X_4-0.4322X_5-0.2274X_6+0.5676X_7-0.4578X_8$
	$V_2=0.089X_1-0.0761X_2-1.2411X_3+0.7145X_4-2.4113X_5+7.0862X_6-4.091X_7+0.0446X_8$
	$V_3=-1.3166X_1+0.099X_2+0.7018X_3-0.2042X_4+1.1357X_5+1.8641X_6-6.1849X_7+4.0376X_8$
	$V_4=-0.5234X_1+0.4423X_2-0.4996X_3+0.9994X_4-0.2806X_5+2.7361X_6-3.244X_7+0.6436X_8$
	$A_1=0.2874L_1+0.0474L_2+0.3472L_3-0.876L_4-0.3851L_5-0.1306L_6-0.258L_7-0.0609L_8+0.0295L_9-0.0295L_{10}+0.0866L_{11}$
	$A_2=0.2682L_1-0.3377L_2-0.0969L_3-0.3685L_4+0.2897L_5-0.2897L_6-0.2208L_7+0.9313L_8+0.1923L_9+0.2152L_{10}-1.2406L_{11}$
	$A_3=-0.172L_1+0.179L_2+0.8191L_3-0.3915L_4+0.4596L_5-0.6456L_6-1.9752L_7-1.0011L_8+0.0664L_9+1.656L_{10}+1.3261L_{11}$
	$A_4=-0.7243L_1+0.8135L_2+0.5689L_3+0.1066L_4-0.0222L_5-0.6887L_6-0.9613L_7+0.4219L_8-0.4011L_9+0.2433L_{10}-1.7653L_{11}$

X_1, plant carbon content; X_2, plant nitrogen content; X_3, plant phosphorus content; X_4, plant potassium content; X_5, species richness; X_6, Shannon-Wiener index; X_7, Simpson index; X_8, plant evenness; Y_1, pH; Y_2, soil organic carbon; Y_3, soil aggregate with the size >5 mm; Y_4, soil aggregate with the size of 2-5 mm; Y_5, soil aggregate with the size of 1-2 mm; Y_6, soil aggregate with the size of 500 μm-1 mm; Y_7, soil aggregate with the size of 250-500 μm; Y_8, soil aggregate with the size of 53-250 μm; Y_9, total N; Y_{10}, total P; Y_{11}, total K; Y_{12}, available N; Y_{13}, available P; Y_{14}, available K; Z1, SiO_2; Z_2, Al_2O_3; Z_3, Fe_2O_3; Z_4, CaO; Z_5, MgO; Z_6, MnO_2; Z_7, TiO_2; L_1, microbial biomass carbon; L_2, microbial biomass nitrogen, L_3, microbial biomass phosphorus; L_4, bacteria; L_5, actinomycetes; L_6, fungi; L_7:AWCD; L_8, microbial Shannon-Wiener index; L_9, microbial Shannon evenness; L_{10}, microbial Simpson index; L11, microbial species richness.

The grassland had high loading values for total N, MBC, and MBN. Therefore, it is necessary to sow the seeds of other plants to ensure the diversity and rationality of the community structure. The shrubbery had high loading values for SOC (250 - 500 μm, 53 - 250 μm), CaO%, MBC, MBN, and fungus. In the shrubbery, it is necessary to consider the diversity and increase the three-dimensional structure of shrubbery. The artificial forest had high loading values for SOC (>5mm), MBN, MBP, bacteria, fungi and actinomycetes. Therefore, it is necessary to increase the main nutrients and mineral nutrients, and plant other tree species to improve the community diversity in the artificial forest. The secondary forest had high loading values for SOC and available N, and showed the more complex ecosystem than artificial forest. In the secondary forest, it is necessary to increase the main nutrients, mineral nutrients, and the complexity of trees for the purpose of avoiding the condition of a single species. PCA results indicated that the six typical ecosystems had high degrees of complexity and heterogeneity.

Table 8. Typical redundancy analysis of different ecosystems in the canyon karst region.

Factors		Variation ratios of observed values explained by typical variables (%)					
		A	B	C	A'	B'	C'
Vegetation and main soil nutrients	Directly	55.69	14.62	28.45	8.91	11.52	8.91
	Relatively	43.94	10.12	22.44	6.17	6.03	6.17
Vegetation and soil mineral nutrients	Directly	11.21	27.73	21.27	21.09	14.16	21.09
	Relatively	6.40	14.41	12.14	10.96	2.73	10.96
Vegetation and soil microbe	Directly	59.85	10.27	26.38	9.92	9.31	9.92
	Relatively	48.65	5.90	21.27	5.12	3.05	5.12

In the karst region, vegetation has the close relationship with soil properties. It is generally believed that plant communities are regulated by the soil fertility. The soil fertility status is closely related to soil microbial properties. Plant roots and litters can improve soil fertility and microbial properties and mineral nutrients generated by the melting corrosion and weathering gradually form the material basis of the soil. In the canyon karst ecosystems, the vegetation community types and the conditions of growth and development are regulated in the circulation of material and energy. However, different degrees of degradation appeared under strong interferences, thus producing the coexistence of a variety of various ecosystems and different succession stages. Plant diversity and soil nutrients are the important factors affecting vegetation growth and development in the canyon karst region.

On the whole, plant and microbes are the dominant factors. Soil nutrients mainly contain large particle aggregate organic carbon, followed by other nutrients and mineral nutrients. The above soil features are the same to those in ecosystems in the karst peak-cluster depression (Liu 2009). Along with the succession development in different stages (paddy field, dry land,grassland, shrubbery, artificial forest, and secondary forest), the more reasonable community structure, more complex diversity, the better plant growth and development will be realized.

On the whole, the plant diversity is the foundation of a stable community. The ecosystem in vegetation improvement and management practices had many influencing factors. It is necessary to consider the heterogeneity of each factor as well as the relationship between vegetation and soil factors. However, plant and microbes are the dominant factors.

Acknowledgments

This research was supported by The National Key Research and Development Program of China (2016YFC0502406), the Chinese Academy Sciences Action Plan for the Development of Western China (KZCX2-XB3-10), Key State Basic Research Development Program of China (2015CB452703), the Strategic Priority Research Program-Climate Change: Carbon Budget and Related Issues of the Chinese Academy of Sciences (XDA05070404 and XDA05050205), the Public Welfare Fund Projects in Guangxi Province (GXNYRKS201506, GXNYRKS201611), and Joint Program of Guizhou Province, Bijie City and the Chinese Academy of Sciences (2015-05).

References

[1] Burke A 2001.Classification and ordination of plant communities of the Naukluft Mountains, Namibia. J. Veg.Sci. 12: 53–60.

[2] Bi JT and He DH 2009. Research advances in effects of plant on soil microbial diversity. Chinese Agr. Sci.Bull. 25: 244–250.

[3] Bao SD 2000. Soil and agricultural chemistry analysis (3rd Edn.). Agriculture Press of China, Beijing, China.pp. 11.

[4] Baskin Y 1995. Ecosystem function of biodiversity. Biol. Sci. 44: 657–660.

[5] Connor O, Smith PJ, Smithet SE and Smith EA 2002. Arbuscular mycorrhizas influence plant diversityand community structure in a semiarid herbland. New Phytol. 154: 209–218.

[6] Du H, Peng WX, Song TQ, Wei W, Tang C, Tan QJ, Wang KL, Zeng FP and Lu SY 2013. Plant community characteristics and its coupling relationships with soil in depressions between karst hills, North Guangxi, China. Acta Phytoecol. Sin. 37: 197–208.

[7] Gao JF, Su XL, Xiong KN, Zhou W 2011. Grasslands ecoenvironment and stockbreeding development in the karst areas of Guizhou province. Acta Pratacult. Sin. 20: 279–286.

[8] Hang W, Zhao L, Wu XD, Li YQ, Yue GY, Zhao YH and Qiao YP 2015. Soil organic matter fractions under different vegetation types in permafrost regions along the qinghai–tibet highway, north of kunlun mountains, China. J. Mountain Sci. 4: 1010–1024.

[9] Liu CQ 2009. Biogeochemical process to the surface of the material circulation–southwest karst soil–vegetation system cycle factors of students. Beijing: Science Press.

[10] Liu XL, Xiao HA, Tong CL and Wu JS 2003. Microbial biomass C,N and P and their responses to application of inorganic and organic fertilizers in subtropical paddy soils. Res. Agricl. Modern. 24: 278–283.

[11] Peng WX, Song TQ, Zeng FP, Wang KL, Fu W, Liu L, Du H, Lu SY and Yin QC 2010. The coupling relationships between vegetation, soil, and topography factors in karst mixed evergreen and deciduous broadleaf forest. Acta Ecol. Sin. 30: 3472–3481.

[12] Peng WX, Song TQ, Zeng FP, Wang KL and Liu L 2011. Spatial heterogeneity of vegetation in karst mixed forest of evergreen and deciduous broadleaf. Acta Botan. Bor-Occi. Sin. 31: 815–822.

[13] Salamanca EF, Raubuch M and Joergensen RG 2006. Microbial reaction of secondary tropical forest soils to the addition of leaf litter. Appli. Soil Ecol. 31: 53–61.

[14] Song HX, Su ZX, Peng YY 2005. Relationships between soil fertility and secondary succession of plant community in Jinyun Mountain. Chin J. Ecol. 24: 1531–1533.

[15] Wu JS, Lin QM and Huang QY 2006. The determination method of soil microbial biomass and its application.Beijing: Meteorological Press.

[16] Wei Y, Zhang JC, Yu YC and Yu LF 2010. Effects of degraded karst vegetation restoration on soil microbial amount and functional diversity. Soils 42: 230–235.

[17] Yang C, Liu CQ, Song ZL and Liu ZM 2007. Characteristics of the nutrient element contents in plants from Guizhou karst mountainous area of China. Ecol. Envir. 16: 503–508.

[18] Zeng FP, Peng WX, Song TQ, Wang KL, Wu HY, Song XJ and Zeng ZX 2007. Changes in vegetation after 22years natural restoration in the karst disturbed area in Northwest Guangxi. Acta Ecol. Sin. 27: 5110–5119.